应用风沙工程学
——特殊环境风沙灾害防治

屈建军　凌裕泉　等　著

科学出版社

北 京

内 容 简 介

本书从沙粒受风力驱使进入运动状态的原理中寻找防治风沙灾害的方法原理，从而去解决防沙治沙工程问题。本书分上、下两篇。上篇主要论述风沙运动的物理学原理、床面状况对沙粒运动的影响，进而讨论风沙灾害防治的方法、防沙体系配置的一般原理及宽度等问题。下篇结合敦煌莫高窟、青藏铁路和兰新高铁交通线、沙质海岸与岛屿的风沙灾害防治工程实例，示范性地论述怎样运用风沙工程学的理论，解决文物保护、工矿交通线风沙灾害防治的实际问题。

本书可供沙漠学及相关学科的研究人员、沙漠治理和沙漠地区工程建设的工程技术人员参考，亦可作为相关学科研究生教材。

审图号：GS 京 (2022) 0283 号

图书在版编目 (CIP) 数据

应用风沙工程学：特殊环境风沙灾害防治/屈建军等著. —北京：科学出版社，2024.3
ISBN 978-7-03-073559-1

Ⅰ.①应… Ⅱ.①屈… Ⅲ.①风沙防护 Ⅳ.①S424

中国版本图书馆 CIP 数据核字 (2022) 第 193978 号

责任编辑：董　墨　白　丹/责任校对：郝甜甜
责任印制：徐晓晨/封面设计：蓝正设计

科学出版社 出版
北京东黄城根北街 16 号
邮政编码：100717
http://www.sciencep.com
北京中科印刷有限公司印刷
科学出版社发行　各地新华书店经销
*
2024 年 3 月第 一 版　开本：787×1092　1/16
2024 年 3 月第一次印刷　印张：19 3/4
字数：470 000
定价：218.00 元
(如有印装质量问题，我社负责调换)

《应用风沙工程学——特殊环境风沙灾害防治》
编写委员会

序

  中国是《联合国防治荒漠化公约》的发起国和第一批缔约国。中国政府高度重视防治沙漠化工作,先后制定了《防沙治沙法》和多期《全国防沙治沙规划》,并实施了一系列治理荒漠化的重大工程,在生态环境修复治理方面取得了令世人瞩目的成绩,在沙漠化土地治理方面更是走在世界前列。党的十八大以来,沙区干部群众践行生态文明理念,贯彻生态优先、绿色发展的要求,从单纯治沙转化为治用结合,因地制宜地发展绿色产业,昔日的不毛之地正在变成绿色发展的"金山银山"。

  尽管我国荒漠化和沙化土地面积持续减少,但荒漠化和沙化状况依然严重,防治形势依然严峻。截至 2021 年,全国沙化土地面积达 172.12 万 km^2,仍有 30 万 km^2(其中干旱区 18 万 km^2)未得到有效治理(引自第五次《中国荒漠化和沙化状况公报》)。以目前 1980 km^2/年的治理速率,仍需 152 年才能全部治理完成,治理难度大,易出现反复,后续巩固与恢复任务繁重。

  在我国防沙治沙的长期实践中,交通建设发挥了重要的支撑作用。交通不仅为治沙工程提供了便利的运输条件,也为沙区经济社会发展带来了新的机遇和动力。自 1958 年我国第一条穿越沙漠的铁路干线——包兰铁路通车以来,我国先后在沙漠地区修建了西格铁路、兰新铁路、京通铁路、北疆铁路,塔里木沙漠公路、呼海公路、库布齐沙漠穿沙公路、榆靖高速公路等穿越沙漠的交通干线。21 世纪我们又把铁路修到"世界屋脊",把高速铁路修筑到沙漠戈壁大风区域。这些交通工程的建设,不仅极大地促进了沙区的经济社会发展,也为沙区的生态保护和治理提供了便利和支撑。同时,这些工程也面临着风沙灾害的严峻挑战,需要采取有效的防治措施,保障工程的安全运行和长效效益。

  屈建军同志多年来从事风沙工程研究和应用,对我国西北、青藏高原、东南沿海等地域的防沙治沙工程做出了卓越的贡献,获得"全国治沙标兵"、"全国优秀科技工作者"、中国科学院"科苑名匠"等荣誉称号。他的研究成果不仅丰富了风沙物理学的理论体系,也为风沙灾害的防治提供了科学依据和技术支持。《应用风沙工程学——特殊环境风沙灾害防治》是以屈建军同志为主,从事风沙防治科学研究和工程实践的多位科研人员研究成果的总结。扎制在流沙上简单的草方格,一道道树立的阻沙沙障,其中都牵扯到风沙物理学、环境学、工程地质学、材料工程学的学科原理。该书系统地介绍了风沙物理学的基本概念、原理和方法,重点阐述了特殊环境下的风沙灾害特征、机理和防治技术,涵盖了沙漠戈壁、高寒山区、沿海沿江、文化遗产、城市道路等多种风沙灾害场景,反映了我国风沙防治科学研究和工程实践的最新进展和水平。

该书将对我国风沙防治科学研究和工程实践领域的发展有很好的参考作用。相信该书的出版可为从事沙漠治理和沙漠地区工程建设的研究人员、工程技术人员提供系统的参考。也希望能有更多读者通过阅读该书，了解、热爱、投身到相关领域的学习和研究中，为实现生态文明建设贡献自己的智慧和力量。

中国科学院院士

2023 年 3 月 21 日

前　言

　　风沙工程学是研究风沙运动与风沙灾害的物理学原理，以及防风治沙的理论、方法和工程原理的学科。它是地理学、生物学、环境科学、工程科学及物理学、化学、数学等传统学科相互渗透而发展起来的一门新的学科。风沙工程学的核心任务是采取各种技术措施，削弱近地表风速，减少气流中的输沙量，延缓或阻止沙丘前移，以达到避免或减轻风沙危害的目的。

　　我国是世界上风沙地区最广阔的国家之一，风沙灾害一定程度上影响了我国的社会经济发展和生态环境保护。自 20 世纪 50 年代末期，我国开始了大规模的治理沙漠行动，风沙工程研究也随之发展起来。经过几十年的探索和实践，风沙工程研究取得了丰硕的成果，为我国风沙灾害的防治提供了理论指导和技术支持。

　　进入 21 世纪以来，作者团队在对干旱沙漠地区风沙认识的基础上，实施了戈壁大风区域、高寒地区、海岸滩涂地区防沙工程，提高了对高寒地区风沙、戈壁风沙流和海岸风浪侵蚀的认识，积累了在这些地区风沙防治工程的经验，写成《应用风沙工程学——特殊环境风沙灾害防治》。

　　本书是风沙工程研究的一部综合性的著作，主要介绍在特殊环境下风沙灾害防治的理论和实践，包括高寒地区、戈壁大风区和海岸滩涂地区的风沙特征、危害和防治措施。全书分为上、下两篇。上篇为理论篇，包括八章内容。第一章介绍应用风沙工程学的基本概念、研究内容、研究方法和发展过程；第二、三章从空气动力学角度对沙颗粒运动的微观过程进行探讨；第四章采用风洞实验和野外观测方法，揭示风成床面（沙纹）的形态和运动特征；第五章重点论述风场与风积地貌的特征与形成过程，包括最常见的新月形沙丘、金字塔沙丘和羽毛状沙丘的形成和演化过程；第六章介绍风沙灾害的形成与防治，重点对不同材料格状沙障的固沙原理和方法进行介绍；第七章从防沙体系配置原则、配置方案和体系宽度三个方面论述防沙体系的构建及其防护效益；第八章总结防沙治沙实践经验，论述风沙环境综合整治的必要性和在农业生产中的应用。下篇为应用篇，结合作者团队在风沙工程领域的研究成果，介绍特殊风沙区风沙灾害形成机理与防治研究的典型案例。第九章介绍敦煌莫高窟崖顶风场特征、风沙运动规律及风沙工程的构建；第十章介绍高寒区青藏铁路沿线风沙环境特征、风沙灾害形成机理和防护体系配置及效益；第十一章论述戈壁特大风区兰新高铁风沙灾害的形成机理与防沙技术；第十二章论述沙质海岸与岛屿海滩湿沙的起动传输规律与灾害防治。

　　限于作者水平，书中尚有不足，恳请于批评指正。

屈建军

2023 年 10 月

目 录

上篇 理论篇

下篇　特殊风沙区风沙灾害形成机理与防治研究

上篇　理论篇

第一章　应用风沙工程学的概念、内容及其发展过程

一、应用风沙工程学的概念

　　"风沙"是地球陆地表面的一种自然现象，指近地层风力对干燥沙质地表风蚀、搬运和堆积的物理过程。在气流的推动下，地表松散颗粒(沙粒)进入运动状态，随气流运行形成风沙流。沙粒随气流运行，对于地表来说即风蚀，气流搬运沙粒在异地停留堆积称为风积，沙粒进入气流(对于地表)风蚀—搬运—堆积的过程称为风沙运动。风沙运动过程、风沙流空间分布及其随时间变化特征，表述为风沙运动规律。研究风沙运动规律并包括风沙地貌形成、演变过程的学科，称为风沙物理学。

　　应用风沙工程学的任务在于，利用风沙物理学和相关学科的理论、方法和技术，去解释各种风沙现象和解决风沙危害防治中的工程技术问题，其中也包括各种沙害防治措施的理论研究和实践。它既不完全或简单等同于防沙工程，又有别于工程防沙，更不是风沙工程手册；同时也有别于风沙现象的纯理论研究，其技术路线的关键在于应用和解决实际问题。它不仅有自己的理论基础，同时还具有经过长期实践检验、行之有效的独特技术和方法，具有明确的科学可靠性、经济合理性与综合实用的有效性，更具有直观的可视性与简捷方便的可操作性。

　　应用风沙工程学是一门涉及自然地理学、边界层气象学、流体力学(或工程流体力学)、材料科学和环境工程学等诸多学科的新兴的边缘学科。它是以上各学科有机结合、相互交叉、相互渗透，并经过长期实践的磨合与检验，而逐步形成和发展成的一门独立观念的全新系统学科。只有上述学科有机结合，才有可能形成应用风沙工程学，而任何单一学科都难以有效解决沙害防治的相关问题。

二、应用风沙工程学的研究方法和内容

　　由气流和沙两种不同相的物质构成的风沙运动具有复杂的过程。这一过程由单颗沙粒运动的微观过程和风沙地貌变化的宏观现象与过程所组成。认识风沙运动过程是一个系统工程，其中，对风沙流场的研究和实践是应用风沙工程学的核心和关键。在现实生活中，人们对风沙现象的认识往往存在误解和片面性，如通常每当提到沙漠的风沙现象，人们就会自然而然地联想到那种恐怖的疾风和弥漫的飞沙，其实那是沙尘暴现象，它是风沙现象的一小部分。沙尘暴运动机制与风沙运动过程有着本质的不同，前者的物质组成主要是小于 0.063mm 的细粉尘和黏土，风沙运动形成的强风沙流对沙面的风蚀和扰动以及不同尺度的大气紊流，把细粉尘和黏土席卷到高空，并在气流中处于悬浮的运动状态。沙尘暴天气多发生在干旱少雨多风的春季，其大气能见度往往降到数十米以内。风沙流中固体物质含量的测定是采用真空泵抽取单位时间通过泵的风沙流中的颗粒物，尘的样品附着在滤膜上，或者抽取其静态沉降物确定的，其含量只占沙丘沙总量的 1%～3%；而风沙运动物质的主体粒级为 0.10～0.25mm 的细沙丘沙(也包括被风蚀的沉积沙)，

其运动形式是具有不对称的抛物线轨迹的跃移运动，其固体物质含量的测定是根据跃移沙粒运动的惯性特征，采用特制的集沙仪在 0～10cm 或 20cm 高度内测定的，有时根据需要还可以量测到更大的高度。当然，二者之间又存在不可分割的联系，可以说后者是因，前者是果。如果没有强烈的风沙运动也就不可能形成沙尘暴。因此，有效地控制风沙运动是预防沙尘暴的关键。可以说，对于各种风沙地貌形态的形成、演变以及形成风沙危害来讲，真正起作用的是风的强度、方向，出现频率及其持续时间和季节变化。除了风沙流场性质之外，沙丘沙的物理力学特征又是一个不可忽略的重要因素。它与沙漠地区各种工程，诸如铁路和公路的路基建设与防护、运河的开凿、文化古遗址的保护、煤矿的开采、石油天然气开发中的井台建设与维护以及井区的厂房设置和工作环境的维护关系十分密切。

风沙运动的微观物理过程研究可以小到一颗沙粒的运动，如沙粒起跳、旋转和跃移，直到风沙流的形成和运行。风沙流在各种床面上的运动又会导致风沙流的饱和程度与风沙流结构(输沙量随高度分布)的千变万化，进而形成相应的风蚀与积沙现象，以及床面千姿百态的沙波纹和各种不同尺度风沙地貌的形成和演变等。

在风沙运动过程中，输沙量是一个极其重要的物理量和极为有用的工程参数。其中，输沙率的确定是计算输沙量的关键。众多学者通过理论推导和野外或风洞实验的方法，建立了理论计算公式和经验公式,其中最有代表性的理论公式为: 英国学者拜格诺(1959)的输沙率计算公式 $q = 8.7 \times 10^{-2}(V-4.0)^3 \mathrm{g/(cm \cdot min)}$ ；最有代表性的经验公式是苏联学者 P. C. Завиров 的输沙率计算公式 $q = 6.0 \times 10^{-2}(V_\phi - 5.4)^3 \mathrm{g/(cm \cdot min)}$ 。这些公式是在不同的风沙环境中获得的，在具体应用时，两个公式的计算结果都与实测值有较大差别。本书从实际需要出发，在风洞中严格控制实验条件，每次实验前准确给定风洞实验段的铺沙量，实验完成后再精确测出其剩余量，两次沙量之差应该是对应风速的输沙量，经过计算其结果与集沙仪所收集的沙量十分接近，拟合率高达 94%。凌裕泉(1994)创立了输沙率的理论极限值——最大可能输沙量(率)的概念，也就是在不考虑环境因素的影响下，确定风速对沙物质的最大可能搬运能力，并确立了输沙率(q)与有效起沙风($V_L - V_t$)之间的实验关系式：$q = 8.95 \times 10^{-1}(V_L - V_t)^{1.9} \mathrm{g/(cm \cdot min)}$ ($V_t = 5.0\mathrm{m/s}$)，利用该公式计算的输沙率结果与野外实测值很接近。尽管如此，在现代技术条件下，对一个地区长时间输沙总量的连续测定几乎是不可能的。如何利用风向和风速自动记录，研究出一种简洁方便又行之有效的计算输沙总量的技术方法，以解决国民经济建设中对于输沙总量的需求，是防沙治沙实践中亟待解决的难题之一，这部分研究在《最大可能输沙量的工程计算》一文中作了详细介绍(凌裕泉，1997)，文章中介绍了计算最大可能输沙量的专用公式和计算机程序的设计过程，不但具有重要的理论意义，而且也解决了应用风沙工程学的这一难题。

最大可能输沙量的理论计算固然很重要，但不能完全取代输沙量的直接测定。也就是说，输沙量的直接测定同样是十分必要的。因为，在很多情况下还需要输沙量的实测值，它具有独特的和不可替代的作用。深入研究不同床面风沙流搬运层的高度和输沙量随高度的分布规律即风沙流结构特征，以及各种防沙措施的防护效益时，都必须实地测定相同或不同的环境条件下的输沙量，还必须测定同一地段不同地形部位在不同风向吹刮下的输沙量。尽管有输沙量水平分布非均一性的影响(凌裕泉, 1994)和观测仪器的局限性, 致使观测结果具有一定的局限性, 但其实用价值还是很高的。

根据风沙流场特征和输沙量的关系建立物理模型和数学模型, 可以帮助我们正确地认识各种风沙地貌形成和发展过程, 对风沙流移动强度和可能造成的风沙危害进行理论分析和防护工程设计与实施时都是必需的。

防护工程设计时, 其有效防护宽度的确定是防沙治沙实践中一个敏感而又富有争议的问题。实际上, 有效防护宽度并非是一个简单几何尺度, 它与一个地区的环境条件、风沙活动性质和活动强度的关系极为密切。其关键在于各种防护措施的科学、合理和有效的配置。首先根据防沙的具体要求, 应用风沙物理学原理, 选用各种防护措施的防护功能进行合理配置, 以求达到最佳综合防护效益。也就是说, 有效防护宽度是一个伸缩性很大的变量。不同环境条件要求不同的配置和不同的防护宽度。因此, 必须"因地制宜, 因害设防"。风沙工程的有效防护宽度绝不是一成不变的常数, 需要根据工程所在地点的风沙活动强度、出现频率、持续时间和发展趋势等进行决策。

防沙新材料开发和新技术、新工艺的应用是应用风沙工程学的重要研究课题之一。目前, 最常用的草方格沙障固沙方法所用材料——麦类作物秸秆, 在农作物普遍实现机收的同时一并"秸秆还田", 其又是造纸工业不可取代的原材料, 市场供应十分紧张。因此, 防沙新材料的开发, 不仅是解决材料紧缺的途径, 同时还提高了防沙功能, 也能改善生态环境, 促进应用风沙工程学的迅速发展。例如, 在敦煌莫高窟崖顶采用尼龙网作为阻沙栅栏的材料, 已使用18年之久但性能仍然完好。虽然一次性投资较高, 但使用年限长, 减少了频繁施工和维修费用, 有利于环境的综合治理, 其经济效益和社会效益都是十分明显的(凌裕泉等, 1996)。

风沙流是发生在近地气层, 以沙粒跃移为主体的一种特殊的气-固两相流, 是多相流研究的一个重要课题, 引起地球物理学和力学界的极大兴趣和关注(刘振兴, 1960a, 1960b; 朱久江等, 1998, 2001)。在风沙运动研究和各种防沙措施设置的模拟实验中, 相似理论和相似方法又是一个长期以来亟待解决而远未解决的难题。实践证明, 这一问题的解决只能根据不同比例尺的标准系列模型, 在室内外相似条件下反复实验, 以期求得半经验的关系, 并不断加以补充和完善。

不断地研制适用于风沙运动环境的专用仪器设备, 是促进应用风沙工程学发展的一个重要环节。以优质不锈钢为材料的新型集沙仪和输沙总量测定仪, 可以保障对风向、风速和风沙流强度及其持续时间的综合有效记录, 具有高度的时空同步性和连续性。新型集沙仪的集沙高度为70cm, 可以全方位、全天候、长时段连续观测和记录。选定记录时段为一个月(风季可能有一场大风), 一年12次的记录可以反映一个地区输沙总量的月际变化规律, 其是各种防护措施设置的重要科学依据。两种仪器经过风洞初步检测, 可以发现集沙效果明显, 性能稳定。新型集沙仪用于风向和风速自记录作对照观测, 可以检验和修正输沙总量计算理论公式的合理性与有效性。一个地区不同风向年输沙总量的精确测定及其向量合成结果, 对该地区经济建设中的环境评估和沙漠化环境治理都具有十分重要的指导意义。

在风沙现象的理论研究和风沙的环境综合治理中, 对风沙电现象的研究, 不仅具有理论意义,更具有十分重要的现实意义(屈建军,1994;黄宁和郑晓静,2000;黄宁,2002)。

三、应用风沙工程学的发展过程

任何一门自然科学的发生、发展都与人类的经济活动相关联。应用风沙工程学的形成和发展过程,与沙漠地区铁路和公路的修筑、运河的开凿、文物古遗址的保护、煤矿的开发、油气田的开采和建设关系最为密切。风沙问题的最早提出是在1880年,俄国在修建横跨卡拉库姆沙漠的里海东岸铁路(阿什哈巴德铁路)时,沿线的风沙问题引起人们的重视。1904~1906年又在流沙地带修筑了阿普利伏尔斯基铁路阿斯特拉罕线。这些距今已有100多年的历史(彼得普梁多夫,1958)。近百年来,世界上的沙漠地区,如非洲撒哈拉沙漠、中亚卡拉库姆沙漠,中国北方风沙区,先后修筑了多条铁路、公路、引水渠道、沙漠油田、煤矿和输油输气管线。这些工程中均不同程度地存在建筑和设施的风沙危害(吴正等,1981;赵性存,1988)。

我国应用风沙工程学的发展过程,与苏联有很多相似之处,大致可分为四个阶段。

第一阶段:起步阶段。我国第一个五年计划时期修筑的我国第一条穿越沙漠地区的铁路干线——包兰铁路(包头至兰州),在宁夏沙坡头地区就有9km从腾格里沙漠的流动沙丘上通过。在沙漠段路基施工中,借鉴苏联防风雪的经验,在铁道线路两侧各设置一条高立式的栅栏,防止风沙流的直接侵袭,保证了施工的顺利进行。铁路建成后,对原建的防护设施未能及时处理,致使原防护措施失去作用,有的反而造成新的沙害。这是未对防风雪经验作认真分析,盲目机械地全套搬用所致。冬季固相的积雪在夏季融化为液态水后渗入土壤增大土壤(沙地)水分含量,有利于植物生长,其作用是显著的。而沙丘沙不存在物质相的变化,所以积沙越来越严重。上述问题也是铁路设计人员和工程人员对自然环境缺乏深入的了解,对风沙活动规律没有足够的认识所致,同时在铁路设计时也不可能提出完善的防沙方案。苏联沙漠铁路建设初期的情况就是如此,往往一条线路要修若干次。在无防护措施的建设初期,线路风蚀严重,路基几乎被强风全部吹走,几公里长的钢轨悬空(1906年6月),致使铁路不能正常运营。应该说,在此阶段,人们(包括工程技术人员)对于风沙现象和运动过程尚处于无知或知之甚少的状态,对于沙害的防治多半处在通过试验逐步积累经验的试探阶段,具有相当程度的被动性和盲目性,往往造成很大的经济损失,其教训也是极为深刻的。

第二阶段:认知阶段。在这一阶段中,人们经过工程实践对风沙现象和运动规律有所了解和认识。在沙漠铁路建设中,人们广泛地听取了植物、土壤改良学家和地理学家的意见和建议,采取了初步的防治措施,并开始对沙害的形成机制进行野外考察探索和半定位试验研究。20世纪50年代后期到60年代中期,随着大规模地沙漠野外考察,人们对沙漠认识的不断深入,沙漠研究重点由面上考察逐步转入定位和半定位试验研究。中国科学院组成了中国科学院治沙队(中国科学院兰州沙漠研究所前身),结合高等院校师生和地方科研人员对全国沙漠进行综合考察,先后在新疆莎车、甘肃民勤、青海格尔木、宁夏沙坡头、陕西榆林和内蒙古磴口(三盛公)等地建立了定位和半定位试验观测站(点)。正是这些野外观测试验站,奠定了应用风沙工程学形成和发展的强大根基和组织保障,提供了实验研究基地。

这一时期的研究工作内容和主要研究成果如下。

(1)沙漠综合考察。这种普查性质的考察，时间较短，若了解某一地区的风沙运动，只能收集到零散的风速、输沙量资料，以及采集一定数量的沙样进行分析。对沙丘只能在分布和地形形态学上给予定性描述，或根据航空照片对其空间分布特征进一步加以说明。通过面的考察，开阔了眼界，增长了感性知识，对于更加全面深入地了解沙漠和认识沙漠，改造和利用沙漠具有十分重要的现实指导意义。

(2)半定位观测试验。在大面积考察的基础上，为了解决某一个或几个问题，选定典型地段，对沙粒起动风速、风速廓线、输沙率等基本要素进行较长时间的定期或不定期的试验观测，同时还对沙丘移动方向和移动强度，以及沙丘形态变化过程，包括蚀积量变化进行试验观测。

(3)定位试验观测站的建立。定位试验观测站往往是为了配合国家重大生产建设项目而设置的，如铁路和公路修建中沙害成因及其防治、农田防沙、水库防沙等。例如，中国科学院宁夏沙坡头沙漠研究试验站(以下简称沙坡头试验站)就是以"直接服务于包兰铁路修筑，确保线路正常运营"为目的而建立的，开展了以防沙、治沙和沙漠综合开发利用为主要对象，进行多学科的沙害治理综合性研究。

沙坡头试验站建立后，主要开展了以下工作：①近地面大气层气象要素的常规观测。②配合风沙活动规律的研究，进行了沙粒起动风速及 0.2m 和 2m 高度的风速梯度观测以及 0~10cm 高度层输沙量的观测。③采用标杆(签)法测定沙丘形态变化、移动速度和土壤蚀积量。这一时期可视为风沙物理学研究的初期阶段，主要进行基础理论方面的研究，即积累感性认识和收集相关资料的阶段。参加研究的单位和人员主要来自中国科学院地理研究所(现中国科学院地理科学与资源研究所)、中国科学院林业土壤研究所(现中国科学院沈阳应用生态研究所)和各高等院校如南京大学、华东师范大学、北京大学、兰州大学、北京师范大学、陕西师范大学的气象、水文、地质和地理学科的专业人员。主要研究成果反映在全国第一次治沙会议学术论文中和沙漠研究学术刊物《治沙研究》第一至第七号。

沙坡头试验站在开展基础研究的同时，也加强了风沙工程的应用研究，特别是在铁路选线、路基断面设计和线路施工中，开始考虑地区性沙害特点，并采取相应的防护措施。我国包兰铁路修筑的后期和甘武线的建设就是经历了这样的过程。施工期间仍然多采用苏联的经验，特别是在包兰铁路沙坡头路段建设中，在铁路两侧设置砾石平台，外缘采用高立式栅栏阻沙。其结果是在保障施工的同时，出现了新的积沙危害。尽管如此，该试验站在及时处理新沙害的基础上，保障了铁路的正常运营。我国在防护宽度设置上也是机械地搬用苏联的经验。铁路修建初期，主要采纳苏联专家意见，沙坡头段铁路两侧防护带的设计总宽度为 5500m(北侧 5000m、南侧 500m)(铁道部基本建设总局，1961)。试想，要在 9km 的线路两侧的流动沙丘上设置如此宽的防护带，其工程面积就达 50km²，并不是一件简单容易的事情，需要巨大的人力和物力投入与较长的施工周期。初期并没有任何人对此防沙设计提出疑义，但是随着防沙施工的进行和研究工作的不断深入，以及防沙工程防护效益的初步显示，人们逐步发现实地防沙并不需要如此大的宽度。因此，在 1964 年的防沙工程修改方案中，改为北侧 500m，南侧 200m。由于线路两侧地形起伏变化和施工难易程度的差异，实际防护宽度并不是保持一个固定值。迎水桥至孟家湾15km 线路中，现有防护体系实际调查资料表明，在路北主风向一侧，防护带总宽度变化范围是 235～583m，其中草方格沙障或无灌溉条件下的植物固沙带宽度只有 150～480m，多数为 150～200m。在沙坡头站试验区（K707–708+500），由于进行前沿阻沙试验，总防护宽度增至 700m 左右，处于下风向的南侧总宽度只有 28～300m。究其原因，就在于铁路建设初期，人们对该地区的自然条件，特别是风况与风沙活动规律认识不足，生搬硬套了外国经验。苏联阿什哈巴德地区多年平风速为 6.6m/s，最大风速为 40m/s，其铁路防护宽度设计为 3000～5000m。而沙坡头地区多年平均风速为 2.9m/s，最大风速为 19m/s。二者差值 1～2 倍，却要求在铁路防护宽度上后者大于前者，这是有悖于风沙运动基本规律的。实际上，从风沙活动规律来看，即使在阿什哈巴德的自然条件下，防护带宽度也不需要 3000～5000m。而包兰铁路的风沙危害强度远小于苏联阿什哈巴德地区，其沙害防治工程完全可以因地制宜地节省大量人力和物力（凌裕泉，1988；徐峻龄等，1982）。

在这个阶段，人们对风沙运动过程有了初步的认识，获得了一些防沙措施的成功经验和接受了一些失败的教训，体会到深入研究风沙运动规律是针对沙害采取合理防治措施和技术的关键。可以说，生产建设的急需是应用风沙工程学产生和发展的基础和动力。

第三阶段：认识自然和改造自然阶段。随着我国沙漠化防治和沙漠开发利用事业的发展，国家组织多学科的技术力量，协同作战，联合攻关，并成立专门性的研究机构。研究机构和高校设立有关干旱区环境、治沙专业教育院系，野外实验站相继成立。同时，我国自主研究设置了先进的大型实验研究设备——风沙环境风洞。当时，在世界发达国家和地区，如苏联、美国、加拿大、英国，已普遍利用低速风洞研究风沙运动基本规律、土壤风蚀机制和进行防护措施的筛选，并且取得较大进展。美国、加拿大还利用简易的野外活动风洞研究农田的土壤风蚀。

为了促进沙漠研究的迅速发展，在我国著名的地理气候学家、中国科学院副院长竺可桢的倡导下，由国家特批专项经费筹建中国自己的沙漠环境风洞实验室。中国科学院就风沙环境风洞建设设立专项课题，由中国科学院力学研究所负责风洞总体结构设计，由中国科学院地理研究所(现中国科学院地理科学与资源研究所)负责组织实施。从 1961 年开始筹建历经 7 年时间，1967 年沙漠环境风洞实验室在兰州建成并试运行。随着风沙环境风洞的建成，一些风沙运动现象，如风沙流、沙波纹、风沙电现象在风洞中得到重演，大大地加快了风沙理论问题的研究进程，应用风沙工程学也相应地得到迅速发展。风沙环境风洞是直流闭口吹气式的低速风洞，建成以来先后结合铁路和公路防风沙、防治风吹雪的工程问题，以及兰新铁路大风翻车原理、风沙电对通信线路的影响等生产课题，做了基础性实验和模拟实验研究。特别是应用高速摄影技术，对固体颗粒在风力作用下的运动机制进行了微观动态研究，并取得良好的成果，受到国内外同行的肯定和好评。在风洞模拟实验方面，我们开始采用不同比例尺的系列模型并与野外条件下的原型试验对比，以求解决相似方法的途径。1985 年，内蒙古林学院建成我国第一座简易野外沙风洞，并先后投入到内蒙古准格尔煤田一期工程土地沙漠化环境评价、毛乌素沙地风沙运动野外试验研究工作中。

　　为了解决模型实验中风压量测的特殊需要和完善风洞配套设备,本书作者团队研制了测定模型的阻力、升力和俯仰力矩的三分力气动天平;为了测定模型周围流线谱的变化,还研制了专用的配套设备——烟风洞。与此同时,还采用频闪光摄影技术,分别于1973年和1985年两次对不同密度固体颗粒在气流中的跃移运动进行动态摄影实验研究,发现:①跃移运动是不同密度、不同粒径非悬浮固体颗粒的普遍运动形式,而且颗粒跃移运动是一种可变密度的速变运动,跃移颗粒的旋转运动是跃移的另一大特征;②大角度起跳是颗粒跃移的普遍规律,有时还会出现大角度逆向反弹的运动形态。随着航天事业的迅速发展,美国科学家利用不同结构和性能的风洞研究火星沙尘暴特征与地球沙尘暴特征的异同。在我国改造治理和开发利用沙漠的过程中,应用风沙工程学得到了迅速的发展。

　　沙风洞的建成,标志我国风沙物理学和应用风沙工程学的研究进入崭新的阶段,即由定性描述到定量分析的质的飞跃。①基础理论研究。风沙问题的基础研究是从沙粒在气流中的运动形式的研究开始的。在风洞中出现由沙纹演化成的新月形沙丘的雏形就是应用风沙物理学原理研究自然条件下的沙丘形成演变的重要成果,为我们进一步探索新月形沙丘的形成条件提供了重要的信息(朱震达,1963)。②应用摄影技术,特别是高速电影摄影和频闪光摄影技术研究风沙流的运动性质,揭示沙粒在气流作用下运动的微观物理过程,并建立沙粒跃移运动的物理模型和数值分析方法(凌裕泉和吴正,1980;贺大良,1989;刘绍中等,1985)。③在进行风沙危害(包括风吹雪危害)防护工程措施的模拟实验研究过程中,发现边界层分离是分离区积沙危害的重要原因,也是其防护措施设计的主要依据。

　　风沙物理学是应用风沙工程学的理论基础,而风沙物理学研究是将风洞引入风沙科学实验开始的。1936年英国科学家拜格诺首先开展了风沙运动的风洞实验,他于1941年出版的专著 *The Physics of Blown Sand Desert Dunes*(《风沙和荒漠沙丘物理学》)被公认为是风沙物理学诞生的重要标志。其后,有以 Chepil(1945)为代表的美国农业部土壤风蚀系统进行研究,并提出了风蚀方程。以 З. И. 兹纳门斯基为代表的苏联科学家《沙地风蚀过程的实验研究和沙堆防止问题》研究和以 Р. С. 查基罗夫的 *Желез-ные Дорог В Песчаных Пустыях*(《沙漠铁路》)以及我国学者赵性存(1988)的《中国沙漠铁路工程》、吴正等的《沙漠地区公路工程》、刘贤万的《实验风沙物理与风沙工程学》和朱震达和王涛(1998)的《治沙工程学》等著作先后相继问世,奠定了应用风沙工程学的理论基础。此间,无论是在风沙运动的理论研究方面,还是在防沙工程实践方面均取得长足的进展。从风沙运动规律到道路选线、勘察设计,如路基断面形式和防沙方案设计与施工等方面进行的综合实验研究,都有力地促进了应用风沙工程学的迅速发展。在此阶段中,一些理论研究成果得到及时的应用。任何理论研究的价值都在于与实践相结合并直接为生产建设服务,作为应用基础研究的应用风沙工程学更是紧密结合防沙治沙实践的产物。

　　在世界范围内,风沙物理学与风沙工程学的发展与资源环境、人类社会活动存在密切关系。传统地球科学中将风成过程视为一个重要的地质过程,由地质学家进行研究。风沙物理学是由地球科学中的风成过程与流体力学相结合、相互渗透而形成的。风沙物理学与土壤学相结合演化为土壤风蚀研究;风沙物理学应用于风沙地貌学的研究形成了动力地貌研究的重要分支,大大地促进了沙漠科学乃至整个地球科学的发展。风沙物理学与风沙工程学的研究从无到有、从小到大逐步建立了本学科研究的主要内容和方法,在基础理论研究和沙害防治的应用研究方面均取得了很大进展。特别是 1985 年和 1991年两次国际风沙物理学会议的召开,强化了世界各国风沙物理学,尤其是微观与宏观研究的联系和交往,致使风沙物理学的研究方法从单纯的实验研究和野外观测研究发展到多学科交叉的数值模拟研究。

第四阶段:不断充实完善和迅速发展的阶段。随着计算机技术的飞跃发展,人们可以对大量烦琐资料进行快速处理,对工程设计和沙丘形成的物理机制进行计算机的模拟和计算(苗天德等,2001;张钱华等,2003)。风沙危害在我国分布的地区辽阔,从内陆盆地沙漠到青藏高原,从东部沿海到西北干旱区均有分布,自然条件差异大,类型复杂,如何应用风沙物理学的原理、方法和技术去解决相关的沙害问题,是摆在应用风沙工程学研究者面前的艰巨任务。本书作者团队开发风沙危害防治模型,可以根据一个地区的风向、风速自计记录对设计的防护工程设施进行前期风沙流场的环境评估,并对可能造成的风沙危害性质、强度风沙进行预测,以确定合理有效的防治方案,使得风沙危害防治由过去消极被动的防御,逐步走上积极主动预防的新阶段。实际应用中,如敦煌莫高窟崖顶防沙方案的设计与实施、塔克拉玛干沙漠公路防沙方案的设计与实施以及油田建设中的相关风沙问题的处置,都具有可预见性和可操作性。经过多年的理论研究和实践的积累,有必要也有可能将已有的研究水平上升到一个理论高度,作为一门新兴的边缘学科,应用风沙工程学也就应运而生。

作为一门独立的学科,应用风沙工程学面临许多突出的和期待解决的问题,如模拟实验研究中的相似理论、相似方法问题,研究方法规范化和观测仪器的标准化问题,只有解决了这些问题,其技术资料才可能具有兼容性或互通性,研究成果才可能互相借鉴。作为风沙理论研究和生产应用之间的一个平台,应用风沙工程学还需更加日臻完善和成熟。

参 考 文 献

拜格诺. 1959. 风沙和荒漠沙丘物理学. 北京: 科学出版社.

彼得普梁多夫. 1958. 铁路防沙. 北京: 人民铁道出版社.

贺大良, 凌裕泉. 1981. 风沙现象研究的重要设备——沙风洞. 中国沙漠, 1(0): 53-55.

黄宁, 郑晓静. 2000. 风沙流中沙粒带电现象的实验测试. 科学通报, 45(20): 2232-2235.

黄宁. 2002. 沙粒带电及风沙电场对风沙跃移运动影响的研究. 兰州大学.

凌裕泉, 屈建军, 樊锦诗, 等. 1996. 莫高窟崖顶防沙工程的效益分析. 中国沙漠, 16(1): 13-18.

凌裕泉, 吴正. 1980. 风沙运动的动态摄影实验. 地理学报, 35(2): 174-181.

凌裕泉. 1988. 塔克拉玛干沙漠的流场特征与风沙活动强度的关系. 中国沙漠, 8(2):25-37.

凌裕泉. 1994. 输沙量(率)水平分布的非均一性. 实验力学, 9(4): 352-356.

凌裕泉. 1997. 最大可能输沙量的工程计算. 中国沙漠, 17(4): 30-36.

刘绍中, 杨绍华, 凌裕泉. 1985. 沙粒跃移模型及其数值分析. 计算物理, 2(4): 443-453.

刘振兴. 1960a. 关于风沙问题的研究(Ⅰ)——近地面大气层中沙的传输. 气象学报, 31(1): 75-83.

刘振兴. 1960b. 关于风沙问题的研究（Ⅱ）—— 在风力作用下沙丘移动规律性的初步研究. 气象学报, 31（1）: 84-91.

苗天德, 武生智, 慕青松. 2001. 风成沙波发育过程的计算机模拟. 自然科学进展, 11（2）: 89-92.

屈建军, 王家澄. 1994. 敦煌莫高窟古代生土建筑物风蚀机理与防护对策的研究. 地理研究, 13（4）: 98-104.

铁道部基本建设总局. 1961. 沙漠地区筑路经验. 北京: 人民铁道出版社.

吴正等. 1981. 沙漠地区公路工程. 北京: 人民交通出版社.

吴正, 刘贤万. 1981. 风沙运动的多相流研究现状及展望. 力学与实践, （1）: 10-13, 29.

徐峻龄, 裴章勤, 王仁化. 1982. 半隐蔽式麦草方格沙障防护带宽度的探讨. 中国沙漠, 2（3）: 20-27.

张钱华, 慕青松, 苗天德. 2003. 沙波纹生成的耦合映射格子模型. 中国沙漠, 23（2）: 23-27.

赵性存. 1988. 中国沙漠铁路工程. 北京: 北京: 中国铁道出版社.

朱久江, 匡震邦, 邹学勇, 等. 1998. 风沙两相流中的跃移运动. 中国科学（A 辑）, 28（3）: 266-274.

朱久江, 戚隆溪, 匡震邦. 2001. 风沙两相流跃移层中沙粒相的速度分布. 力学学报, 33（1）: 36-45.

朱震达, 王涛. 1998. 治沙工程学. 北京: 中国环境科学出版社.

朱震达. 1963. 风力作用下沙丘演变动态过程中若干问题的初步研究. 北京: 科学出版社.

Chepil W S. 1945a. Dynamics of wind erosion: I. Nature of movement of soil by wind. Soil Science , 60（4）: 305-320.

Chepil W S. 1945b. Dynamics of wind erosion: II. Initiation of soil movement. Soil Science, 60（5）: 397.

Zingg A W, Chepil W S. 1950. Aerodynamics of wind erosion. Agricultural Engineering. 31（6）: 279-282.

第二章　风沙运动物理学基础

第一节　沙丘沙的特性

此前，有关风沙问题的论著中，较为重视对气流特征的论述，对于沙丘沙的性质，包括静态沙和动态沙的物理性质关注不够，特别是忽略了运动沙之间相互作用的研究。实际上，风沙现象和风沙工程的很多方面都与沙丘沙的物理力学和矿物学性质有着非常密切的关系，并体现在整个风沙运动过程中。沙丘沙的粒度组成、容积密度、压缩特性、抗剪强度、导热率和渗透性等是沙漠公路工程中，沙质路基稳定的十分重要的工程力学参数，也是影响植物固沙的重要环境因素。在风沙运动中，沙粒旋转固然与气流剪切力的存在有关，然而也不能低估沙粒空间分布特征与不规则的几何形状所起的作用。运动沙粒之间相互作用所产生的风沙电现象与沙丘沙的物理性质(矿物成分、水分状况)有关。可见，沙丘沙的特性在风沙问题的研究中占有十分重要的地位。

一、沙丘沙的物理性质

(一)粒级组成

研究表明，沙丘沙由主体粒级 0.125～0.250mm 的细沙所组成。拜格诺(1959)指出，沙丘沙的粒级为 0.150～0.300mm，最细的沙粒从来不会小于 0.080mm。确定其下限是沙粒的最终沉速小于平均地面风向上的旋涡流速，较小的颗粒有被风吹入空中并作为尘土飞扬的趋势。当风的直接压力或其他运动颗粒的冲击力都不再能够移动地面的颗粒时，就被定义为沙粒粒径的上限。在这两粒径极限之间的任何无黏性固体颗粒都可称为沙，其粒级范围为 0.01～1mm。所有这一类材料都具有一种独特的性质：在人造和天然的固体颗粒中，只有沙才具有自行聚集的能力，即利用风能，将四散的沙粒聚集成堆，堆与堆之间地面不再有沙粒。这种现象可以发生在除了其本身以外，并无其他挡风物掩蔽的空旷地区，而且沙堆或沙丘还可以保持它的本来面目向各处移动。

中亚地区沙漠风成沙的粒度成分基本上由 0.1～0.25mm 的细沙组成，粉沙和黏粒的数量非常少，总含量不超过 1.5%。根据 242 个风成沙样的分析，我国沙漠也主要为粒径 0.1～0.25mm 的细沙，在各粒级的百分比含量中，平均占 66.78%，最高含量可达 99.38%；粒径 0.25～0.5mm 的中沙和粒径 0.05～0.1mm 的极细沙平均分别占 16.27% 和 12.69%；粒径<0.05mm 的粉沙和粒径 0.5～1mm 的粗沙含量都很少，平均分别占 2.94% 和 1.32%；几乎不含粒径>1mm 的极粗沙。

不难看出，风成沙的粒级比较集中，粒度成分主要由细沙组成，粗沙和粉沙含量都很低。当然，各个沙漠的风成沙，受其沙源物质所制约，在粒度成分上也还是有差别的。例如，就我国各个沙漠来说，塔克拉玛干沙漠的沙最细，其机械组成以极细沙为主，粒径中值平均为 0.093mm；毛乌素沙地的沙最粗，机械组成除细沙外，有较高的中沙含量，粒径中值达 0.234mm（吴正，1987；赵性存，1988）（表 2-1）。

表 2-1　中国主要沙漠（地）风成沙的粒径分布　　　　　（单位：%）

序号	主要沙漠（沙地）	极粗沙 1.0～2.0mm	粗沙 0.5～1.0 mm	中沙 0.25～0.5 mm	细沙 0.1～0.25 mm	极细沙 0.05～0.1 mm	粉沙 <0.05 mm
1	塔克拉玛干沙漠	—	0.02	4.54	34.15	41.97	19.32
2	古尔班通古特沙漠	—	—	8.70	68.20	19.10	4.00
3	巴丹吉林沙漠	—	3.40	23.40	61.40	9.82	1.98
4	腾格里沙漠	0.01	1.60	6.61	86.88	4.90	
5	乌兰布和沙漠	0.01	0.78	17.31	72.11	9.52	0.27
6	库布齐沙漠	—	1.10	1.90	85.30	11.70	—
7	毛乌素沙地		3.20	41.20	47.30	8.30	—
8	呼伦贝尔沙地		1.40	24.90	70.60	2.80	0.21
9	宁夏河东沙地		0.13	17.99	75.05	6.16	0.67

资料来源：根据吴正（1987）修改。

　　上述粒度分布都是流动沙丘的情况。随着植物的生长，成土作用深化等自然固定作用的加强，使沙丘粒度成分也发生变化。从我国腾格里沙漠东南缘沙坡头地区三个沙丘剖面的分析资料可以清楚地看到，由流动沙丘到半固定沙丘，再到固定沙丘，粒度成分变细，粉沙和物理性黏粒（粒径<0.01mm）逐渐增多。

　　风成沙的粒度分布曲线通常是单峰的（图 2-1），但有时具有明显的双峰。

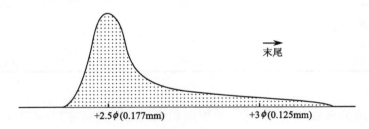

图 2-1　常见风成沙的典型粒度分布曲线

（二）沙粒的形态

　　通常采用磨圆度表征沙粒的几何形态特征。风是一种比水更有效的磨圆作用介质。因此，磨圆度高被认为是风成沙粒颗粒形态的重要特征之一。风可磨圆的最小粒径是 0.03mm，而在水介质中磨圆的最小粒径要大得多。

　　根据动量和动能的计算，一个质量为 M 的沙粒的相对动量，在空气中比在水中大 29.3 倍；相应的动能是 $(29.3)^2 M/2$，或者说质量为 M 的沙粒，其相应动能在空气中比在水中约大 430 倍。另外，空气的绝对黏度相比水要小得多，只有水的绝对黏度的 1.76×10^{-6}，这意味着在颗粒撞击之前受到空气的缓冲作用也是最小的（水中的沙粒有一种黏得很紧的吸附水膜，使之不受碰撞），所以在搬运中风比水有更强的磨蚀作用。昆南（1960）通过实验估算，沙粒在风搬运中的重量损失速度要比在水搬运中快 10～1000 倍。

　　观测表明，内陆沙丘沙的磨圆度情况与习惯看法相反，圆的和滚圆的沙粒数目相对很少。概括世界各地内陆沙丘沙的情况，按鲍尔斯[①]分级，3.5φ 粒径的沙粒中圆和滚圆占 7.97%，2.5φ 粒径的占 9.64%。纳米布沙漠沙样也存在这种关系（表 2-2）。粒径为 3.5φ 的沙粒，磨圆度平均值为 3.04；粒径为 2.5φ 的沙粒，磨圆度平均值为 3.19。除巴基斯坦境内部分的塔尔沙漠外，这种关系适用于每一个研究地区。普罗霍罗娃[②]的观测还表明，沙粒的磨圆度决定于其粒径大小，较大的颗粒比小颗粒容易磨圆。例如，观察到沙中大于 0.5mm 粒级的颗粒经过长期吹扬以后，通常都是磨圆很好或处于次磨圆状态，只有个别的颗粒仍是尖棱角；0.05～0.25mm 的粒级大多数是尖棱角和棱角-滚圆的颗粒；小于 0.05mm 的颗粒几乎没有被磨圆，滚圆颗粒在这个粒级中只是个别存在。

　　李钜章[③]对塔克拉玛干沙漠沙粒的颗粒形态研究也证明，通常情况下，棱角的和棱角-滚圆的各占一半，滚圆的颗粒约在 3% 以下，可见其磨圆度不好，并不像过去研究者所认为的那样，风成沙有极好的磨圆度。

表 2-2　纳米布沙漠沙粒磨圆度与粒径关系

粒径	磨圆度值（p）	
（φ）	沙样 2.8	沙样 2.15
1.0	3.76	—
1.5	3.67	3.90
2.0	3.63	3.75
2.5	3.40	3.44
3.0	3.39	3.28
3.5	3.27	3.41
4.0	2.99	3.43

　　毛乌素沙地的风成沙和原生沙（冲积湖积成因的萨拉乌苏组）石英颗粒（d =0.1～0.25mm）的磨圆度分为棱角状、次棱角状、次圆状、圆状及滚圆状五类，按类统计计算其含量，结果表明：原生石英砂的磨圆度很差，棱角状颗粒占 80% 以上，其次为次棱角状颗粒，未见次圆状颗粒；沙丘石英砂的磨圆度也不好，但比原生沙好些，以次棱角状占优势（50% 以上），棱角状和次圆状颗粒含量相近，在 20% 左右（表 2-3）。

---

　　① 鲍尔斯把沙粒的磨圆度分为六级，并确定各级的磨圆度平均数值为：尖棱角的 0.5、棱角的 1.5、次棱角的 2.5、次圆的 3.5、圆的 4.5、滚圆的 5.5。
　　② 普罗霍罗娃将磨圆度划分为棱角、棱角-滚圆状及滚圆状三级。
　　③ 李钜章也将磨圆度划分为棱角状、棱角-滚圆状及滚圆状三级。

表 2-3　毛乌素沙地风成沙和原生沙石英颗粒磨圆度含量　　　　（单位：%）

取样地点及样品类型	各磨圆度级别含量				
	棱角	次棱角	次圆	圆	滚圆
乌尔都湖盆灰色砂岩	78.8	21.2			
鄂托克乌尔都湖盆红色砂岩	85.2	14.8			
乌审召布尔都灰黄色砂岩	81.7	18.3			
鄂托克乌尔都湖盆边沙丘沙	24.3	57.1	18.6		
乌审召布尔都沙丘沙	22.3	61.0	16.3		

应用扫描电子显微镜来观察石英沙粒表面形态结构，可以发现风力作用在石英沙粒的表面形成了一些典型的微结构，并可以用来作为解释沉积环境的标志。克林斯列（Krinsley，1973）研究了利比亚塞卜哈沙漠、澳大利亚的沙漠及南极洲现代沙丘沙后认为，风成沙的表面微结构特征包括：① 麻坑、碟形坑和蛇曲脊；② 翻卷薄片；③ 溶蚀痕迹与 SiO_2 沉淀物及裂纹。

在风力作用下，沙粒在跃移运动过程中相互碰撞，较大的颗粒（大于 $100\mu m$）经细沙颗粒的磨蚀，表面可以出现许多不规则的小麻坑。碟形坑是一种边缘整齐，底部呈圆盘状的凹坑，直径一般在 $100\mu m$ 左右，小的只有 $50\mu m$，大的可达 $200\mu m$；深度在 $10\sim30\mu m$，坑内有碎片，但绝大多数都由于表面物质的溶蚀作用和沉淀作用而被夷平。

（三）沙粒的分选作用

沙物质在经受风的吹扬作用时，首先会引起其粒度组成（或称为机械组成）的变化。风是一种有效的分选介质，原生沙经受风力吹扬后，粉尘颗粒悬浮被吹扬，原生沙细颗粒的含量减少，较大颗粒留在原地不动，使得中等颗粒的比例相对增加。风成沙虽然经受风的长期改造，但仍然含有少量的尘埃状颗粒，这是因为在吹扬过程中，大颗粒不断被磨搓碎裂的同时也在不断得到补充。

在塔克拉玛干沙漠野外取样，进行沙源（非风成沙）物质与风成沙的分析对比结果：11 对沙样有 10 对风成沙变粗了；有 10 对风成沙分选系数向"1"接近，即沙的分选程度变好，且遭到吹扬的时间越久，风成沙分选程度越高。

应该指出的是，由于风成沙的类型不同，沙子被吹扬时发生的粒度成分变化也是不同的。

原地风成沙是指那些和原生沙（沙源物质）之间没有失去空间上的联系，并且以不同厚度的沙层覆盖着它们；异地风成沙即和原生沙失去了空间上的联系，并从沙源地被搬移了较远距离而掩覆于其他地表面上。有研究指出，原地风成沙受风力作用后是小粒级的含量减少，中等大小颗粒的含量增加；而异地风成沙成分总的变化是趋向于尘埃和细粒状物质相对增加，分选度变好（吴正，1987）。

（四）导热性能

沙的导热性能表现为：干沙的表面反射率较大，为 0.25～0.45，中纬度（南北纬 30°～60°地区）沙漠平均反射率为 0.30；干沙的导热率很小，为 0.13 W/(m·℃)，并随其孔隙度增加而降低，随其含水量增大而增大。当湿度为 20% 时，干沙的导热率为 1.04 W/(m·℃)；沙土的比热容为 0.75×10^3～0.96×10^3J/(kg·℃)，热容量（体积的）为 2.05×10^3～2.43×10^3J/(kg·℃)。随其湿度的增大，沙土热容量也增大，湿度为 0、20%、50%、100%时，相应的热容量分别为 1.47×10^3J/(kg·℃)、1.67×10^3J/(kg·℃)、2.01×10^3J/(kg·℃)、2.64×10^3J/(kg·℃)（萨鲍日尼科娃，1955）。小的导热率导致白天沙面急剧增温和夜间迅速降温，较大的温度日较差不利于植物的生长；同时，小的导热率又导致下层沙的蒸发作用减弱，从而形成有利于植物生长的稳定湿沙层。沙的导热特性在高原冻土区研究中也有新的发现，在青藏高原沙漠冻土区，地表沙层对下伏多年冻土能起到保护作用。随着青藏高原沙漠化的发展，地表被沙覆盖，沙地对太阳辐射的反射率可达到 0.25～0.4，而一般裸露地表的反射率只有 0.1～0.25。由于沙地反射率明显高于一般裸露地表，地面净辐射减少，通过地面长波辐射以及地气系统的湍流交换，大部分热量逸散回大气层中。因此，通过土壤热流传导到沙层底下冻土层的热量相对较少，使得地表有沙层覆盖下的地温比常见地表下的地温低，多年冻土上限上升。这一点可以从青藏高原的地表热量平衡中得到印证（谢应钦，1995），特别是在高原多年冻土区，由于该地区海拔高，地表覆盖属于高寒荒漠草原，植被稀少，降水量也少，蒸发微弱，故通过水分潜热传输的热量少，地气系统的热交换以感热传输为主（季劲钧和黄玫，2006），换言之，水分在青藏高原多年冻土区地表与大气的热量交换中不起主要作用。在一定的大气驱动条件下，土壤的热流量受热惯量、热扩散系数以及含水量等因素的影响（Bhumralkar，1975；Yang and Koike，2005）。青藏高原沙层下冻土地温改变的主要原因是沙层的反射率以及热传导性能与天然地表存在差异。沙层反射率大，热传导性能差，青藏高原多年冻土季节融化迅速发展期发生在下半年的 6 月上旬至 9 月上旬（周幼吾，2000），这一时期恰好是厚沙层对下伏多年冻土保护作用效果最佳的时期。因此，从总体上看，厚沙层对多年冻土的保护作用略优于薄沙层，在动压（力）较小或者静压（力）情况下，厚沙层不会使地表建筑物或构建物的地基变形。可以考虑把覆沙方法应用到前述动、静压力条件下多年冻土保护的实践中，这为青藏高原多年冻土区工程建设的冻土保护提供了一种新思路（谢胜波等，2012）。这一发现有可能成为"以大自然之力还治大自然之灾"的先例。

（五）沙粒分散性与聚合收敛性

自然界的干沙丘沙总是处于分散状态，在风力作用下就会产生移动，这种移动只发生在沙丘表面。沙粒运动时间是有限的。实际观察证明，在沙子的总体运动中，每颗沙粒移动的时间只有它处于不动状态时间的几万分之一。

沙粒堆积的聚合收敛性指当运动沙粒具备沉积成堆的条件时，沉积作用致使更多的可动沙粒转变成不可动，各个颗粒间交错相嵌与连锁作用（咬合作用）所产生的抗剪强度称为结构力，显示其内聚性特征，其力学效应相当于黏聚力。因此，沙堆一旦形成就难以被破坏而形成沙堆整体移动现象。这种移动仍然是以沙堆表面风沙流的方式向前推移。

(六) 风沙流的带电特性

风沙电是沙尘暴过程中产生的一种物理现象。由于风沙起电的效应，在风沙过境处常常观察到高压打火，并且造成输电网络跳闸、通信干扰等不良后果，从而引起人们的广泛关注，也引起更多学者对这一现象的深入地探索。经过半个多世纪，各界学者在风沙电研究中已取得了一定的成果，在风沙电产生的机理、风沙电场的分布和结构、风沙电场力的作用效果以及风沙电对风沙运动的影响等方面有较多进展。

已有的研究发现风沙电的特性主要包括：

(1) 风沙流中沙粒带电的特性。研究发现，风沙流中沙粒所带是正电荷还是负电荷同沙粒粒径有很大关系。一般来说，大沙粒带正电荷，小沙粒带负电荷。当沙粒粒径小于 $250\mu m$ 时，沙粒带负电；当沙粒粒径大于 $500\mu m$ 时，沙粒带正电。

(2) 风沙电电场分布的特性。①对野外风沙电场进行的定量测定证实，风沙电场方向垂直地面向上，与天空电场方向相反。②在离地表 15m 高度处，风速接近 12m/s 时，离地表面 0.017m 处的电场强度为 166kV/m，且风沙电场的强度随离地高度的增加单调减小。③强沙尘暴中测量电场时发现，带负电的沙粒一般位于风沙流层的上部，而带正电的沙粒位于贴近地表的下方，这时形成的风沙电场与晴天电场方向相反，强度远大于晴天电场。沙尘暴的测量中还发现，在离地面 1.25m 高度处正电场和负电场都有可能出现，且一般每米可达几个千伏。

(3) 电场结构的特性。①沙粒的荷质比随沙粒粒径和风速的增大而减小，随高度的上升而增加。②对于混合沙 (即粒径分布较宽的自然沙) 情形，实验测量除了展示沙粒荷质比随风速增大而减小、随高度上升而增加的变化规律外，沙粒带电的荷质比要比 "均匀沙" 对应同等情形要大得多，而且在风速增大到 20m/s 时，近地层附近的风沙流内才出现带正电的沙粒。③风沙流中的电场主要是由运动的带电沙粒形成的，其电场强度方向垂直地面向上，与晴天大气电场的方向相反；在相同风速下，由小粒径沙粒形成的风沙流的电场强度大于大粒径沙粒情形的电场强度。④在相同粒径范围内，电场强度随风洞轴线来流风速和高度的增大而上升。⑤根据风沙电场的理论模拟可见，沙漠边缘地带，电场强度在风沙流层中贴近地表层附近随高度急速升高，随后趋于平缓地随着高度的继续升高，电场强度将下降到与晴天电场一致；而对于沙漠中部地区，风沙电场强度由某一电场值开始随高度上升而一直下降。

(4) 实验模拟沙尘暴中风沙电场的特性。①沙物质运动，特别是沙尘暴过程伴随有强烈的电场。在蠕移跃移扬沙、悬移扬沙和加水悬移扬沙 3 种实验方案中，电场大多表现为负极性，最大值达−74kV/m。②电场强度随沙物质的运动状态、风速、粒径、含水量、气流稳定度及高度而变化。在沙物质 3 种运动方式中，在相同条件下，悬移运动产生的电场较蠕移运动、跃移运动的电场强度随风速增大而增大，随沙物质粒径增大而减小。含水量对电场的影响有一定限度，在加水悬移实验中，当含水量在 0.5%～1%时，电场强度显著增加；当含水量达到 2%时，电场强度又开始迅速减小。每次实验中，电场强度都是风洞扩散段大于实验段，并随高度增加而减小。③沙尘暴电场的形成主要是由沙粒之间及沙粒与床面之间的碰撞摩擦引起沙粒表面电荷的转移与分离形成。在"不对称摩擦起电"过程中，摩擦生热使沙粒表面的正负离子(主要是 H^+ 与 OH^-)向不同方向迁移。一般，大小粒子的碰撞，会使小粒子带负电荷，大粒子带正电荷；沙粒与床面的碰撞会使沙粒带负电荷，而床面带正电荷。如果床面接地，则观测到的电场多为负极性。这种电场形成机制也较为合理地解释了实验中观测到的电场强度随沙物质运动状态、风速、粒径、含水量、气流稳定度及高度的变化而发生的变化。④电荷量计算得到的负电荷最大荷质比为 $304\mu C/kg$，正电荷最大荷质比为 $158\mu C/kg$，说明尽管大部分沙粒带负电荷，但是在每次实验开始阶段，距离床面较近处也能测量到正电荷。这是因为，在开始吹沙阶段，除了沙粒和地面摩擦起电外，沙粒之间的摩擦同样重要，非对称摩擦使大粒子带正电荷，小粒子带负电荷。当小粒子被风吹走，留下大粒子时，接近铺沙床面处的空间电场为正极性。⑤电场静电力计算结果表明，在电场很强的情况下，电场力可以与沙粒重力相当，以致在分析沙粒受力过程中不能忽略。但是，在大多数情况下，强度较小的风沙运动产生的电场力可以忽略。

风沙电对风沙运动的影响包括：①当风沙流中的风沙电场及沙粒的平均带电量达到 Schmidt 等人在野外风沙流中测到的电场强度及沙粒平均带电量时，静电力对风沙流从起动至达到平衡过程所需要的时间、风速廓线、单宽输沙率以及输沙率沿高度分布都有显著的影响。当沙粒平均带电量为 $60\mu C/kg$ 时，计算所得的单宽输沙率以及输沙率沿高度分布与实验结果吻合较好。这说明在研究风沙跃移运动时，有必要考虑静电力的作用。在风沙电场及沙粒平均带电量足够大时，忽略静电力作用可能是以前风沙运动模型与实验结果在定量上存在较大差异的原因之一，因而在研究风沙跃移运动时，有必要考虑静电力的作用。②当沙粒带电后，风沙流中的带电沙粒一方面产生电场，同时带电沙粒也受到电场力的作用而改变沙粒的基本运动，进而影响沙粒的宏观运动物理量。截至目前，人们对风沙电现象的认识还非常有限，多数描述风沙运动的数学模型与理论分析几乎都没有考虑静电力的影响，这必然会影响到有关风沙运动的模型研究和理论分析的准确程度。③ 为了定量说明沙粒带电以及风沙电场对沙粒运动的影响，研究人员通过实验给出了带电沙粒在吹过无限大平坦沙面的稳态风场作用下的跃移运动微分方程。通过将方程与简化后的一维纳维-斯托克斯(Navier-stokes)方程进行联立求解，可以发现:静电力的影响使风速保持不变的" 聚焦点"的高度更为接近实验值；静电力使沙粒跃移轨道的最大高度和最大长度均发生变化；静电力对单宽输沙率有明显影响。④定量分析不仅给出沙粒-风场相互耦合作用时沙粒带电对风沙流中沙粒跃移运动的影响，同时也给出沙粒带电对风场风速分布、床面起沙率以及对风沙跃移层内的输沙率的影响结果。当沙粒带电时，跃移层内的风速廓线、床面起沙率和输沙率等宏观量也受到明显影响。当沙粒带正电荷时，与沙粒不带电相比起沙率降低，而当沙粒带负电荷时起沙率上升，同时沙粒带正电荷时的输沙率比带负电荷时的输沙率要大。

总之，由于风沙电所产生的电场力，对带电颗粒的运动会造成实际的影响，进而影响风沙运动的整体效果，主要表现在对风沙流的形成及其运动轨道、输沙率、输沙强度等方面。

二、沙丘沙的力学性质

（一）沙丘沙的容积密度

沙的容重与粒度成分及分选程度有关。沙粒越粗，容积密度越大。分选程度越高，容积密度越小。风成沙的天然容积密度还因沙丘流动程度和沙丘部位而不同。流动沙丘容积密度最大，且随其固定程度的增高而减少。流动沙丘迎风坡上部较下部容积密度大（表 2-4）。沙丘沙的颗粒无黏结现象，平均比重为 2.68，平均容重为 $1.44\sim1.61\text{g/cm}^3$，孔隙比在 $0.67\sim0.87$；颗粒较细，平均粒径为 $2.89\sim3.54$，分选良好，级配差。

表 2-4　沙丘沙的物理性质

取样位置	比重（G_s）	平均容重 /（g/cm^3）	孔隙比（e）	分选系数（M）	平均粒径（φ）
新月形沙丘背风坡(塔克拉玛干)	2.69	1.44	0.87	0.62	3.54
新月形沙丘迎风坡　（塔克拉玛干）	2.68	1.61	0.67	1.35	2.89
（沙坡头）	2.66	1.59	0.70	—	—

根据沙的天然容重计算出的天然孔隙比，可以对沙的容积密实度进行划分。沙的密实度是决定地基承载力的主要指标。

在路基施工中，为使填料达到最大容积密度，通常需控制含水量。黏性土的容积密度与含水量有很好的相关性，通过室内试验，可求得最大干容重与相应的最优含水量。包兰线沙坡头地区路堤施工中发现干沙容重较湿沙容重大，铁道部科学研究院西北科研所与第一勘测设计院也就这一问题进行过研究[①]，结论是：风成沙由于不含黏土颗粒，不存在最大干容重与最优含水量的关系（图 2-2）。从图 2-3 可看出，风成沙干容重只有最小值，此时相应的含水量为 $1\%\sim3\%$。在包兰线沙坡头及干武线大咀子取样试验，结果也大致相同（图 2-3）。

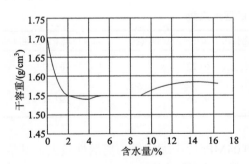

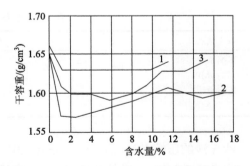

图 2-2　乌吉线细沙含量与容重关系曲线　　图 2-3　包兰线、干武线细沙含水量关系曲线

1—干武线试样；2、3—包兰线沙坡头试样

---

① 见于赵性存(1988)，文献中所指沙丘密度应该是沙丘沙的容积密度，即容重，本书引用时全部改为容积密度或容重。

　　风成沙的天然含水量一般为 2%～3%，相当于干容重最小值时的含水量，用这种含水量的沙填筑路基，夯实效果不好。当加大含水量时，容积密度增加亦不显著，故加水一法不可取，事实上沙漠地区水源缺乏，也难以实施。沙区气候干燥，蒸发强烈，施工时沙层在开挖、装运、填垫过程中，含水量自然降低，反而提高了夯实容积密度。塔克拉玛干沙漠塔中公路修筑时即采用了干压实工艺。

(二) 沙丘沙的孔隙度与渗透性

　　孔隙度即各沙粒间所有孔隙容积与沙土总体积之比，d（指粒级）=1～2mm 的大沙粒孔隙度为 35%～39%；主体粒级 d =0.05～0.25mm 的沙丘沙的孔隙度为 47%～55%。孔隙度高含水率就高。沙的渗透性也与粒度成分及分选程度有关。沙颗粒越小，渗透性就越弱，反之渗透性就大而强，风成沙的粉粒和黏粒含量很少，分选好，渗透系数较大。因为沙粒非毛管孔隙较大，下层水上升高度不大。在自然状态下蒸发时，只把沙表层晒干，而下面沙层仍保持水分可为植物利用。据苏联列别捷克站资料，沙土水分每隔 5min 往下渗透 34.6cm，即渗透系数为 0.115cm/s；每隔 20min 下渗 87.7cm，渗透系数为 0.0731cm/s；而每隔 30min 下渗 120cm，渗透系数为 0.067cm/s。宁夏沙坡头地区渗透系数为 0.0124cm/s，甘武线大咀子地区为 0.0141cm/s。通常情况下，干沙层厚度约为 40cm，40cm 以下为湿沙层，当含水率为 2%时可能就满足植物生长的条件。

(三) 沙丘沙压缩性

　　风成沙的矿物成分以石英、长石为主，不含云母或云母含量极少。风成沙颗粒磨圆度较高，因而压缩性小，属低压缩性土 (表 2-5)，当压力增大至 3200kPa 时，孔隙比变为 9%～10% (图 2-4)。由于风成沙压缩性低，压缩变形速度快，路堤沉降在施工期内即能完成。包兰线采用人工夯实，压实度达最大干容重的 90%以上，施工完成后 1～5 个月观测，沉落度为 0%～0.37%。乌吉线用推土机分层填筑，压实度为最大干容重的 85%～90%，通车后两个半月，沉落度为 0.05%～0.65%，沉落度均很小。

表 2-5　沙丘沙的压缩系数

取样地点	沙坡头	大咀子	塔克拉玛干新月形沙丘背风坡	塔克拉玛干沙丘迎风坡
压缩系数 $a_{s0.1\sim0.2}$/MPa	0.066	0.071	0.023	0.022
压缩模量 $E_{s0.1\sim0.2}$/MPa	—	—	92.36	97.52

　　沙丘沙的压缩系数 $a_{s0.1\sim0.2}$ 一般为 0.01～0.04MPa，压缩模量的离散性较大，其值为 50.00～142.86MPa，属低压缩性土。背风坡压缩模量平均为 92.36MPa，迎风坡为 97.52MPa。压缩模量是评价土体压缩性质的指标，是在无侧向膨胀情况下，压缩时垂直应力与垂直应变增量的比值，通常采用压力间隔由 σ_i=100kPa 增加到 σ_{i+1}=200kPa 时所得的压缩模量 $E_{s0.1\sim0.2}$ 来判定土的压缩性，E_s 越大，土的压缩变形越小，土的压缩性越低。土的压缩性判别参考值如表 2-6 所示。

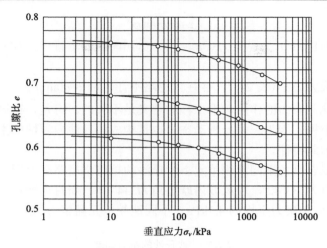

图 2-4　e-lgσ_v 曲线

表 2-6　土的压缩性判别参考值*

土的类别	参数值	
	压缩系数/(a/MPa)	压缩模量/(E_s/MPa)
高压缩性	>0.5	<4
中等压缩性	0.1~0.5	4~20
低压缩性	<0.1	>20

*相当于 σ 从 100kPa 变化到 200kPa 时的数值。

　　平均压缩模量差别很小，说明不同地貌部位沙丘沙的压缩性基本相同。对比其他类型土，沙丘沙的侧限压缩性最低。河流冲积物的压缩系数一般为 0.06~0.1MPa，属低压缩性土。黄土的压缩系数一般为 0.12~0.32MPa，属中等压缩性土。淤泥类土的压缩系数一般为 0.4~2.5MPa，属高压缩性土。沙丘沙属单粒松散结构，颗粒之间无黏结，在所有土类中压缩性最低。这主要是在沙丘沙的压缩试验中，预压时，沙丘沙的颗粒之间相互轻微地运动，原来的稳定排列结构破坏，磨圆度较好的颗粒能迅速重新排列，产生了较大的应变，孔隙比迅速减小(在预压过程中，孔隙比减小了 2%~4%)。以后逐级加压测试，是沙粒克服阻力逐渐调整位置的过程，孔隙比减小量不到 0.4%，说明沙土的压密主要在预压阶段已完成了。因此，沙土表现出极低的压缩性。黄土、淤泥类土因其颗粒之间存在黏结力，压缩时首先必须破坏原结构，而预压的作用力尚不足克服颗粒的黏聚力，到了压缩阶段作用力才能破坏原结构。这类土的颗粒压密，孔隙比减小主要在压缩阶段完成，压缩系数较大。河流冲积物因其棱角尖锐，压缩阶段一些棱角被压碎而产生应变，这个应变大于沙丘沙压缩阶段的应变，所以河流冲积物的压缩系数大于沙丘沙的压缩系数。

(四)沙丘沙的抗剪强度

　　土的抗剪强度由颗粒之间的内摩擦力及黏聚力组成，可用库仑公式来表达，即

$$\tau = c + \sigma \tan\varphi$$

式中，τ 为剪应力(Pa)；c 为黏聚力(Pa)；σ 为剪切面上的垂直应力(Pa)；φ 为内摩擦角(°)。

风成沙的黏聚力很小(表 2-7)，往往可忽略不计，故 $\tau = \sigma \tan\varphi$。

也就是说，此黏聚力的作用对于工程的意义是不大的。可是，在风沙运动过程中，它的作用却不可小视。因为它是一种动态力也是构成沙丘沙内聚性的主要因素。而静态沙丘沙就不能显示此特征。

由表 2-7 可以看到，不同地貌单元上沙丘沙的抗剪强度略有差别，新月形沙丘背风坡内摩擦角平均值为 33°42′，迎风坡内摩擦角为 34°14′。新月形沙丘背风坡黏聚力平均为 7.38kPa，迎风坡黏聚力平均为 4.7kPa。不同地貌单元黏聚力的差别较大。

表 2-7　沙丘沙的抗剪强度

取样地点		自然抗剪	
		黏聚力 c/kPa	内摩擦角 φ
塔中	新月形沙丘背风坡	7.38	33°42′
	新月形沙丘迎风坡	4.7	34°14′
	沙坡头	7.25	37°15′
	大咀子	8.3	37°12′

(五)影响风沙土抗剪强度的主要因素

土体的黏聚力 c 值取决于颗粒间的各种物理化学作用力，主要有范德华力(分子吸引力)、库伦力(静电力)、胶结作用力(化合键)和毛细水压力。范德华力作用距离极小，只有几个分子的距离，经典概念的范德华力与距离的 7 次方成反比，距离稍远，这种力就不存在了。范德华力是细粒土(黏性土)黏结在一起的主要原因。库伦力只存在于特定黏土颗粒之间，砂性土中不存在库伦力。对于松散、干燥的沙丘沙来说，胶结作用力(化合键)和毛细水压力也不存在。因此，从理论上说，沙丘沙的黏聚力接近 0。

实验所用样品为干燥扰动样，在运输、搬运、制备土样过程中经过了多次人为扰动。但在试验中，确实测出了黏聚力 c 值，范围为 0.6～9.3kPa。

现有在文献中测得的黏聚力 c 值平均为 7.25kPa 和 8.30kPa。

对于 c 值的出现，研究者做了分析。首先，仔细检查了实验仪器和试验过程，一切符合规范，排除了试验误差；其次，分析了剪切面之上的荷载。除所加荷载之外，剪切面上还受到了两个力的作用：剪切面上土样自重应力和土样上覆透水石、上盒盖重力等。这些应力，相当于施加了一个附加应力 $\Delta\sigma$，即实际上的垂直应力应为 $\sigma_1 + \Delta\sigma$。理论上，黏聚力 c 为垂直应力 σ_1 等于 0 时的剪切应力。剔除 $\Delta\sigma$ 的影响($\Delta\sigma$ 通常很小，不到 0.3kPa)，即从试验所得 c 值中减去 $\tan\phi \cdot \Delta\sigma$ 后，c 值仍然较大。即 c 值确实是一个客观存在的量。一些学者在研究砂砾石，甚至卵石等抗剪强度时也得出了相同的结果：理论上无黏聚力的砂砾石在试验中测到了 c 值。对于砾石及砂性土黏聚力 c 值的出现，各个作者做了不同的解释。一些研究者认为，试验所得的 c 值并非黏聚力。而是颗粒之间交错镶嵌与连锁作用产生的抗剪强度，应称为结构力，用 C 表示。

也有学者认为，砂性土在一定范围内的强度包络线具有非线性，但为了计算方便，常用一条直线代替这条弯曲的包络线，因而存在一个截距 c' 值。截距 c' 与黏性土的黏聚力有着本质的不同，粒状土的截距 c' 是一个变化多端而又客观存在的参数值，它与粒状土的咬合力等因素有关。

沙丘沙的结构力与分选系数有较好的相关关系，相关方程为

$$C = 9.7955 - 3.5622S_{os}$$

相关系数为 -0.85，显著水平 0.001，相关性较显著。因此，可以认为，塔中沙丘沙所测得的 c 值是颗粒之间交错镶嵌与咬合作用所形成的结构力，与沙丘沙颗粒级配有密切关系(赵性存，1988；姚正毅等，2001)。

(六)沙丘沙的休止角

沙丘是沙土的堆积体，在地理环境控制下，由风力、沙源等因素共同作用，塑造出一种动力平衡状态。沙丘沙休止角是沙丘形态的重要参数，指的是沙土在无外界因素干扰情况下，自由堆积时能够保持稳定的最大角度。野外测量常用量测新鲜落沙坡坡角的方法获取地区性沙丘沙的休止角，这种方法与试验获得的休止角非常接近。

前已叙及，通常视纯净沙土的黏聚力为"0"，沙土的休止角取决于其内摩擦力。它是由颗粒间嵌入咬合作用产生的结构力决定的。沙土间的摩擦分为滑动摩擦和咬合摩擦，两者共同概化为内摩擦角(范智杰，2015)。沙土的内摩擦角与休止角虽然是两个不同概念，但两者都与沙的摩擦性质有关，且落休止角(或落沙坡角)等于内摩擦角，这是由落沙坡面的沙粒不下滑推导出来的。考虑直剪试验误差后，测得的内摩擦角与落沙坡角非常接近。

(1)沙土休止角与粒径的关系。实验证明，对于单一粒径沙，当粒径从 <0.125mm 增大到 0.315~0.4mm 时，休止角(或内摩擦角)从 32.25° 减小到 28.06°；而粒径从 0.315~0.4mm 增大到 0.63~0.8mm 时，休止角却从 28.06° 增大到 31.47°。休止角随粒径变化的规律为先减小后增大。主要原因是，粒径小时，颗粒的比表面积大，颗粒间接触面积大使得内摩擦角大。粒径大时，颗粒间嵌入咬合作用明显使得内摩擦角大。

对于混合粒径沙，其内休止角普遍大于单一粒径沙，以细粒或粗粒含量为主的混合沙休止角比以中粒含量为主的混合沙休止角大。混合沙中细粒沙填充在粗粒孔隙中，使得沙层间的接触面积远比单一粒径沙大，这就是天然混合沙的内摩擦角大于绝大多数单一粒径沙的原因。以细粒组成为主的混合沙比表面积大，以粗粒组成为主的混合沙颗粒间嵌入咬合作用明显。因此，以细粒或粗粒组成为主的混合沙内摩擦角大。

(2)沙土休止角与含水率的关系。当含水率从 0 增加到 15% 时，休止角从 29.25° 增大到 31.84°；而含水率从 15% 增加到 20% 时，休止角却从 31.84° 减小到 30.75°。当含水率低于 15% 时，沙土中存在大量毛细水。颗粒间的毛细水在表面张力作用下向内收缩形成弯液面，表面张力的方向与弯液面相切，其合力方向指向接触面，从而沙土表现出一定黏聚性。沙层间发生相对滑动时，不仅要克服沙粒间的摩擦力，还要克服沙与沙间的黏

聚力，这就是含水率从 0 增加到 15%时，休止角从 29.07°增大到 31.84°的原因。当含水率高于 15%时，沙土全部浸润在水中。水的润滑作用使颗粒间摩擦力减小。水能起到润滑作用是因为水抵抗剪切变形的能力为零，水吸附在接触物表层隔离接触面。这就是含水率从 15%增加到 20%时，休止角却从 31.84°减小到 30.75°的原因。

三、风成沙的矿物学特征

根据普罗霍罗娃(1950)对卡拉库姆沙漠沙物质的矿物分析证实，组成风成沙的主要矿物 90%以上是石英和长石，它们的比重在 2.5～2.8，称为轻矿物；而比重＞2.9 的重矿物虽含量少，但种类却很多，一般可有 16～22 种，主要有角闪石、辉石、绿帘石、石榴石、金属矿物等。

了解沙的矿物成分，不仅有利于确定沙源，而且也是为了查明沙的实际用途。例如，富含某些金属矿物(如钛铁矿等)的沙将具有工业利用的价值；SiO_2 含量达 90%以上的纯石英砂可用于多种矽酸盐工业等。

颜色是沉积物的一种重要的标志。沉积物的颜色主要取决于它的矿物成分，也与环境条件有密切关系，其可以随着环境的改变而发生变化。西多林科(1956)对风成沙的颜色进行过研究，认为淡黄色、黄色、黄棕色或棕红色是风成沙具有的典型特点，这种颜色在所有经受过吹扬作用的沙丘上皆有。将原生沙和风成沙颜色进行对比表明，卡拉库姆沙漠中所有的沙不管它们原来的颜色如何，在经过吹扬以后皆成为淡黄-肉桂色或淡黄色-黄色。

卡拉库姆的原生沙为青灰色，是由石英、斜长石的无色颗粒，微斜长石的玫瑰色颗粒，以及大量黑云母和普通角闪石的黑色颗粒所造成的。这些青灰色的沙在新月形沙丘里变成淡黄棕色，而且甚至可以观察出它们之间逐渐过渡的现象。其沙色发生变化，部分原因是暗色矿物特别是普通角闪石及黑云母等数量减少，而更主要的原因是无色石英颗粒和长石颗粒出现了黄色和黄棕色，并且黄色和黄棕色的颗粒数可达 50%～90%(吴正，1987)。

纵观我国各个主要沙漠沙物质矿物分析的资料，风沙沉积物矿物成分复杂，种类达 30 余种，较常见者 20 余种。其中，轻矿物(比重＜2.85)含量很高，一般在 90%以上，主要是石英、长石、方解石。重矿物(比重＞2.86)含量常在 5%左右，主要有角闪石、绿帘石、石榴子石、金属矿物，平均含量在 10%以上，黑云母、白云母、绿泥石、辉石含量低，平均含量为 1%～10%，其他矿物如榍石、锆石、电气石、金红石、磷灰石、十字石、透闪石、独居石、硅线石、黝帘石等平均含量在 1%以下。这些矿物含量虽低，但出现概率较高。

重矿物虽含量少，但种类多，由于这种多样性的特征，就有可能根据重矿物的组合特征来确定沙物质的来源。分析资料表明，我国沙漠风成沙的重矿物一般有 16～22 种，其中以角闪石、绿帘石、金属矿物、石榴子石等为主，这四种矿物的总和超过了重矿物含量的 60%～70%，如塔克拉玛干沙漠角闪石含量最高达到 72.5%，平均为 42.4%；绿帘石最高为 28.5%，平均为 13.1%；金属矿物最高为 39.5%，平均为 9.2%；石榴子石的含量较低，平均为 5.9%。乌兰布和沙漠角闪石含量高达 45.8%，平均为 35.3%；绿帘石最高为44.5%，平均为27.8%；石榴子石含量平均8.5%。黄河中游沿岸一些沙地和腾格里沙漠东南缘地区主要重矿物的含量与乌兰布和沙漠较为接近，角闪石含量最高为40%，平均为35.3%；绿帘石最高为60%，平均为32.9%；石榴子石含量平均为4.7%。但金属矿物显著增加，最高可达49.1%，平均为31.9%。科尔沁沙地的重矿物组成大部为石榴子石和绿帘石，前者最高达67.3%，平均为40.6%，后者最高为32.4%，平均为26.1%；角闪石含量平均为8.8%。

各地主要重矿物成分不外乎上述几种，但这些主要重矿物的含量却随每一个地区的地质及古地理环境的不同有着明显的差异。例如，角闪石在塔克拉玛干沙漠和乌兰布和沙漠的含量都占重矿物组成的1/3以上，而科尔沁沙地却很少，还不到1/10；云母在塔克拉玛干沙漠含量达到19.3%，而在其他沙漠仅为0.34%~2.51%；石榴子石含量在科尔沁沙地高达40.6%，但在其他沙漠却不到10%。可见，风成沙主要重矿物含量上有着明显的区域差异。就一个沙漠而论也同样反映出这种特点。以塔克拉玛干沙漠为例，根据重矿物组合特征，其可以分成为四个矿物组合区：喀什（金属矿物+绿帘石）区、昆仑山北麓（角闪石）区、天山南麓（云母+绿帘石）区和库鲁克库姆（角闪石+云母）区。

塔克拉玛干沙漠北缘区指库尔勒—轮台—阿克苏一带，源于天山的阿克苏河、库车河、拜城河、渭干河等流域的沙丘、河床和阶地上的沙样，其重矿物组合以稳定-极稳定矿物磁铁矿、赤（褐）铁矿为主，而其石榴子石含量总体低于西南缘区而高于和田河流域及南缘（策勒—于田一带）区，故以此与它们相区别，又以不稳定矿物中普通角闪石或黑云母含量较高有别于沙漠腹地及塔里木河中游区。

塔克拉玛干沙漠西南缘是南天山、喀喇昆仑山、帕米尔高原、昆仑山等地质地貌单元的交汇处。该区沙样多采自众多河流冲积平原。这些河流发源地不同，沉积物有着不同的矿物组合。例如，阿图什河沙样重矿物中含有高达40%的普通辉石，叶尔羌河沙样重矿物中含有普通角闪石，可达44%。尽管该区沙样的重矿物成分比较复杂，但所含稳定-极稳定矿物磁铁矿、褐铁矿或石榴石很高是其突出的特点。

和田河流域及南缘的大部分沙样以稳定-极稳定矿物含量甚低为特征，但也有例外，和田河上游喀拉喀什河的几个样品，石榴子石含量偏高。这个现象可能与附近新近纪砂岩风化物中富含石榴子石有关。和田河流域南缘的策勒-于田一带沙样以中等稳定矿物绿帘石、斜黝帘石含量相对较高而不同于和田河流域。

沙漠腹地和塔里木河中游区的沙样采自河床、河漫滩、沙丘及丘间风蚀沙层。各样品间的重矿物组合类型非常相似，在重矿物成分图中密集分布在一个很小的范围内，表明其是各来源沙经水和风大规模均一化后的混合物。

诚如前面所提及的风成沙与下伏沙质沉积物在重矿物的组成上有相似性的特点，反映出沙漠沙的基础物质由下伏沙质沉积物提供，同时，风的作用也会导致外来物质的混入和本身矿物含量的减少，从而造成风成沙与下伏沙质沉积物在重矿物组合上大致相似，但又在含量上有所差异，对塔克拉玛干沙漠各个地区风成沙与下伏沙质沉积物重矿物分析的一些资料对比分析，可以明显地看出这种特征。有的是风成沙中某种矿物比下伏沉积物大量增加，如塔克拉玛干沙漠北部塔里木河流域风成沙中角闪石、黑云母大量增加；布古里沙漠风成沙中角闪石、白云母、绿帘石增加等，反映出风力作用下外来物质的混入。有的是风成沙中某种矿物比下伏沉积物显著减少，如于田东北风成沙中白云母、绿帘石等的减少；托克拉克沙漠南部风成沙中石榴子石、绿帘石的减少等，反映出风力作用对本身矿物吹失所造成的含量相对减少。这种情况在乌兰布和沙漠、科尔沁沙地都有类似的实例。例如，乌兰布和沙漠北部沟心庙等地风成沙中透闪石就显著的减少，科尔沁沙地西部翁牛特旗风成沙中绿帘石含量的减少也很明显。

综合上述的分析，我国沙漠沙矿物组成有如下特征：①与世界上大多数沙漠相似，沙漠沙的矿物组成中有 90% 左右为石英、长石等轻矿物。②重矿物含量虽少，但种类较多，达 16～22 种，在众多的矿物中，以角闪石、绿帘石、金属矿物和石榴子石为主，其总和占重矿物含量的 60%～70%。地区分布特征受地质条件和古地理环境的影响，有着明显的区域差异。③风成沙物质与下伏沉积物在重矿物组成上有相似性，风的长期作用又造成两者之间含量百分比的局部差异性。

第二节　近地气层风的结构和性质

风沙运动是地球表面的一种贴近地表的气流对松散沙丘沙的搬运现象与物理过程。影响风沙运动的因素主要有三，即风力、沙源及其粒度组成和下垫面性质。风力是风沙运动的基本动力，沙源是风沙运动的物质基础，下垫面性质是风沙运动的转换条件，三者是影响风沙运动的极为重要的条件。本章第一节已经较为深入地讨论了沙丘沙的物理力学性质，有关下垫面性质及其对风沙运动的作用将在下一章详细阐明。本节主要阐明近地大气层风的性质和结构特征。

一、近地气层风的一般特征

（一）大气边界层的分区

关于大气边界层的定义及其尺度的确定，在不同的学科领域具有不同的标准，并且差异较大，不过从整体上看，大气边界层大致可分为，近地边界层和过渡区、自由大气层。在近地边界层中贴地表还包括近地边界层的低层，近地边界层的低层又可分为出风沙运动边界层，为距地面 0.2～1.5m 的高度范围。在大气物理学上，把空气运动明显受地面黏附(外摩擦)作用，具有很大的风速垂直梯度的大气层称为"大气边界层"，又称"摩擦层"或"行星边界层"。在平原地区，大气边界层的厚度大致自地面扩展至 500～1000m 的高度(视纬度而不同)气层内变化(图 2-5)。

1. 自由大气层

在大气边界层上界高度之上，空气的运动为自由气流，其中黏滞应力是可忽略的，与地转平衡原理所规定的没有系统的差异。

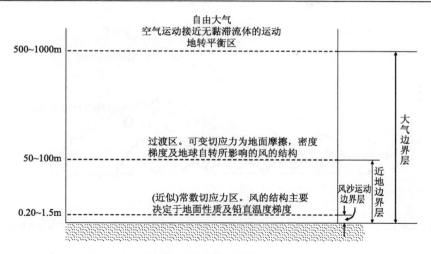

图 2-5　大气边界层的分区（根据 O.G.Sutton 绘制）

2. 过渡区

大气边界层可分为两层，即近地面边界层及其上面过渡到自由大气无摩擦运动的过渡带。在较低气层内，运动明显地受着地面状态的影响，但在上面的过渡带内，地面粗糙应该是不重要而可忽略的。此层也可称为湍流边界层，其特征是铅直运动强烈，以及平均速度梯度微小。在这层里，雷诺应力至少与黏滞应力一样大，也可能大得多。

3. 近地边界层

近地边界层是一非常薄的层流副层。在这层里，铅直的涡动运动实际是不存在的，速度梯度 $\mathrm{d}\bar{u}\,/\,\mathrm{d}z$ 达到非常大的值，切应力实际就是单纯由黏滞性造成的。在近地面层内，切应力实际上与高度无关。

4. 风沙运动边界层

风沙运动边界层是一个贴近地表很薄的气层（距离地面 0.2～1.5m），风沙运动首先受到近地表切应力的作用和地表性质与粗糙度的影响，当风沙流形成之后，以沙粒跃移为主体的颗粒流又反作用于近地气层风的性质和结构。图 2-6 为风沙运动模式图，受其影响的主体高度为距离地面 0.2～1.5m，而气流搬运的沙物质的 90% 是在 0～20cm 高度内通过的。此层是根据图 2-6 和不同下垫面上大量风沙流搬运层的高度及其风沙流结构的实测资料确定的。处于悬浮状态的微粒，由于扩散作用，可被搬运至较大的高度和更远的距离，不过其物质含量不足风沙运动物质总量的 5%（萨顿等，1959；Kenneth Pye，1986；凌裕泉，1994）。

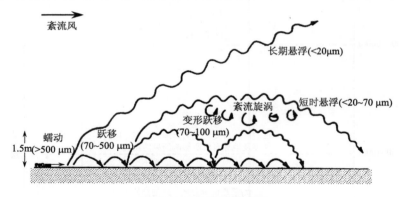

图 2-6　风沙运动模式图

这是(指图 2-6 中的沙粒运移方式)在中等风暴($\varepsilon=10^4\sim10^5\,cm^2/S$)中所见的不同搬运方式的典型的粒径范围

(二)边界层与边界层分离

边界层和边界层分离在风沙运动的理论研究和防沙治沙实践中均占有十分重要的地位。关于边界层的概念，有些文献中又称之为附面层，为统一起见，本书中统称为边界层。当流体沿着一个固体表面流动时，靠近固体表面的质点因受黏滞力的作用流速减慢，离固体表面越近，速度减小得越快。与固体表面接触的质点，由于黏附其表面上，其速度为零。在黏附质点上面流动的流体质点，因为与流动速度不同的质点相互作用，其速度也减慢了，并在固体边界附近形成较大的速度切变，产生切应力。边界上切应力的作用可发展到流体当中。在距表面一定距离处，流体质点的速度与未受扰动的流体的速度几乎相同。在流体动力学上，把固体边界附近受黏滞力作用流速显著变小、速度梯度很大的流体薄层定义为边界层。边界层厚度是人为规定的，有一定的主观性。对于光滑平面而言，理论上可定义为固体表面到流速不再改变的距离，用符号 δ 表示，如图 2-7 所示，边界层以外区域为主流区。严格来说，达到流速完全不再改变的厚度是很大的，速度变化较明显的区域却很小。一般以速度达到主流速度 99%～99.5%的地方作为边界层的厚度。

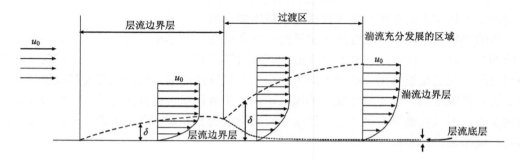

图 2-7　理想平滑平板边界层示意图

图 2-7 为理想平滑平板表面边界层分布特征，其可是在自然条件下随着下垫面性质的改变，特别是地表粗糙度增大之后，将会导致边界层性质发生相应变化，如图 2-8 所示。沙漠表面大气动力学粗糙度（z_0）的时空变化范围很广，在静止沙表面该值一般为 0.007cm，在流沙表面为 0.093cm，在有植被或类植被的沙面可以达到 20cm 或者更大。

大气动力学粗糙度对决定风沙过程具有重要作用，它是一个非常重要而且需要正确估算的参数。Bagnold 发现了大气动力学粗糙度与表面粗糙度的关系，即 $z_0=d/30$，其中 d 为表面沙粒平均粒径。然而，这个关系的前提是假定表面均匀而且分选良好的沉积物。另外，该关系也忽略了表面粗糙元素间距和尺度的影响，而对于砾石表面其粗糙度可能由较大颗粒所决定。例如，Greeley 和 Iversen（1985）指出，对于间距较宽的元素来说，z_0 可以达到最大值 $d/8$，而当间距继续增大时，粗糙度值又可变成 $d/30$。Lancaster 等发现 z_0 的变化与微地形变化有关，这说明对于混合沙子或者粒径变化较大的沙面来说，粗糙度与平均粒径之间并不完全遵循 $d/30$ 的关系。Blumberg 和 GreeLey 研究指出，目前没有一个统一的方法来计算 z_0，这反映了表面粗糙度是一个非常复杂和很难描述的物理量，而且空间变化很大。他们认为，其最困难之处就在于自然界的粗糙度尺度都是变化的。具体到研究细节，即如何将表面粗糙度变化的影响与一个风速廓线的演变相结合。从光滑表面到粗糙表面有一个过渡带，由于这个过渡带的作用，顺风向形成一个边界层。所以，风速廓线的不同部分就对应于不同表面粗糙度，通过单个沙粒、沙纹和沙丘等多种粗糙度的表面时，就有不同尺度的次生边界层形成。

在图 2-8 所示的例子中，风从一个平滑表面，可能是平坦沙片，吹到一个粗糙表面，如粗粒沙波纹面。在从光滑到粗糙的过渡区，近地面气流会由于拖曳力增加而很快减速，大气动力学粗糙度和表面剪切速度或摩阻速度则迅速增加。内边界层在较粗糙表面沿风向增加，剪切速度会稳定减小并达到一个平衡状态。应该注意到，这种剪切速度的增加并不一定导致沉积物搬运或侵蚀量的增加。因为表面粗糙度的增加可能使更多的沙粒处于 z_0 高度以下，也就是风速为零的区域。然而，有一些证据表明，对于那些大的、不可侵蚀的粗糙度元素来说，湍流的加强对沉积物的侵蚀有很大作用，至少在河流环境中是这样。从图 2-8 可以看出，在标有 X 点的风与上风向气流光滑的表面仍然处于平衡状态，而在 Y 点的风响应于粗糙的下风向表面。因此，在一个风速廓线中任何特殊点测量的

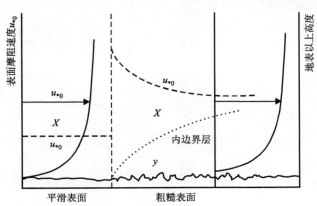

图 2-8　随表面粗糙度变化而发育的内边界层（Greeley and Iversen，1985）

z_0 和 u_* 值不仅仅是该处粒径和粗糙度元素间距的函数，而且也是风区长度内表面粗糙度变化的函数(David，1997)。

(三)绕过不同形状物体的分离绕流

涡流阻力是压差阻力中的一个分力。压差阻力除了这一分力以外，还包括诱导阻力、惯性阻力以及波阻力。在这里仅仅考虑这样一些情况，就是当诱导阻力、惯性阻力和波阻力很小，或是根本不存在时，压差阻力就等于单独一个涡流阻力时的情况。

为了计算在这种情况下的涡流阻力，只需计算作用在物体表面总的流体动力压力在与物体运动速度相反方向上的投影。涡流阻力主要由运动于流体中的物体尾部的涡流形成，在这种情况下，呈现所谓的边界层分离。

1. 圆柱体和椭球体的绕流分离性质

在边界层边壁分离的地方，流动与边壁之间并不形成空穴，因为被绕流过的物体整个表面全被运动的流体包围着。所谓物体绕流的分离状态是指这样一种流动状态，即物体的尾部发生逆向流动以及强度很大的集中涡束。关于在这种绕流状态下的流动情况的照片，印示在图2-9上，图2-9(a)和图2-9(b)表示绕过圆柱体的流动情况。图2-9(c)和图2-9(d)是绕过椭球形物体的流动情况。图2-9(a)与图2-9(c)所示的流动中的速度，相应地小于图2-9(b)和图2-9(d)所示的流动中的速度。将这种绕流状态沿圆柱体周线所测量出的流体动压力的分布绘示于图2-10上的曲线2和曲线3。为了比较起见，图2-10上还援引有相应于非黏性流体绕过圆柱体的势流的曲线1，曲线2及曲线3分别表示当 $Re=1.85\times10^5$ 及 $Re=6.7\times10^5$ 时的情形。当流动绕过椭球形物体时，在分离的绕流状态下也呈现着类似的流体动力压力分布。在这情形中，尾部区域的速度外形曲线变化如图2-11所示。

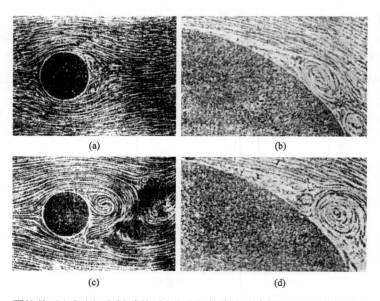

图 2-9　圆柱体[(a)和(b)]和椭球体[(c)和(d)]的绕流分离图(引自巴特勒雪夫，1959)

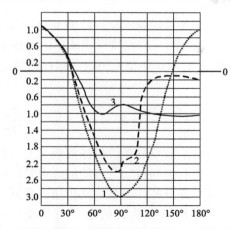

图 2-10　沿圆柱体绕流的动压力分布图(巴特勒雪夫，1959)

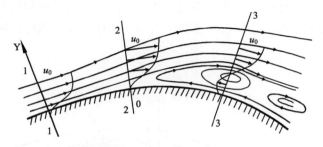

图 2-11　绕椭球体流动的边界层分离区的风速廓线(巴特勒雪夫，1959)

从图 2-9～图 2-11 中这些对任何形状物体的分离绕流状态都很有代表性的图和曲线可以看出，所谓边界层的分离，应理解为紧贴于边壁的区域内基本流动对边壁外形方向的偏离。由于在靠近偏离的起点即边壁处会发生逆向流动。因此，在这一段边壁的阻滞作用表现出与在它以前的边界地段的不同。此段上边壁对于偏离部分的特性将改变，以致所有边界层流动的标志都消失了。这样，边界层分离同时就是边界层本身的破坏。

作为边界层分离的地点，自然应取这样一个流动截面，即在该截面(图 2-11 中截面 2-2)以前，流体沿着边壁在一个方向上运动，而在该截面以后则在另一方向上运动。因此，在 O 点处 τ_0 改变符号，也就是说，在该点处的 τ_0 变成零。在平面流动中，这个地点通常称为边界层的分离点。对于这一点，将有下列的方程式：

$$\tau_0 = \mu \left| \frac{\partial u}{\partial y} \right| = 0 \text{ 或 } \left| \frac{\partial u}{\partial y} \right|_{y=0} = 0$$

从上述可以明显看出，边界层的分离点同时决定逆向流动区域和很强的涡束集中区域的起点。因此，它的位置也就对涡流阻力的数值产生重大的影响。边界层的分离点愈靠近于物体的尾部则物体的涡流阻力愈小；反之亦然。

边界层的分离通常呈现于被绕流过的物体尾部，下面将进一步阐明其成因。从图 2-10 所示的曲线中可以看出，在被绕流过的圆柱体的尾部，流体动力压力或是升高，或是实际上没有变化，可是在所指出的这一区域内靠近圆柱本身处的流速是极小的。这显示，在这些条件下，尾部区域内流动不可能朝着总绕流的方向。事实上，若把靠近于圆柱体并位于角度为 90° 及 120° 的径线上的一些流体微团的单位机械能（参阅图 2-10 的曲线 2）进行比较，则在 Re=1.85×10^5 时的圆柱体绕流中得到这样的结论，即 $e_{120°} > e_{90°}$，正如图线所显示的：$p_{120°} > p_{90°}$。

$$e_{120°} = \frac{p_{120°}}{\gamma} + \frac{v^2_{120°}}{2g} \approx \frac{p_{120°}}{\gamma} \text{ 以及 } e_{90°} = \frac{p_{90°}}{\gamma} + \frac{v^2_{90°}}{2g} \approx \frac{p_{90°}}{\gamma}$$

众所周知，从单位机械能较小的点到单位机械能较大的点的流动，没有能量的供给是不可能的。在这种情况下，只有逆向流动是可能的。但是，在同一区域内和在同一截面内，在距离圆柱体稍远处的流速升高；并且，其中第一截面内的流速升高较快于第二截面。因此，在这些点上单位机械能的数值之间呈相反的对比关系，即 $e'_{90°} > e'_{120°}$（图 2-12），所以流动从 a 到 b 的方向重合于绕流的方向。这样，在位于角度 120° 的径向流动截面上，靠近圆柱体的一点和距离圆柱体稍远的一点处呈现相反的流体运动方向，并产生强度很大的集中涡，使得在尾部的压力与在圆柱体头部相应区域内的压力比较起来大大地降低。

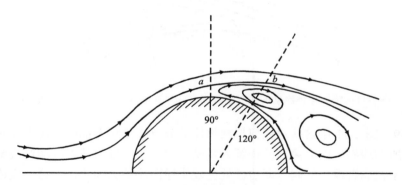

图 2-12　圆柱体分离绕流示意图（巴特勒雪夫，1959）

分析其他不同于圆柱体物体的分离绕流状态的实验数据时也得到同样的结论。边界层的分离而引起的靠近被绕流过的物体的逆向流动，以及集中的涡束，仅仅发生在流体动力压力沿绕流方向增高的区域内。换句话说，边界层的分离，不论在被绕流过的物体的头部还是尾部，仅仅在一些情形中是可能的，就是当单位势能沿流动方向大大地增加的时候。在所指出的条件下，逆向流动的形成本身之所以发生，是因为在流动中的速度及动能沿着边壁的方向急剧地降低，并按现有条件在边壁上达到零值。但流体动力压力在靠近边壁的区域内（包括沿边界层的厚度在内）实际上是没有变化的。其发生是因为边壁对流动的阻滞作用仅表现为使靠近于边壁而运动的那些流体微团的流速降低，并且使得流体微团的动能仅转换为热能，可是边壁使流动偏离的作用并不引起流体微团的机械能之值的变化。因此，边界层分离仅导致一种机械能的形式转换为另一种机械能的形式，而它们的总和保持不变。在绕流的问题中，边壁使流动偏离的作用通常或是收缩区域内压力能转换为动能，或是扩散区域内动能转换成压力能，而扩散区域常常就在被绕流过的物体的尾部。对于流动的阻滞作用和偏离作用彼此互相有关。只是由于边壁对流动的这种双重的阻滞作用和偏离作用才可能在上述条件下形成逆向流动、集中涡和边界层的分离。

　　但是，流体沿流动方向的压力升高仅是边界层分离的必要条件。在任何形状物体的绕流中，分离的绕流状态并不是在任何绕流速度下都能发生，只有达到十分确定的、仅对该物体为特征性的绕流速度时才能发生。边界层分离点的位置在一般情况下也不仅是随物体的形状而定，同时也与绕流速度及边界层内的流动状态有关。然而，按照下列的一些简单理由，得到这些结论也是很容易的。在边界层的限度内流体微团的恒稳运动方程式如下：

$$\frac{\partial}{\partial s}(\rho \frac{u^2}{2}) = -\frac{\partial p}{\partial s} - \frac{\partial \tau}{\partial n}$$

　　由此可以看出，仅仅在微团动能的降低还不超过其压力能的增加以及能量损失以前，这些微团在绕流方向上的流动即便是 $\frac{\partial p}{\partial s}>0$ 的情况下也还是可能的，上述能量损失是在于克服边壁阻滞作用所引起的对运动的阻力，而且对运动的阻力与运动速度的大于 1 的幂次成正比。这意思是说，如果 $\frac{\partial p}{\partial s}$ 小，而微团速度很大的话，那么流体微团沿绕流方向的流动可以在很长的流动地段内继续。因此，无分离的绕流状态实属可能。反之，如果 $\frac{\partial p}{\partial s}$ 大，而靠近于边壁的微团速度很小，那么它们沿绕流方向的流动仅能在不大的流动地段内继续，然后就发生边界层的分离。$\frac{\partial p}{\partial s}$ 这个数值主要随被绕过的物体形状以及边壁对流动的偏离作用和阻滞作用之相互影响而定。

　　这些就是边界层分离的流体力学的实质和在被绕流过的物体的尾部形成集中涡束的原因。

2. 边界层分离点的确定

　　边界层分离点位置在数值上的确定在大多数情况下是很困难的。其原则上可以根据边界层理论得出，不论边界层内气流是层流状态还是紊流状态，为此必须适当地给出边界层内的速度外形曲线，所以在实际上常常采用实验的方法确定边界层分离点。

3. 分离绕流的流体动力特征

　　为了说明那些决定物体在上述绕流状态下的涡流阻力的流体动力参数，假定物体具有这样一种不良好的流线形状和几何尺寸，即在这样的形状和尺寸之下，物体的总阻力实际上等于涡流阻力。除此之外，我们还假定绕过物体的流动是平面的。

　　这样绕流的典型图形如图 2-13 所示。在这图形上，用铅直影线表示边界层；边界层的上边界用曲线 A-C 表示；点 O 标记边界层的分离处。在边界层分离点之后，形成有逆向流动和强度很大的集中涡束。这些涡束并不是不动的，包含在里面的流体微团不仅在做旋转运动，同时还被流动带走，取而代之，即将形成新的和已走的流体微团大小相同的涡束，这一前提是流速 u_0 不随时间而改变。在上述区域内关于涡束的替换通常发生极快，似乎这些地方总是有一些相同的微团在旋转。当涡束在尾部区域往下移动时，涡束发生变形和扩散，而在距离被绕流过的物体的尾部不远处被冲毁，如图 2-13 所示。在图 2-13 上的截面 2-2，刚好划在集中涡束已完全消失之处，截面 2-2 处的速度外形曲线所具有的形状已示意地绘示在图 2-13 上。在截面 C-C 的一段内，速度的降低，较少是由于被绕流过的物体边壁的阻滞作用，主要是由于靠近物体尾部形成，并且在流动的尾部区域内移动的集中涡束之变形。截面 2-2 相对于被绕流过的物体尾端的位置，正如试验所指出，以速度 u_0 和被绕流过的物体的最大宽度（b_0）来表示的流动雷诺数（$\mathrm{Re} = \dfrac{u_0 b_0}{v}$）而定，

并且随 Re 的增长截面 2-2 靠近于尾端。带有这样一些流动的流体动力特性的尾部区域，通常称为伴随射流或物体流迹（图 2-13 上的 B-C-C-B 区域）。在所画流线图形上，截面 1-1 是画在离被绕流过的物体的顶端这样一个距离处，即物体对绕过它的流动的影响实际上扩大不到的地方。在这截面的所有各点上，可以认为流速均相同并且等于 u_0。曲线 1-2 为流线。这两条流线也是画在离物体轴线这样一个距离 y_0 处，即物体对流动的偏离作用和阻滞作用都扩大不到的地方。在这两条流线的所有各点上的速度也都可以认为相同并且等于 u_0。

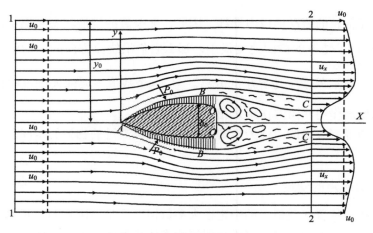

图 2-13　分离绕流的流体动力特征（巴特勒雪夫，1959）

图形上所示的集中涡束，在所考虑的分离绕流的状态中，使得在物体的尾部内大为缓和。因此，物体尾部的流体动力压力与它头部的相应各点上的压力比较起来大大地降低。例如，图 2-11 上的曲线 2 和曲线 3（对于圆柱体绕流的情况）可以十分清楚地证实。结果，物体对流动的阻力基本上由上述压力差来决定。在有些情形中伴随射流内甚至在截面 2-2 之后也形成有集中的涡束。它们彼此之间大致以等距离分布在两条稍微分开的行列内，而且并非彼此相对地排列而是像象棋式排列着。特别是在圆柱体的绕流中，当雷诺数从 $\mathrm{Re} = \dfrac{v_0 d}{v} = 100$ 到 $R=2500$ 时，这样的涡束是曾经出现过的（图 2-14）。这些涡束随 Re 而继续发展，情景如图 2-1 援引的照片所示。从这些照片我们看到在上述的 Re 值之下，这些涡束在距离流动绕过的圆柱体之后极远处都没有被冲毁。但是，集中涡束在

离开物体这样长的距离上对流动的力的作用没有显著影响。因为，某一点上被涡所诱导的速度之值，是与由涡到这一点的距离成反比的(巴特勒雪夫，1959)。

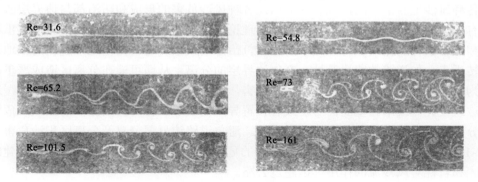

图 2-14　圆柱体绕流性质与 Re 的关系

还应指出，分离还可分为大尺度的整体分离和小尺度的局部分离，在大尺度分离发生后，流动的特性已完全不同于边界层流动，但像分离泡那样的小尺度分离(图 2-15)，在分离泡内虽有回流发生，但分离泡外边界层仍存在。这实际上是嵌在边界层内的一种局部分离。

另外，以上的分离准则是针对光滑物面上的分离而言的。如果物面上有折角，在折角处几乎立刻发生分离，这种情形下分离点位置是固定的，所以分离又可分为光滑分离和强迫分离(图 2-16)。

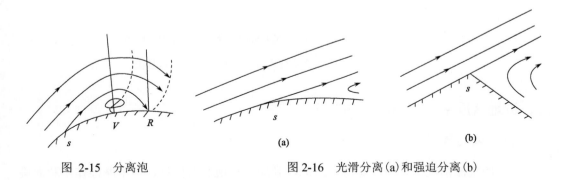

图 2-15　分离泡　　　　　　　　　图 2-16　光滑分离(a)和强迫分离(b)

分离常常给工程上带来很大的危害，如造成机翼表面失速、阻力剧增。又如，叶轮机械或扩压器若发生分离，不仅带来大的机械能损失，更严重的会引起剧烈的喘振和旋转失速，甚至造成结构破坏。因此，分离流的研究和控制在理论和实用上都很有价值。为了降低涡流阻力，必须全部消除边界层分离，或是尽可能使分离点一直移到物体的尾端去。为此，不仅可以借物体形状的适当改变来完成，还可以借许多人工措施，如利用抽吸边界层的办法来实现(庄礼贤等，1997)。

(四)边界层分离理论在风沙研究和防治中的应用

各种风沙地貌形态的形成和演变以及各种风沙危害的形成和防治都与边界层的分离作用有关。因此，边界层分离理论在风沙理论研究和沙害防治实践中均占有极其重要的地位和不可取代的作用。特别是在防沙(雪)治沙实践中，通常由于地形起伏而在地形变化的转折点，如道路的路肩等处，产生边界层的分离，从而可能在分离区造成严重的沙害。为了减轻或防止分离区的风沙(雪)危害，一般可以通过工程自身设计，如减缓道路的边坡或设计流线形路基断面等，或者设置导风栅板等工程防护措施，防止风沙危害或改变分离绕流的状态，减轻风沙危害程度。避免道路边界层分离及分离区积沙危害形成(图2-17)。铁路路肩分离绕流积沙所造成的危害情况更为复杂，因为铁路的上部建筑，如道床和轨枕对风沙流的作用远远超过公路。

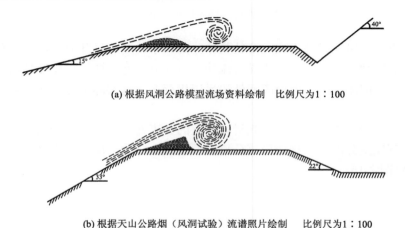

(a) 根据风洞公路模型流场资料绘制　　比例尺为1：100

(b) 根据天山公路烟（风洞试验）流谱照片绘制　　比例尺为1：100

图 2-17　公路路肩的边界层分离区积沙和积雪形态示意图

二、近地气层中风速随高度的变化

(一)风的阵性特征

风，即气流沿地面朝着一定方向运动，其随着与地面的接近，由于摩擦作用和涡旋的形成而渐趋削弱。风的减弱过程一方面取决于地表粗糙度及其覆盖物，另一方面取决于湍流交换作用，由于湍流混合的结果，具有一定速度的、顺着地表方向运动的各个空气质点往下沉，并将一部分速度传给位于其下的空气；相反地，下面失去了方向速度的质点往上升，从而减弱上层的风速。湍流混合作用本身的能量是靠风的动能来供给，而且这种过程相当复杂。前一情况必然会影响到涡旋形成带中，即下垫面不规则高度范围内的风的廓线。在敞露平坦的地方，这些高度系按厘米计(草的高度、地表的不规则性)，在地形起伏的情况下，在遮蔽的地方，风的廓线有几米或几十米的一层遭到破坏。

风的特征就是阵性，具体表现为，风速忽高忽低，风向不断改变。风的阵性的形成起源于下垫面附近，并决定着空气湍流混合的那些不同大小涡旋所产生的结果，所以有一种计算湍流系数的方法正是以风阵性的计算为根据的。

风的阵性是以大气的稳定程度为依据。它在超绝热温度梯度的情形下增强，而在有逆温时减弱，下垫面的不规则性也能使风阵性增强。

阵性，或所谓风在时间上的微变，也包括它在空间的变化。个别时刻在若干米的距离内，在完全相似的条件下，由于阵性的作用风速可能相差 5～10m/s。

由于风阵性的缘故，用惰性很小的仪器所做的个别风的观测会给出偶然的并不能表示特征的数值，所以在对风的情况做比较时，通常采用一定时段内的平均风速。

(二)平均风速与脉动值

设定 u、v、w 为在 (x,y,z) 点上所测得的速度分量。在湍流流动里，所有这三个分量都是时间的函数，同样亦是位置的函数。在某定点，某时刻 t_0，平均速度的分量为 $\bar{u}$、$\bar{v}$、$\bar{w}$，其定义由以下公式规定：

$$\bar{u} = \frac{1}{T}\int_{t_0-\frac{1}{2}T}^{t_0+\frac{1}{2}T} u\,\mathrm{d}t\,;\quad \bar{v} = \frac{1}{T}\int_{t_0-\frac{1}{2}T}^{t_0+\frac{1}{2}T} v\,\mathrm{d}t\,;\quad \bar{w} = \frac{1}{T}\int_{t_0-\frac{1}{2}T}^{t_0+\frac{1}{2}T} w\,\mathrm{d}t$$

式中，T 为一段设定的时间，叫做抽样期限(图 2-18)。一般说来，$\bar{u},\bar{v},\bar{w}=f(x,\,y,\,z,\,t_0,\,T)$。

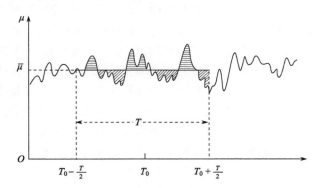

图 2-18　平均速度的定义(萨顿等，1959)

从几何学上来看，这意味着经过一段时间，在一点上得到了 u、v、w 的记录，在时间轴与曲线 $u=u(t)$、$v=v(t)$、$w=w(t)$ 间的面积，用以 $t=t_0$ 为中心的小段时间 T 来测量，并用以描绘平均速度 $\bar{u}$、$\bar{v}$、$\bar{w}$，使得 $u=\bar{u}$，$v=\bar{v}$，$w=\bar{w}$ 线上的面积等于该线以下的面积(图 2-18)。很明显，如果这样描绘的速度能够代表整个运动的特点，则时间 T 必须足够长，以保证足够数目的脉动。另外，如果普遍采用一个特别长的抽样期限，又可能遮掩了在流动中发生的重要变化，即在所选的期限内，速度的一般高度可能稳定地上升或下降，以致运动不能够用一单个的常数平均速度来恰当地表示出来。

如果是这样的场合，即平均速度可以当作是稳定的，那么分析就大大地简化了。在所有情况下，脉动或涡动速度 u'、v'、w' 的定义是在任何时刻的总速度与平均速度之差，因此，$u'=u-\bar{u}$；$v'=v-\bar{v}$；$w'=w-\bar{w}$。

在稳定的平均流动中，$\bar{\bar{u}}=\bar{u}$，等等，且 $\overline{u'}=\dfrac{1}{T}\displaystyle\int_{t_0-\frac{1}{2}T}^{t_0+\frac{1}{2}T}(u-\bar{u})\mathrm{d}t=\bar{u}-\bar{u}=0$。这样，

$\overline{u}' = \overline{v}' = \overline{w}'$。

如果平均流动不能当作稳定的流动，那就必须另加若干其他限制性的条件。条件常是这样的：u、v、w 的变化足够迅速，使我们可以规定一段时间 T，在这一段时间里，$\overline{u}$、$\overline{v}$、$\overline{w}$ 只是缓慢地变化(萨顿等，1959)。

对于确定某一种风的可能搬运沙子数量来说，风速是最重要的。但是，诚如上述，几乎所有搬运沙子的风，不论是在风洞或野外全都是湍流。大气作湍流运动时，各点的流速大小和方向将是随时间脉动的和表现出阵性。然而，从图 2-18 所示的风速实测资料可以看出，尽管各点的瞬时风速随着时间在不断变化，但这种变化始终在某一个平均值附近上下摆动。如果将不同时段测得的速度值分别加以平均，只要采用的时段足够长，所获得的平均值就是相当稳定的。因此，我们在讨论近地层大气的风速时，采用一定时间间隔。在气象学上，常用 10min 内的平均风速来代替瞬时速度。风速分布也是指平均风速随高度的分布。

(三) 风速廓线

在近地气层中，风受到地面摩擦阻力的影响而降速。同时，风速廓线明显地受到大气温度层结的影响。可是在风沙问题的研究中，却只考虑中性平衡状态下的风速随高度分布特征。因为导致风沙运动的平均起动风速一般均在 5m/s 以上。在此种条件下，气流的 Re 较大，并具有明显的紊流性质。据勃隆特估算，风速超过 1m/s 的空气流动必然是紊流，不论它是怎样平稳地吹过。气流的紊动加强了上下层的混合作用，从而大大减弱了温度层结的影响。此时大气层结近似处于中性稳定平衡状态。在整个气层中温度梯度很小，以致实际空气密度均等，其运动与实验室中对平面上气流流动进行试验时所看到的运动相同。在均衡状态下，风的廓线是一条直线，这表示风是按着对数关系随高度递增的，同时风速梯度与高度成反比。速度廓线必定遵从下列方程之一。

平滑流动：

$$\frac{\overline{u}}{u_*} = \frac{1}{k}\ln\left(\frac{u_* z}{v}\right) + 常数 \tag{2-1}$$

完全粗糙流动：

$$\frac{\overline{u}}{u_*} = \frac{1}{k}\ln\frac{z}{z_0} \tag{2-2}$$

或

$$\frac{\overline{u}}{u_*} = \frac{1}{k}\ln\left(\frac{z+z_0}{z_0}\right) \tag{2-3}$$

式中，$u_* = \sqrt{\tau_0 / p}$ 为摩擦速度；z_0 为粗糙度。

然而，如果粗糙单体在高度及分布上都是足够均匀的话，对廓线方程进行经验修改仍可获得一些进展。如果把对数廓线依经验写成：

$$\frac{\overline{u}}{u_*} = \frac{1}{k}\ln\left(\frac{z-d}{z_0}\right) \tag{2-4}$$

那么可能把上述一些工作推广到由一定高度的植被所覆盖的地面之上气层。式中，d 为零平面位移。长度 d 要看作水准基面，通常的乱流交换就是发生在这水准基面的上面；并且，只有在 $z \geq d + z_0$ 时，方程才有意义。

因摩擦力随高度增加而减小，故风速随高度增加而增大。图2-19给出在没有发生风沙运动以前或没有风沙运动的地方，距地面不同高度上的一系列风速测量数值。可以看出，风速不是与高度成正比，而是与高度的对数值成正比，说明风速廓线是随高度呈对数分布的。这个分布规律得到了流体力学的理论解释，即普兰特–冯·卡曼的速度对数分布规律，其形式为

$$u = \frac{u_*}{k} \ln \frac{z}{z_0} \tag{2-5}$$

或者

$$u = 5.75 u_* \lg \frac{z}{z_0} \tag{2-6}$$

式中，u_* 为摩阻速度（或剪切速度），$u_* = \sqrt{\dfrac{\tau}{\rho}}$，$\tau$ 为地面的剪切力（拖曳力）或阻力，ρ 为空气密度；u 为高度 z 处的风速；k 为卡曼常数（$k=0.4$）；z_0 为光滑床面与空气的黏滞性有关的参数，而床面粗糙度则等于标志床面粗糙度的特征长度。

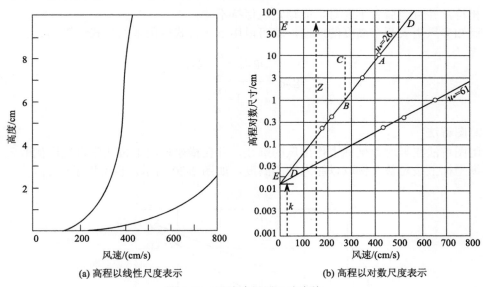

(a) 高程以线性尺度表示　　　　　　(b) 高程以对数尺度表示

图 2-19　近地边界层风速廓线

（四）表面粗糙度

如果风力增加，并测出一系列的风速数值，则人们可发现所给出的点都位于一条值线上，这一直线基本上是向同一流速零点汇聚的。事实上，当风吹过任何具有已知的均匀粗糙度的表面时，我们就可以用一组向轴上一个焦点汇聚的直线，代表在适当的接近地面的各个高程上的所有风速值。焦点在表面以上的高度只与表面的粗糙度有关。

在对这个问题做了详细的研究以后，波朗特发现，焦点的高度与组成粗糙表面的凹凸不平的尺寸有关。假设表面系由固定不能移动的沙粒或散布在地面的均匀卵石所组成，则焦点的高度（称这一高度为 k，该处风速为零）约等于砂粒或卵石的直径的 1/30。这就

是说，如果卵石的直径为 30cm，则由地面到高程为 1cm 处为止空气是静止的，风的运动仅由此高程开始（Bagnold,1959）。

1. 粗糙度的确定

1）计算法

多风的阴天平衡状态时，风速随高度的变化可按对数公式来计算，即

$$u_n = u_1 \frac{\lg z_n - \lg z_0}{\lg z_1 - \lg z_0} \tag{2-7}$$

式中，u_n 为 z_n 高度的风速；u_1 为 z_1 高度的已知风速；z_0 为下垫面的粗糙度。

这个公式只适用于敞露平坦的地段。假定对数定律完全保持到 z_0，则 z_0 是风速即空气运动等于零的高度。事实上，如上面已经指出了的，在粗糙层或摩擦层底风的廓线要发生变形。此外，零值速度（理解为风速，即没有方向的气流）无疑地要随着贴地气层的热力层结而发生变化。虽然如此，但是 z_0 的值在下述计算方法中却能很好地与下垫面的性质相符，并且当后者不变时也能稳定地保持不变。

已知多风阴天两个高度的风速，就可以用下述公式得出来的公式计算 z_0：

$$\lg z_0 = \frac{\lg z_n - \dfrac{u_n}{u_1} \lg z_1}{1 - \dfrac{u_n}{u_1}} \tag{2-8}$$

2）图解法

用图解法在半对数坐标上作出风的廓线，并在横坐标线上按通常直线比例取风速，而在纵坐标上按对数比例取以厘米计的高度，如图 2-20 所示，也可以求出 z_0。

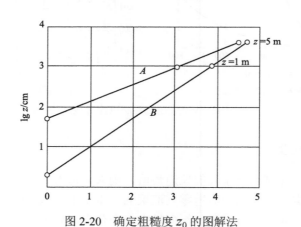

图 2-20　确定粗糙度 z_0 的图解法

多次 z_0 的计算结果，在有草原的敞露平坦地方，z_0 随着草的高度而变动于 1～5cm；在雪覆盖上 z_0 急剧减至 0.05cm 甚至 0.01cm。无植物的平滑地面 $z_0 = 1$cm。

从图 2-20 可以看出，z_0 越大则风速随高度的递增越迅速。但是在同样的上层风速下，

各高度的风速将随着 z_0 的减小而增大。

表 2-8 所列为当 10m 高度风速为 20m/s 时，2m、0.5m 及 0.1m 高处(在 z_0 相等的场地上)的风速，然后按对数公式计算观测结果(萨鲍尼日科娃，1966)。

表 2-8　当 10m 高处风速为 20m/s 时各高度的风速

土壤覆盖性质	z_0/cm	2m 处风速/(m/s)	0.5 m 处风速/(m/s)	0.1 m 处风速/(m/s)
草被	3	14.4	9.3	4.0
裸露土壤	1	15.4	11.4	7.0
雪盖	0.05	16.0	14.0	10.6

2. 摩阻速度 u_* 的确定

摩阻流速 u_*，对于吹过平坦表面的恒定风来说，u_* 也等于垂直于表面的流速梯度。同样的两个流速测量值不仅说明关于表面的性质和它的粗糙度，同时也会给出一些资料，从中可以求出表面对风和阻力和在任意高程上的风速。

可用下式表示作用在一个垂直于风向的单位面积(cm^2)上的直接风压力 p：

$$p = \frac{1}{2}\rho u^2$$

式中，u 为来流风速。对于与风向相平行的每平方厘米地面上的剪切力或阻力，同样的关系也是适用的。设 τ 为每平方厘米上的阻力，则

$$\tau = \rho u_*^2$$

在这里，u_* 是一个具有速度量纲的量，但目前它仅是代表 $\sqrt{\dfrac{\tau}{\rho}}$ 的一个数学符号，u_* 称为摩阻流速。

然而，在越过平坦表面恒定风的情况下，u_* 具有极重要的物理意义。u_* 和风速对于高度对数值的递增率成正比。由于速度和高度对数值之间有直线关系，所以 u_* 就正比于这根直线(即速度线)和高度纵轴所夹的角的正切值，比例常数为 5.75。

在图 2-19 中，速度线 OD 的倾斜角的正切为在线上任何两点间所取距离 AC 和 CB 的比值；u_* 等于 $\dfrac{AC}{CB}$ 除以 5.75。为方便起见，可以选取 A 和 B 点，使 A 的高度为 B 的 10 倍，则 CB 的对数值为 lg10–lg1 =lg $\dfrac{10}{1}$ =1，而在这种情况下：

$$u_* = \frac{AC}{5.75}$$

因此，为了要求出表面阻力 τ，只需测出任意两个方便的已知高程上的风速，把这些速度绘在对应于高度对数值的图上(图 2-19)，同时通过这两个点给出一根直线。

两个不同高程(其一的高度为另一个的 10 倍)的点之间，其速度差 AC 是 5.75 u_*，从而得 $\tau = \rho u_*^2$。

另外，如 u_* 和粗糙度常数 k 已知，任意高度 z 上的风速可求出如下：在图 2-19 中，可用任意距离 DE 代表速度 u，由简单的比例关系，$DE = \dfrac{AC}{OB} \times EO$，即等于 $5.75\, u_* \times EO$；但 EO 系 E 点和 O 点的高度对数值之差，即 $\log z - \log k$，因此以 $\log \dfrac{z}{k}$ 写出 $\log z - \log k$，可得

$$\left.\begin{aligned} u &= 5.75 u_* \log \frac{z}{k} \\ u &= 5.75 \sqrt{\frac{\tau}{\rho}} \log \frac{z}{k} \end{aligned}\right\}$$

其中：

$$u_* = \sqrt{\frac{\tau}{\rho}}$$

这个简单又极为重要的方程式，把表面以上任意高度处的流体速度、表面粗糙常数 k 及单位面积表面上的阻力 τ 联系起来。这个公式由波朗特首先得出，实验指出，只要流态成为已经充分发展的紊流状态时，这一个方程式对于管道或野外靠近任何直而粗糙的表面的任意流体(不论是空气、水或油)都能适用。

必须十分了解 u_* 的意义，因为在以后的大部分讨论中都会牵涉到它。当流动系恒定直线运动时，被称为摩阻速度的 $u_* = \sqrt{\dfrac{\tau}{\rho}}$ 也是风速梯度的一种量度，也就是流速对高度对数值的递增率。u_* 的这两种性质只是同一事物的两个方面，因为正是速度沿着高度的变化在空气内引起切应力，并且把这切应力传递到地面成为表面阻力。如果风速不随高度而增加，就不会有表面阻力(在这种情况下，图 2-19 中的速度线 OD 会成垂直的)。风力愈强，地面上的阻力就愈大；因此，速度线对垂直线的倾斜度必然愈大。

可以认为，u_* 系邻近地面的所有高程上的风的一种本质，假定距离少数障碍物的局部影响足够远，并且忽略了巨大的温度差而产生的较小影响，则知道了 u_* 和 k，就确定了风的状态。k 值使速度线与线轴的交点 O 固定，而 u_* 决定了该线的倾斜度，这样就有可能给出在任一给定高程上的速度 u。

可用图 2-19 的几何关系找出作为速度的 u_* 的物理意义。因为 $u_* = \dfrac{AC}{5.75} \times \dfrac{1}{CB}$，当 $CB = \dfrac{1}{5.75}$ 时，$u_* = AC$。但 CB 系 A 和 B 点的高度 z_A 和 z_B 的比值的对数值，因此 u_* 系任何两个高度间的风速的增量，这两个高度的对数之差等于 1/5.75，即 0.174，它们的线性高度的比值为 $\log^{-1} 0.174 = 1.5$。5.75 这个特殊的数字也就是 u_* 和速度线倾角的正切之间的比例常数，是从波朗特的混合长度理论引导出来的。当一部分流体自某一高程挟带动量进入另一高程时，在这部分流体的动量和新高程的流体的动量还没有混合以前，流体所走过的平均距离就假定为混合长度。勃隆特曾用英文对这一理论作了简明的叙述(Bagnold, 1959)。

参 考 文 献

拜格诺. 1959. 风沙和荒漠沙丘物理学. 北京: 科学出版社.

巴特勒雪夫. 1959. 流体力学(下册). 戴昌晖等译. 北京: 高等教育出版社.

范智杰, 屈建军, 周焕. 2015. 沙土内摩擦角与粒径、含水率及天然坡角的关系. 中国沙漠, 35(2):301-305.

季劲钧, 黄玫. 2006. 青藏高原地表能量通量的估计. 地球科学进展, (12): 1268-1272, 1391.

凌裕泉. 1994. 输沙量(率)水平分布的非均一性. 实验力学, 9(4): 5.

萨顿, 徐尔灏, 等. 1959. 微气象学. 北京: 高等教育出版社.

吴正. 1987. 风沙地貌学. 北京: 科学出版社.

谢胜波, 屈建军, 俎瑞平, 等. 2012. 沙漠化对青藏高原冻土地温影响的新发现及意义. 科学通报, 57(6): 393-396.

谢应钦. 1995. 中国科学院青藏高原综合观测研究站观测年报. 兰州: 兰州大学出版社.

姚正毅, 陈广庭, 韩致文, 等. 2001. 塔克拉玛干沙漠腹地风沙土的力学性质. 中国沙漠, 21(1): 31-36.

赵性存. 1988. 中国沙漠铁路工程. 北京: 中国铁道出版社.

中国科学院兰州沙漠研究所沙坡头沙漠科学研究站. 1980. 流沙治理研究. 银川: 宁夏人民出版社.

周幼吾等. 2000. 中国冻土. 北京: 科学出版社.

庄礼贤, 毛小海, 佐藤淳造, 等. 1997. 可压缩球涡和平面激波相互作用的数值研究. 空气动力学学报, (1): 94-101.

Bhumralkar C M. 1975. Numerical experiments on the computation of ground surface temperature in an atmospheric general circulation model. Journal of Applied Meteorology and Climatology, 14(7): 1246-1258.

C. A. 萨鲍日尼科娃. 1955. 小气候与地方气候. 江广恒等译. 北京: 科学出版社.

Greeley R, Iversen J D. 1985. Wind as a Geological Process: Aeolian abrasion and erosion. 10.1017/CBO9780511573071(5):145-198.

Krinsley D H, Doornkamp J C. 1973. Atlas of quartz sand surface textures. New York: Cambridge University Press.

Oke T R. 2002. Boundary Layer Climates. New York: Routledge.

Wang S L , Zhao X M . 1999. Analysis of the ground temperatures monitored in permafrost regions on the Tibetan Plateau. Journal of Glaciology and Geocryology, 21(4): 351-356.

Yang K, Koike T. 2005. Comments on estimating soil water contents from soil temperature measurements by using an adaptive Kalman Filter. Journal of Applied Meteorology, 44(4): 546-550.

Zhang Q, Huang R. 2004. Water vapor exchange between soil and atmosphere over a Gobi surface near an oasis in the summer. Journal of Applied Meteorology, 43(12): 1917-1928.

第三章 风沙运动力学

第一节 沙粒(或颗粒)的运动形式和性质

一、沙质床面的沙粒起动与风沙流的形成

  风沙流是一种可变密度和可变速度不连续分散介质的气–固二相流(凌裕泉等,1980)。它是风沙运动最基本的形式,是沙质床面的一种表面运动现象和沙物质迁移过程,同时又是塑造各种风成地貌和造成各种风沙危害的基本动力,在风沙研究中占有极其重要的地位。

  风沙流由于沙粒细小,几何形状极不规则和运动变化迅速,所以其具有明显的随机性特点。因此,采用一般方法难以确定其运动性质和运动学的诸要素。为了揭示在风力作用下的沙粒运动过程和性质,我们采用普通摄影、普通电影摄影(片速 35f/s)和高速电影摄影(片速为 1000~2000f/s)的方法记录沙粒运动的轨迹。动态摄影具有连续的画面和准确的时标,可以记录沙粒运动及其变化的动态过程,同时采用了高速脉冲频闪光源的高速摄影,其颗粒轨迹呈点状分布,既有较大的景场,又有连续的画面。

  从高速影片中能够清楚地看到风力作用下,沙粒脱离床面进入气流微观运动的过程。当平均风速接近起动风速时,由于沙面具有许多微小起伏,对于平均粒径为 1.5mm 的粗沙床面来说,拍摄资料确定其不均性的几何尺度为 10^{-1}cm,已超过沙质床面气流的黏流底层(viscous layer)厚度,即 $\delta=1.314\times10^{-2}$cm。因而,沙质床面上的气流是紊流。在自然条件下更是如此,它加强了沙质床面某些凸起沙粒的不稳定性(凌裕泉等,1980)。在迎面阻力和摩擦阻力两个力的旋转力矩作用下,一些极不稳定的沙粒开始振动或前后摆动,据 Lyles 和 Krauss(1971)观测结果,对于粒径为 0.59~0.84mm 的沙粒来说,其振动平均频率为 1.8±0.3Hz,在沙质床面上这一作用过程往往需要进行多次。当风速超过起动值之后,振动也随之加强,迎面阻力力矩相应增大,并足以克服摩擦阻力力矩的作用,较大的旋转力矩促使一些沙粒首先沿沙床面滚动或滑动,这就是通常所指的表面蠕移运动。这里所说的滚动系指沙粒不脱离床面向前滚动[图 3-1(a)和图 3-1(b)];滑动则指沙粒与床面有时触及有时离开,离开床面间距约为沙粒粒径尺度[图 3-1(c)和图 3-1(d)]。从普通和高速电影资料中均可明显地看到,沙粒沿床面滚动或滑动所构成的一个活动的基面,滚动与滑动交替进行。由于沙粒几何形状的多样性和所处的空间位置以及受力状况的多变性,当部分沙粒碰到床面上凸起沙粒[图 3-2(a)和图 3-3]或被其他运动沙粒冲击[图 3-2(b)]时,沙粒骤然向上(有时几乎垂直,有的沙粒甚至可以大于 90°角度)起跳,并在气流中获得较大的能量与水平速度,以与水平线交汇的很小锐角迅速下降。绝大多数情况下,沙粒总是以扁平的抛物线轨迹向前运动。沙粒在气流中这种跃移运动过程具有"连锁反应"的特性(图 3-3),这就是风沙流的形成过程(凌裕泉等,1980)。

　　运动的沙粒是从气流中获取其运动的动量或能量的。因此，沙粒只是在一定的风力作用条件下才开始移动。沙粒开始起动的临界风速(V_t)与沙粒粒径(d)、床面性质等多种因子有关。沙粒跃移轨迹如图 3-4 所示。

　　对于粒径大于 0.1mm 的颗粒来说，根据拜格诺的研究，存在 $V_t \propto \sqrt{d}$ 的关系。我们在野外进行多次的观察，亦获得十分相似的依赖关系。

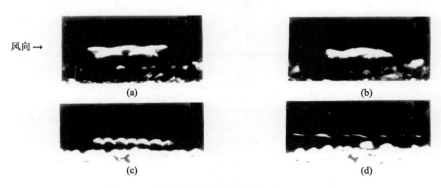

图 3-1　沙粒沿床面滚动或滑动(d_s=1.50mm)

普通电影资料，1300W 高色温碘钨灯：光圈 2.8，F_{75} 镜头，附加近摄镜，摄影频率 35f/s。

(a)和(b)为滚动；(c)和(d)为滑动

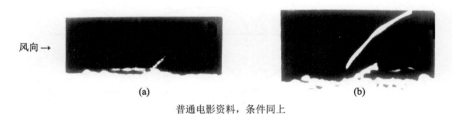

普通电影资料，条件同上

图 3-2　沙粒的起跳(d_s=1.50mm)

(a)沙粒滚动碰撞后起跳；(b)沙粒碰撞把新的沙粒激发起跳

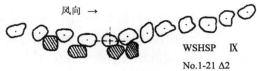

WSHSP　Ⅸ

No.1-21 Δ2

图 3-3　沙粒滚动碰撞后被弹起

高速电影资料：　d_s=1.50mm，拍摄频率 f=1000f/s

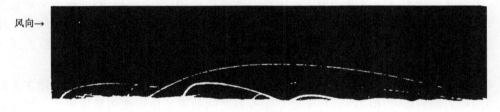

图 3-4　沙粒跃移轨迹

普通相机拍摄：1300W 高色温碘钨灯，光圈 4，速度 1/2s

　　由于沙粒粒径、几何形状及其在床面上的分布等因素的影响，沙粒跃移运动轨迹千变万化。不过从大量沙粒跃移轨迹照片中仍然可以将其归纳为 3 种典型的类型，如图 3-5 所示。

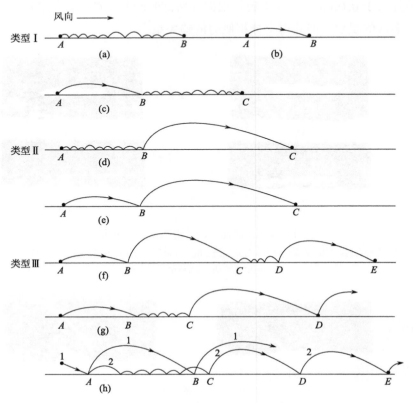

图 3-5　沙粒跃移运动过程中的几种典型轨迹类型

(根据文献 Иванов. А.П.，1972 的图 10 改绘)

　　类型Ⅰ：由图 3-5 可以清楚地看到，类型Ⅰ为床面沙粒的流体起动阶段，即当气流速度略大于沙粒起动值时，由于气流的迎面阻力力矩和沙粒与床面摩阻力力矩的作用，沙粒开始沿床面滚动(a)或滑动(b)，或滑动与滚动交替(c)进行，形成沙粒跃移运动的蠕移。在此阶段的沙粒的滑动，可以视为气流的迎面阻力力矩大于沙粒与床面之间的摩擦阻力力矩的作用。

　　类型Ⅱ：随着气流速度的增大，沿沙质床面滚动(d)或滑动(e)的沙粒的动量也相应增大，运动沙粒与床面沙粒之间的碰撞作用也在不断地加强，在冲击力的作用下，原有的运动沙粒或床面静止沙粒开始以较大的起跳角和较大的跃移轨迹形成沙粒的跃移运动。这就是沙粒冲击起跳阶段。

　　类型Ⅲ：随着气流速度的继续增大，由床面进入气流中的沙粒数目迅速增多，同时运动沙粒的动量以及运动沙粒与床面不动沙粒之间的碰撞作用都明显地增大。可是，由于风沙流是一种可变密度与可变速度的不连续分散介质的气-固两相流，这种性质决定上述各种增大作用不会无限继续，因为风沙流的饱和度有一个自动平衡过程。也就是说，当气流中固体颗粒增大到一定的浓度之后，随着气流的能量消耗，气流的速度就会瞬间变小，此刻的沙粒运动性质也会随之而变，于是出现跃移轨迹类型Ⅲ跃移和蠕移运动交替进行的状态[(f)和(g)]。特别是在气流速度最强时(h)，沙粒不仅能与床面沙粒碰撞后重新起跳(轨迹1)，而且能够激发床面新颗粒(轨迹2)起跳和跃移，刘绍中(1985)在此基础上建立了沙粒跃移模型，并进行了相应的数值分析和计算。

二、沙粒（或颗粒）运动学的诸要素及其相互关系

沙粒（或颗粒）运动性质和运动形式受到床面组成与性质、沙粒或颗粒几何形状和气流的性质等诸多因素的影响。

（一）跃移运动是非悬浮固体颗粒在气流中运动的普遍形式

跃移运动是沙粒在气流中运动的固有性质，通常对于悬浮微粒的气体输送，如面粉加工等已有了成功的理论和实践。可是对于不同物质组成与不同密度的非悬浮状态的固体颗粒，其在气流中的运动性质和运动过程，却很少有人进行专门研究。经实践证明这些研究将有助于进一步揭示沙粒在气流中运动的物理机制。

实验结果表明：不同材质、不同密度与不同粒径的非悬浮固体颗粒无论是在运动轨迹(图 3-6)或是运动速度和加速度等方面都具有极其相似的结果。因此，可以认为，跃移运动是非悬浮固体颗粒在气流中运动的普遍形式。

图 3-6　聚苯乙烯颗粒跃移轨迹

频闪高速摄影：d_{ps}=0.70mm，频闪频率为 350 次/s

（二）不同密度和不同粒径的颗粒起跳角(α)与降落角或冲击角(β)

1. 颗粒起跳角(α)与降落角或冲击角(β)的关系

颗粒起跳角(α)的大小，反映了颗粒跃移运动的初始状态，其可能有两种情况：其一是沿床面滚动或滑动的颗粒与床面不动的颗粒相碰撞而被弹起与床面分离(图 3-1)，其二是跃移运动的某一个颗粒在下降到床面时，与床面不动颗粒相碰撞后，继续起跳[图 3-1 和图 3-2(a)]，还有一种可能就是当此颗粒冲击床面时溅起更多的颗粒起跳[图 3-2(b)]，本节主要讨论前一种情况。由图 3-7 可以清楚地看到，当一颗具有旋转特征的跃移颗粒以 V_p 降落速度和以 β 为冲击角与床面相碰撞时，立即以 α 为起跳角，以 V_t 为起跳速度，迅速再起跳，而且起跳角 α 明显大于降落角或冲击角 β，这是颗粒跃移运动的重要特征之一。

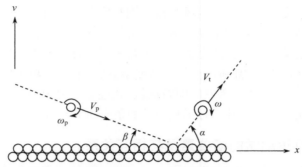

图 3-7　跃移颗粒与床面碰撞时的起跳角 (α)、降落角或冲击角 (β) 与冲击速度示意图

（根据 B.R. White 和 J.C. Schulz，1997 的图 5 改绘）

　　实验进一步证实，尽管颗粒跃移运动具有明显的随机性。不过，其起跳角 (α) 与降落角 (β) 之间仍然存在明显的相关性（图 3-8）。由图 3-8 可见，不同密度与不同粒径的颗粒起跳角 (α) 和降落角 (β) 之间均存在正相关关系，即颗粒降落角 (β) 随起跳角 (α) 的增大而增大，且具有相同的变化趋势。这种特征完全符合向上斜抛物体的运动规律。

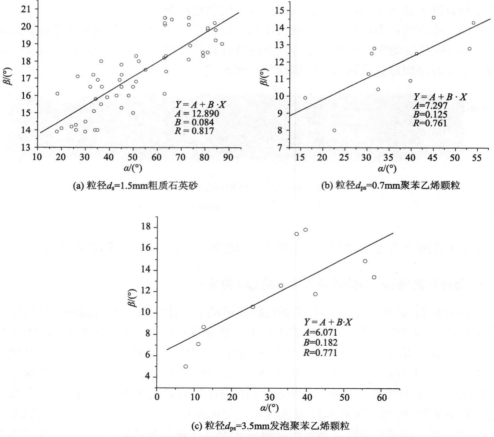

(a) 粒径 d_s=1.5mm粗质石英砂

(b) 粒径 d_{ps}=0.7mm聚苯乙烯颗粒

(c) 粒径 d_{ps}=3.5mm发泡聚苯乙烯颗粒

图 3-8　颗粒起跳角 (α) 与降落角 (β) 的相关关系

根据普通相机 DF-135 和频闪光高速度摄影的颗粒跃移全轨迹资料绘制

2. 颗粒起跳角(α)与降落角(或冲击角)(β)的频率分布

颗粒起跳角的频率分布(图 3-9)直接影响到颗粒跃移运动的性质和特征。 它是颗粒跃移运动的一个最重要运动学参数。图 3-9 为粒径 d_s=1.5mm 的粗质石英砂、d_s=0.5mm 的沙丘沙、d_{ps}=0.7mm 的聚苯乙烯颗粒和 d_{ps}=3.5mm 的发泡聚苯乙烯颗粒跃移的起跳角 (α) 的频率分布图。可以明显地看到，不同密度和不同粒径的颗粒在气流中形成的跃移运动起跳角(α)频率分布具有相似的变化趋势。也就是说，从 α=5.1°开始，随起跳角的增大，颗粒起跳角的频率也相应增大，在 α=20°~30°时，颗粒起跳角的频率又开始减小，在图 3-9(a)、图 3-9(b)和图 3-9(d)中表现最为明显。图 3-9 中同时存在一个显著的现象，那就是大于 50°的起跳角在 4 种情况中均占有一定的比例，变化范围为 9.3%~20.6%。这就是所谓大角度起跳现象，该资料对于研究跃移颗粒起跳的物理机制具有重要意义。

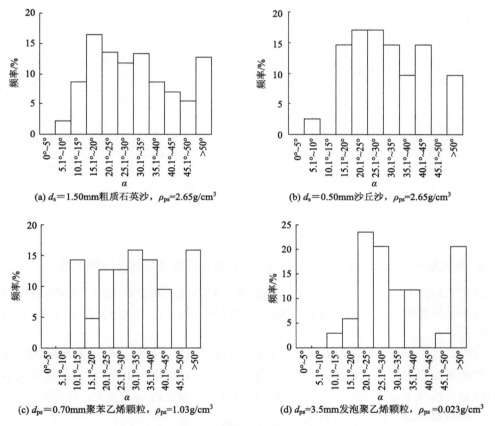

图 3-9　不同密度和不同粒径颗粒起跳角(α)频率分布

首先选定一组数据进行分析，以图 3-9(a)为例。因为该组数列较长，具有 516 个数据，即 d_s=1.5mm 粗质石英砂，动态摄影项目较齐全，其起跳角频率分布亦较为典型。

由图 3-9(a)可以清楚地看到，沙粒起跳角度主要变化范围是 5.1°~50°，约占 87.2%，其中 10.1°~50°者占 85.08%，起跳频率最大为(16.4%)，角度范围为 15.1°~20.0°；而大于 50° 者占 12.79%，所有起跳角的算术平均值为 α=31.2°，加权平均值为 α=31.8°，表明沙粒起跳角的频率分布是相当稳定的，起跳角小于 10° 的颗粒大多呈表面滚动或滑动蠕移。

另外，跃移起跳角大于 50° 出现的频率为 12.79%，表明大角度起跳是颗粒跃移运动的一种固有的物理状态。与沙粒起跳角 (α) 相比其降落角或冲击角 (β) 的变化范围却很小（图 3-10），主要集中于 2.6°~27.6°，其中 β=7.6° 占 66.2%、β=5.1°~15.0° 占 93.08%，算术平均值为 β=15.5°，加权平均值为 β=9.4°，表明沙粒降落角的优势值在 10° 左右变化。White 和 Schulz(1977) 采用粒径为 d=0.35~0.71mm，密度为 2.5g/cm³ 的球形玻璃微珠实验表明，起跳角为 50°，降落角为 14°。将二者进行对比，沙粒降落角基本一致，而起跳角则后者大于前者，分析其原因主要是球状玻璃微珠在运动过程中对床面的碰撞和反弹的机会增大，作用更强，其起跳角也相应地增大。

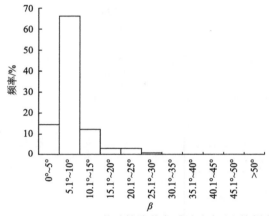

图 3-10　d_s=1.50mm 石英砂粒降落角或冲击角 (β) 的频率分布

3. 颗粒起跳角 (α) 与跃移水平位移量 (L) 和跃移高度 h 之比 L/h 的关系

研究颗粒跃移运动的性质，特别是表征颗粒跃移轨迹所具有的扁平抛物线特征时，通常并不是采用单一的跃移轨迹长度或单一的高度，而是选用水平位移量 L 和轨迹高度 h 之比 L/h。

同时，这一物理特征值 L/h 与颗粒起跳角 (α) 之间具有良好的负相关关系（图 3-11）。这种相关关系普遍好于起跳角 (α) 与降落角 (β) 的相关性。图 3-11 表明，当起跳角减小时，颗粒跃移高度减小得快而水平距离则减小得较慢；随着起跳角的增大，跃移高度也相应增大，而跃移的水平距离增大较慢。

4. 颗粒起跳角 (α) 与平均起跳速度 V_t(cm/s) 的关系

颗粒起跳速度 V_t(cm/s) 是研究颗粒跃移运动的重要的物理量。它不仅受到颗粒密度，几何形状和床面性质等初始条件的影响，而且还依赖于受力状况。因此，颗粒起跳速度 V_t(cm/s) 又是分析颗粒动力学特征的重要依据。颗粒起跳速度 V_t(cm/s) 与其起跳角的关

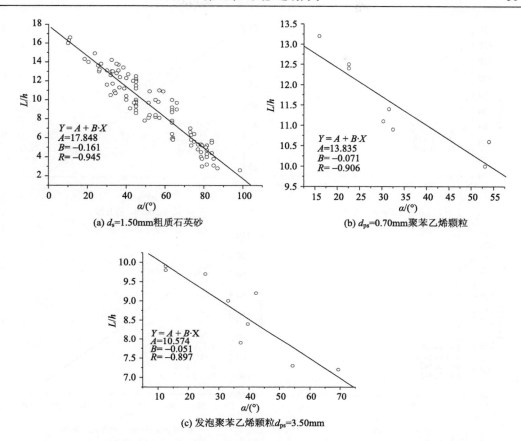

图 3-11　不同密度颗粒跃移水平位移量 L(cm) 和高度 h(cm) 之比与起跳角(α)的关系

(根据普通相机 DF-135 和频闪高速摄影的颗粒跃移全轨迹资料绘制)

系最为密切。图 3-12 为 d_s=1.5mm 的粗质石英砂、d_s=0.5mm 和 d_s=0.25mm 的沙丘沙、d_{ps}=0.7mm 的聚苯乙烯颗粒和 d_{ps}=3.5mm 的发泡聚苯乙烯颗粒的起跳速度 V_t(cm/s) 与起跳角(α)之间的关系。由图 3-12 可以明显地看到，尽管密度相差 2.57～115 倍，粒径相差 10 倍的 5 组颗粒的起跳速度 V_t(cm/s) 与其起跳角(α)之间普遍存在良好的负相关关系。也就是说，起跳角较小时，其起跳速度较大；起跳角较大时，其起跳速度相对较小。

(三)颗粒跃移运动的平均速度

1. 颗粒跃移的平均速度

根据沙粒或颗粒在气流中的运动形式或运动形态，其运动的平均速度可分为沿床面滚动或滑动速度 v_c、起跳上升飞行速度 v_L、水平飞行速度 v_h 和降落速度 v_p。这部分资料主要来自普通电影拍摄结果与频闪高速摄影。对于不同材质，不同密度和不同粒径的颗粒来说，形成颗粒流的气流速度又是不尽相同的(表 3-1)。

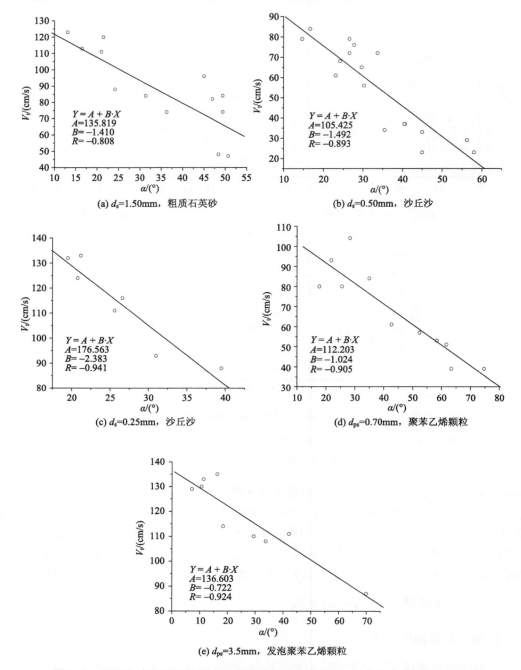

(a) d_s=1.50mm，粗质石英砂

(b) d_s=0.50mm，沙丘沙

(c) d_s=0.25mm，沙丘沙

(d) d_{ps}=0.70mm，聚苯乙烯颗粒

(e) d_{ps}=3.5mm，发泡聚苯乙烯颗粒

图 3-12　不同密度和不同粒径颗粒的平均起跳速度 V_t(cm/s) 与起跳角(α°) 的关系

表 3-1　不同材质、不同密度和不同粒径颗粒跃移运动的平均速度

颗粒性质	d/mm	v_∞/(cm/s)	v_c/(cm/s)	v_t/(cm/s)	v_L/(cm/s)	v_h/(cm/s)	v_p/(cm/s)
粗质石英砂	1.50	1490	112	135	242	384	375
沙丘沙	0.50	760	67	67	158	172	213

续表

颗粒性质	d/mm	v_α/(cm/s)	v_c/(cm/s)	v_t/(cm/s)	v_L/(cm/s)	v_h/(cm/s)	v_p/(cm/s)
沙丘沙	0.25	610	97	113	174	207	200
聚苯乙烯颗粒	0.70	740	75	79	110	226	227
发泡聚苯乙烯颗粒	3.50	360	86	125	189	191	204

资料表明，尽管不同材质不同粒径的颗粒形成颗粒流的气流速度差别较大，可是颗粒的运动速度又是十分接近的。一般来说，仅为气流速度的 $1/2 \sim 1/8$。由此可见，颗粒运动所消耗的气流能量或动量是十分可观的。这种现象很可能是颗粒跃移运动的一种本质现象。

在平均速度中，对颗粒跃移运动较为有影响的速度依然是平均起跳速度和平均水平飞行速度。

2. 颗粒起跳速度 V_t(cm/s) 与降落或冲击速度 V_p(cm/s) 的频率分布

这里值得一提的是，颗粒起跳速度 V_t(cm/s) 与降落速度 V_p(cm/s) 频率分布均集中于较小的速度范围（图 3-13）。由图 3-13 可见，沙粒起跳速度 V_t 和降落速度 V_p 的频率分布主要集中于 $51 \sim 200$cm/s。

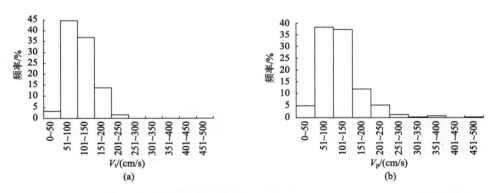

图 3-13　d_s=1.50mm 的石英砂起跳速度 V_t(cm/s)（a）和降落速度 V_p(cm/s)（b）频率分布

3. 颗粒平均水平飞行速度 V_h(cm/s) 随高度分布特征

跃移颗粒平均水平飞行速度随高度分布的资料在计算颗粒受力（特别是升力和迎面阻力）时是非常有用的参数和物理量。图 3-14 就是不同密度和不同粒径颗粒平均水平飞行速度与高度对数尺度的相关关系，即 $\log h$ 与 V_h 相关图为正相关关系。

一般地说，在没有风沙流的情况下，风速与高度的关系遵循对数法则，在有风沙流时，风沙搬运层内理应不会遵循这一法则，但由于风沙搬运层的厚度很小，所以沙质床面数厘米高度上，风沙的影响可以忽略，在这里对数法则仍然可以成立。

由此可见，跃移颗粒水平飞行速对床面风速廓线的依赖关系是十分密切的。

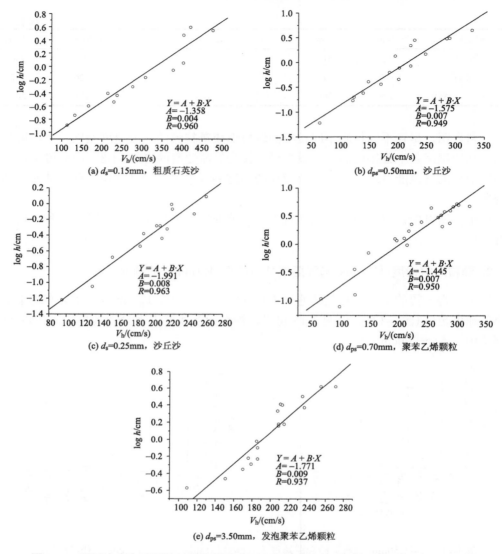

图 3-14　不同密度和不同粒径颗粒跃移水平飞行速度 V_h 与高度对数尺度 $\log h$ 相关性

（四）颗粒跃移运动的速度分量和加速度分量及其速度、加速度

1. 速度分量 V_x 和 V_y 及其合成速度与方向角（θ_{V}）的分布特征

颗粒跃移运动是一种变速运动，其速度变化率可达 $1000\sim10000$ cm/s^2，其变化过程如图 3-15 所示。图 3-15 显示颗粒径 $d_s=0.5$mm 的沙丘沙跃移全轨迹的速度分量 V_x、V_y与速度 V 及其方向角 θ_V 的变化。图 3-16 为其加速度分量 a_x、a_y 与加速度 a 及其方向角 θ_a的变化特征。当颗粒起跳离开床面之后，V_x 一直是随着时间增大[图 3-15 (a)]，而 V_y 却是随着时间呈阶梯式逐渐变小[图 3-15 (b)]，在降落到床面之前由微弱的上升（正值）变为明显的下降（负值）。V_y 的绝对值平均只有 V_x 的 1/9。其合成速度的变化趋势与水平速

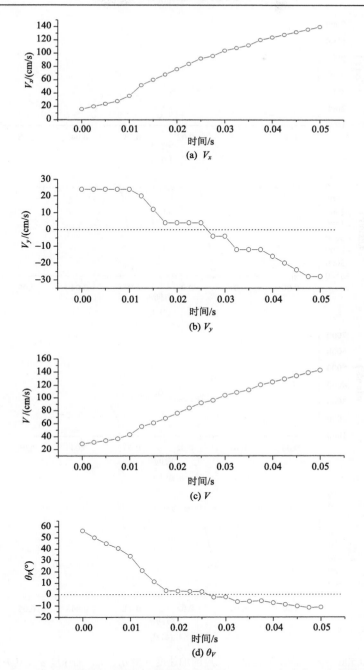

图 3-15　d_s=0.50mm 沙丘沙跃移运动的全轨迹速度分量 V_x、V_y、合速度 V 和其方向角 θ_V 的变化

度分量基本一致[图 3-16(c)]。其降落速度是起跳速度的 5 倍之多。合成速度的方向角 (θ_V) 值却直接依赖于速度垂直分量的变化。颗粒自从床面起跳进入气流主流区之后，虽然运动仍处于上升水平飞行状态，但其合速度的方向角 θ_V 却迅速减小，并转变为负值，促使颗粒运动进入降落阶段[图 3-15(d)]。

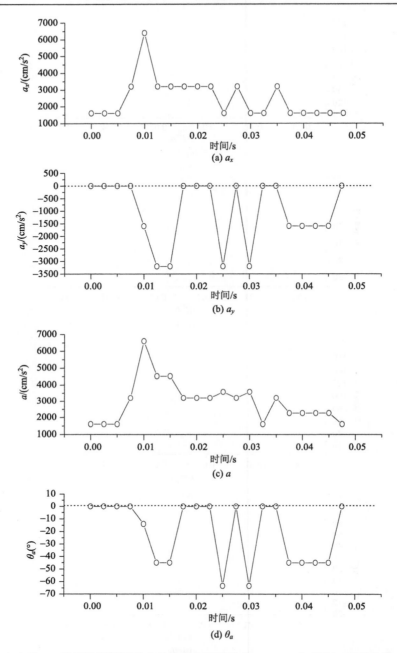

图 3-16　d_s=0.50mm 沙丘沙跃移运动全轨迹的加速度分量 a_x、a_y、加速度 a 及其方向 θ_a 的变化

2. 加速度分量 a_x、a_y 与加速度 a 及其方向角（θ_a）的变化过程

用目测或普通相机拍摄颗粒运动轨迹是难以发现其速度变化的，用高速电影摄影和高速脉冲频闪摄影方法都能有效地观测到颗粒运动速度的变化过程。既然颗粒运动是变速运动，就明显地存在着加速度。颗粒运动加速度是一个极其重要和十分有用的物理量，

其值变化范围为 1600～6597cm/s^2，其平均值为重力加速度的 4.18 倍。可见，颗粒运动加速度是维持颗粒跃移的重要因素。

力是改变速度和产生加速度的原因，而加速度的变化又进一步表明受力状况发生了变化。因此，颗粒加速度分量、加速度的变化过程是研究颗粒跃移运动机制的重要依据。

加速度大小和方向与速度大小和方向并没有必然的联系。物体速度大时，加速度不一定大，如喷气式飞机在高空做匀速直线运动时，速度 V 很大，但加速度 $a=0$；物体速度小时，加速度不一定小，如汽车启动时，速度 V 很小，但加速度 a 却很大。加速度方向与速度方向可以相同，或相反，或呈任意方向。图 3-16 表明，无论是颗粒的加速度分量，还是合成加速度均出现明显的波动现象，这种现象主要由颗粒几何形状不规则导致受力状况不均一造成的。

(五)颗粒旋转运动

1. 颗粒旋转形态

在近地层剪切流的作用下，床面颗粒在迎面阻力和床面摩擦阻力两个力的旋转力矩作用下，颗粒(或沙粒)开始沿床面滚动和滑动，继而进入气流继续旋转运动。图 3-1 和图 3-2 提供了床面滚动或滑动沙粒的旋转形态和沙粒起跳的旋转形态。

颗粒旋转形态主要可分为三种，即左旋(旋转轴平行于颗粒运动方向，图 3-17)、右旋(旋转轴平行于颗粒运动方向，图 3-18)和滚转(旋转轴垂直于颗粒运动方向，图 3-19)，颗粒的滚转往往在起跳之后很快转变为左旋或右旋。颗粒由于几何形状的不规则性和受力状况的多变性，很容易形成左、右旋与滚转组合的复合旋转形式或左右摇摆前进(图 3-20)。

(a) 沙面起跳

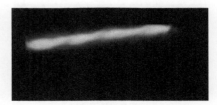
(b) 空中飞行

图 3-17　沙粒左旋运动

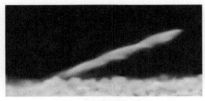
(a) 沙面起跳

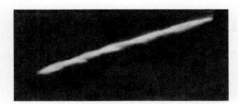
(b) 空中飞行

图 3-18　沙粒右旋运动

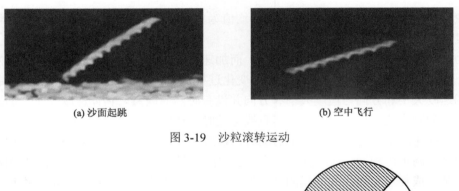

(a) 沙面起跳　　　　　　　　　　　　　　　(b) 空中飞行

图 3-19　沙粒滚转运动

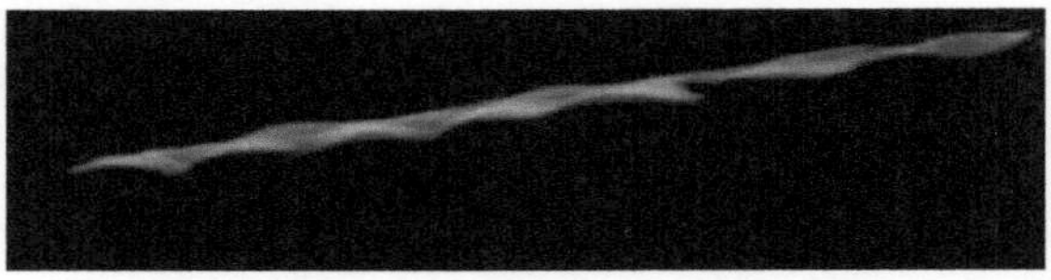

图 3-20　沙粒飞行中左右摇摆运动

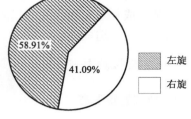

58.91%　41.09%

左旋
右旋

图 3-21　沙粒旋转频率分布

根据对 1891 个颗粒轨迹段的统计，在三种旋转运动中，左旋和右旋占绝对优势，其中左旋占 58.91%、右旋占 41.09%，（图 3-21）。左旋和右旋多半出现在小角度起跳和空中飞行的情况下，滚转多发生于沙粒大角度起跳的情况下。

影响颗粒旋转运动的最主要因素是颗粒的几何形状，颗粒几何形状越不规则，其旋转轨迹变化就越明显[图 3-22(a)]，反之颗粒几何形状越接近圆球状，其旋转轨迹变化就越不明显[图 3-22(b)]。

(a) 几何形状不规则　　　　　　　　　　　　(b) 圆球状颗粒

图 3-22　颗粒形状对旋转运动的影响

2. 颗粒旋转速度 Ω(r/s)

颗粒旋转在颗粒跃移过程中占有十分重要的地位。同时，颗粒旋转速度是一个特别有用的物理参数。从 1891 组实验资料(图 3-23)来看，95%以上的颗粒左旋和右旋的旋转速度频率集中于 0~400r/s，最大值出现在 100~200r/s。

3. 颗粒旋转速度 Ω(r/s)与运动形式的关系

颗粒的旋转速度在不同的运动形式和运动的各个阶段中是不断变化的。由表 3-2 所列资料可以看到这种变化特征，旋转速度的数量级为 $10^2 \sim 10^3$ r/s。

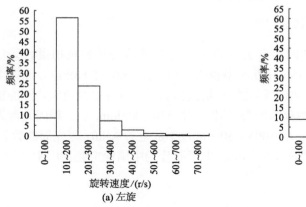
(a) 左旋

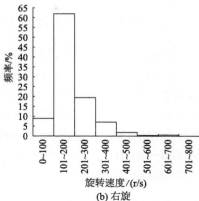
(b) 右旋

图 3-23 颗粒旋转速度频率分布

表 3-2 颗粒旋转速度与运动形式的关系 （单位：r/s）

	蠕移			跃移		
	滚动	滑动	起跳段	上升段	水平段	降落段
平均值	148	276	344	348	254	167
最大值	384	384	896	1088	784	448
最小值	64	96	64	64	64	64

注：根据普通电影摄影机拍摄的 400 个资料平均，颗粒为 d_s=1.5mm 粗质石英砂。

由表 3-2 可以清楚地看到，处于床面滚动的颗粒，其平均旋转速度为 148 r/s，滑动颗粒的旋转速度为 276 r/s，当颗粒起跳进入主流区时，其旋转速度有明显增大的趋势，起跳的旋转速度达到 344 r/s，而上升段的平均旋转速度达到 348 r/s 时，最大值可达 1088 r/s。进入水平飞行段，其平均旋转速度又迅速减小到 254 r/s，到降落段变为最小值 167 r/s。运动全过程中，其最小旋转速度仍可保持在 64 r/s（凌裕泉等，1980）。

4. 颗粒旋转在跃移运动中的作用

研究表明，在颗粒旋转过程中，马格努斯效应，即旋转产生的升力效应，对跃移颗粒的起跳和运动有一种特殊的加强和支持的作用（B.R. White and J.C. Schulz，1977）。

不过，对于旋转的圆柱体来说，其最大的马格努斯效应发生在当圆周速度 u 超过气流速度 v 四倍时，并且只在气流为二维气流的条件下，在整个范围内才可能发生。

对于沙粒来说，圆周速度远远小于气流速度，因而相对于重力而言上升力相当小。计算结果表明，升力只有重力的几十分之一至几百分之一（凌裕泉等，1980）。这时 u/v 在其他各种条件下，随着物体直径减小而有条件的减小。尽管如此，角速度仍然可以达到相当大的数值。

沙粒运动的轨迹基本上属于抛物线状。因此，上升力将飞跃平面偏离来表现自己（称为射程偏差弹道学），右抛物旋转时向右、左抛物旋转时向左（А.П. Иванов，1964）。

三、动态摄影技术在风沙运动研究中的应用

(一)研究方法——动态摄影

所使用的动态摄影主要包括四种方法：① 135 单镜头反光镜相机拍摄。② 35mm 普通电影摄影(片速 35f/s)。③ 35mm 高速电影摄影(片速 1000～2000f/s)。高速电影摄影机型号为 PENTAZET-ZL$_1$-35，德国制造的补偿式摄影机，具有多组镜头，既能拍摄远景，也能拍摄近景。④ 高速脉冲频闪摄影(拍摄频率 350～400time/s)。频闪光源为日本制造，型号为 MS-230 型，电源为 AC100V，50～60Hz，放电管 X-80，闪光周波数为 80～26500rpm(1.4～400Hz)，闪光时间 1.5～4μs，电影胶片为中国保定胶片厂生产的 27din 的微粒高速电影负片。

(二)研究目的和内容

研究的主要目的是揭示不同密度、不同粒径的固体颗粒在气流中运动的物理机制。同时，进一步探讨不同密度颗粒在气流中运动的差异，寻求逐步解决风沙运动的相似问题途径。实验材料有三种：粗质石英砂、沙丘沙和聚苯乙烯颗粒，颗粒密度相差 2.57～115 倍，物理参数如下：

(1)粗质石英砂，d_s=1.5mm，ρ_s=2.65g/cm^3，V_∞=1490cm/s；

(2)沙丘沙，d_s=0.5mm，ρ_s=2.65g/cm^3，V_∞=760cm/s；

(3)沙丘沙，d_s=0.25mm，ρ_s=2.65g/cm^3，V_∞=610cm/s；

(4)聚苯乙烯颗粒，d_{ps}=0.7mm，ρ_{ps}=1.03g/cm^3，V_∞=740cm/s；

(5)发泡聚苯乙烯颗粒，d_{ps}=3.5mm，ρ_{ps}=0.023g/cm^3，V_∞=360cm/s。

(三)实验条件

实验在中国科学院兰州沙漠研究所的直流闭口吹气式低速环境风洞中进行(图 3-24)，风洞实验段截面积为(60×100)cm^2，长 1623cm，实验区位于风洞实验段 757～875cm；实验是在风洞边界层内进行的，即该段边界层的厚度 δ=12.5cm 处；实验在黑暗的条件下(夜间)进行。

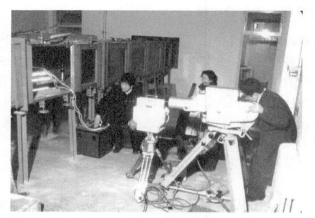

图 3-24　PENTAZET-ZL$_1$-35 高速电影摄影机与拍摄景场

　　高速摄影是在中国科学院西安光学精密机械研究所和中国科学技术大学精密机械系与精密仪器的协助下完成的。

　　光源设置：光源是拍摄成功与否的关键，光线太弱将导致曝光不足，光线太强也会使颗粒轨迹消失，采用的光源是 1300W 的高色温碘钨灯，通过 $(3×300)\,mm^2$ 狭长光缝，在沙床上形成平行于气流方向的光缝，厚度约 1cm、高 20cm，背景为黑色屏幕。摄影将直接捕捉光缝中的运动颗粒轨迹。

　　实验风速：实验风速 V_∞(cm/s) 的选择十分重要，因为风速太小，摄影很难捕捉到有效的沙粒或颗粒运动轨迹。风速太大，进入画面的颗粒轨迹太多，而且颗粒运动轨迹相互重叠，造成资料分析困难。实验指示风速 V_∞(cm/s) 根据颗粒起动的情况具体确定。

（四）实验资料的处理方法和步骤

1. 高速动态摄影技术在研究沙粒或颗粒运动中应用的特殊性

　　高速电影摄影技术在军事、体育和工农业生产中的应用较为广泛，历史也较为悠久。应用于沙粒运动的拍摄研究还是近 30～40 年的事。从研究对象来看，前者拍摄目标一般较大、单一而且确定，如飞行中的炮弹、运动中的运动员和旋转的机器，拍摄容易，资料处理也很方便，特别是飞行炮弹的飞行轨迹和飞行姿态的确定，速度和加速度的计算只要将电影胶片置入判读仪器(图 3-25)，通过计算机系统很快就能求得结果。后者，不仅目标物细小，而且被拍摄的目标为颗粒群，在实验之前目标物是不确定的，特别是沙粒(或颗粒)的旋转不断改变其空间位置，具有很大的随机性。

图 3-25　TP-III运动判读分析仪

2. 处理步骤

　　第一步：一般将拍摄胶片放大成照片，根据颗粒运动形态选取图像清晰的轨迹，删除多余的影像，采用透明坐标薄膜读出 x、y 坐标，经过处理最后进入计算机计算，其过程相当烦琐，不过为了获取精确的结果也是十分必要的。在判读 x、y 坐标时，轨迹点几何中心的确定十分重要，由于数据判读靠目测，要精确到 1/10mm 也是相当困难的，需要熟练的操作技巧(图 3-25)。拍摄时间间隔为 1/1000s，往往 0.1mm 的读数误差会造成速度计算差异放大 100 倍。从资料分析过程来看，如果能使时间间隔控制在 1/500～1/400s，就能提高计算的精确度。

第二步：在拍摄实验过程中，对参照标尺的拍摄及其资料的处理同样特别重要。因为参照标尺直接决定了沙粒或颗粒在胶片上的成像率 k 值。从放大照片上读得的 x、y 坐标值并不完全代表真实沙粒或颗粒在运动过程中的空间坐标，还必须用照片的放大倍数 m 和胶片的成像率 k 的乘积 $m×k$，除以放大照片上读取的 x 和 y 值，即 $x'=x/m×k$ 和 $y'=y/m×k$。当 $m×k=1$ 时，$x'=x$，$y'=y$，不过这种情况是很难出现。

第二节　沙粒(或颗粒)运动动力学

一、颗粒运动受力状况

在气流的作用下，床面颗粒运动及其受力状况大致可分为三个阶段：一是在风力作用下，当气流速度接近颗粒起动速度 V_t 时，颗粒首先沿床面蠕移，即颗粒滚动或滑动的初始运动状态，也就是通常所指的流体起动阶段；二是颗粒起跳阶段，在这一阶段，沿床面滚动或滑动的颗粒之间，以及运动颗粒与床面不动的颗粒之间互相碰撞导致一些颗粒以不同的起跳角和起跳速度与床面脱离，进入气流的主流区，这就是颗粒的冲击起动阶段；三是随着气流速度继续增大，床面起跳进入气流主流区的颗粒数明显增多，并逐步形成跃移颗粒流阶段。在颗粒跃移运动过程中，这三个阶段是没有明显界限的，并且是并存和相互影响的。在这三个阶段中，颗粒运动受力状况是不同的，现分述如下。

(一)滚动或滑动阶段颗粒受力特征

1. 颗粒滚动或滑动的形成条件

模拟实验：这里首先介绍苏联学者 А.П.伊万诺夫(А.П.Иванов，1972)关于颗粒沿床面滚动的研究成果，即不同形状的物体在静止的空气中，沿着倾斜光滑平面(玻璃板)，在重力作用下滚动的现象与球形物体沿粗糙不均匀的床面滚动的过程(图 3-26)。图中显示，球形物体从切点到球的惯性中心距离在滚动时不变，其轨迹方程可用平行于床面的直线 $y=\tau=$ const 表示，球体不脱离表面做加速运动[图 3-26(a)]。

为便于比较，同时取双轴旋转椭球体重物，并使其不脱离光滑表面滚动[图 3-26(b)]，重物惯性中心的运动轨迹用微分方程表示：

$$dx=\frac{y^2dy}{\sqrt{(a^2-y^2)(y^2-b^2)}} \tag{3-1}$$

式中，a 和 b 分别为椭球体长、短半轴。

可是不能用该方程计算椭球状的沙粒滚动轨迹。因为这种颗粒的滚动，由于弹性力的碰撞作用，必然会使其脱离床面。

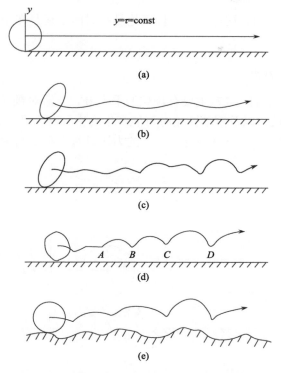

图 3-26　滚动物体轨迹形态与其几何形状之关系（А.П.Иванов，1972）

(a)球形沙粒沿玻璃面；(b)椭球形重物沿玻璃面；(c)椭球形沙粒沿玻璃面；(d)不规则形状沙粒沿玻璃面；(e)球形沙粒沿不光滑的粗糙床面

研究表明，颗粒的弹性力与惯性力之比按 10^9 增高。因此，具有不太大加速度的滚动椭球颗粒，由于弹性力的作用，它脱离床面[图 3-26(c)]。所以仅对脱离床面的滚动是正确的方程(1)，不能用来计算脱离表面滚动颗粒惯性中心的轨迹。也就是说，任何不规则形状颗粒都能够沿光滑表面滚动。

不规则的颗粒的惯性中心的运动轨迹是曲线[图 3-26(d)]。曲线方程不确定，不过在恢复点 A、B、C … 颗粒脱离床面，并沿着近似于抛物线的轨迹形式运动，即当部分弹性冲击力超过重力时，在弹性冲击力的作用下，颗粒产生脱离床面现象。

任何与球形颗粒的偏差都会导致沿光滑玻璃表面滚动的颗粒的跳跃式运动。而球形颗粒在不光滑表面上的运动同样是跳跃形式[图 3-26(e)]，与几何形状不规则沙粒在光滑床面上运动轨迹十分相似。

该项模拟实验给予人们重要启示：颗粒跃移运动的特征主要取决于作用在颗粒上的推动力和颗粒的几何形状与床面的粗糙度，以及颗粒与床面之间的弹性力的碰撞作用。实际上，沙质床面在气流的作用下，床面的不稳定性对颗粒跃移运动的影响就更加突出和更为复杂。而且，床面形态的不规则性与颗粒的几何尺度差不多属于同一数量级。这就大大地增加了颗粒跃移的概率。同时，玻璃斜面上的颗粒滚动受力主要是固定不变的重力，而水平沙质床面沙粒滚动则是在气流的迎面阻力和气流的紊动性作用下发生的，其运动性质是极不稳定的。这种不稳定性无论是在时间上还是在空间上都具有很大的随机性和突发性。

2. 滚动颗粒受力分析

滚动之前颗粒受力（图 3-27）主要有颗粒的重力 W，气流对颗粒的正压力，或迎面阻力 P 或床面的切应力 τ，以及滚动开始时可能产生的空气动力升力 F_L、颗粒的旋转力矩 M 和颗粒之间的内聚力 I_g。只有当这几个力的力矩具有下列平衡关系时，颗粒才能开始运动。

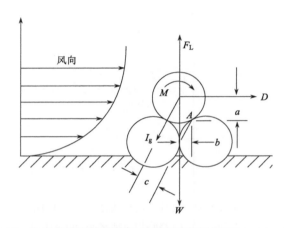

图 3-27　作用于床面滚动颗粒上的力示意图（White et al.，1987）

F_L 为空气动力升力；M 为旋转力矩；W 为重力；I_g 为颗粒之间的内聚力

$$Pa+F_Lb+M=I_gc+Wb \tag{3-2}$$

（3-2）式中，Pa 为迎面阻力力矩；F_Lb 为空气动力升力力矩；M 为颗粒旋转力矩；I_gc 为颗粒之间的内聚力力矩；Wb 为重力力矩。

I_g 是当重力为 0 时唯一能够阻止颗粒运动的力。它与颗粒粒径关系极为密切，R.A. 拜格诺（Bagnold，1959）的研究表明，此力只有当颗粒粒径小于 0.05mm 后才逐渐显示出来（图 3-28）。相对地说，必须有更大的阻力才能使第一颗沙粒发生运动，也就是在此种情况下，颗粒之间的内聚力 I_g 才能起到应有的作用。

在我们研究的颗粒粒径范围内，此力颗粒之间的内聚力 I_g 是小量，可以忽略不计。而空气动力升力 F_L 和颗粒旋转力矩 M 都与颗粒旋转速度有关。А.П.伊万诺夫（А. П. Иванов，1972）、凌裕泉和吴正的研究表明，作用于颗粒的升力只有其重力的几十至几百分之一（凌裕泉等，1980）。因此，此力也是小量，同样可以忽略不计。尽管此力较小，不过在颗粒起跳脱离床面进入气流主流区的过程中，还是应该充分考虑的。

由此可见，作用于床面静止颗粒的有效力主要是气流的迎面阻力 P 和颗粒重力 W，以及其相应的力矩。

根据文献 B.R. 怀特和 J.C. 舒尔兹（White and Schulz, 1977）中的公式（1）$u_{*t}=A\left(\rho_sgd_s/\rho\right)^{\frac{1}{2}}$

(cm/s)，式中 A=0.118，可以求得不同密度与不同粒径颗粒起动的临界摩流速 V_{*t}，列于表 3-3。

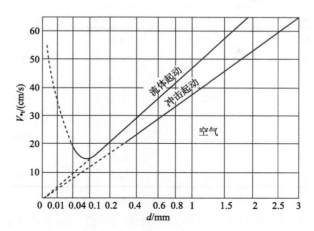

图 3-28　空气中颗粒起动流速与粒径的关系（Bagnold，1959）

粒径画在平方根的尺度上，用以表示对大颗粒的 $V \propto \sqrt{d}$ 的关系

表 3-3　不同密度与不同粒径的颗粒起动的临界摩阻速度 V_{*t}

粗质石英砂 d_s=1.50mm	沙丘沙		聚苯乙烯颗粒	
	d_s=0.05mm	d_s=0.25mm	d_{ps}=0.70mm	d_{ps}=3.50mm（发泡）
V_{*t} / (cm/s) 70.22	40.54	28.67	29.91	9.99

由于固体之间的摩擦系数 k 小于 1。因此，颗粒滑动所需要的力 $F = \frac{4}{3}\pi r^3 \rho_s g k$，必然小于滚动所需要的力。

动态摄影资料表明，颗粒沿床面运动，即滚动或滑动的阶段几乎总是处在它脱离床面阶段之前。这主要是由于近床面处气流速度的切线分量以及作用在颗粒上的流体动力学力要比相应的法向分量大得多。床面与运动颗粒之间的内聚力要比它和不动的颗粒之间的力小得多。计算结果表明，颗粒滚动或滑动阶段其切向速度分量 V_x 是法向分量 V_y 的 10～20 倍。

3. 颗粒滚动或滑动的平均位移量 L/(cm)、平均速度分量 V_x、V_y(cm/s)、平均速度 Vl(cm/s)和平均加速度 a/(cm/s^2)及其平均起跳角 α(°)

颗粒沿床面的滚动或滑动是颗粒跃移运动的基础，是其运动的初始状态，并直接影响颗粒起跳而脱离床面和进入气流主流区的运动。在此阶段，滚动或滑动的颗粒之间以及运动颗粒与床面之间的相互作用是复杂而多变的，运动的颗粒受力主要是在气流的迎面阻力 P 与床面之间碰撞的冲击力 F_1 和摩擦阻力 τ 三个力的作用下进行的。其运动参数主要反映在颗粒的平均位移量(L)，平均速度分量 V_x 和 V_y，平均速度 V 和平均加速度 a 及其速度方向 θ_V（表 3-4）。

表 3-4 不同密度和不同粒径颗粒的运动参数

项目	粗质石英砂	沙丘沙		聚苯乙烯颗粒	
	d_s=1.5mm	d_s=0.5mm	d_s=0.25mm	d_{ps}=0.7mm	d_{ps}=3.5mm
L/cm	2.22	1.50	3.83	2.85	4.28
V_x/(cm/s)	130.7	79.9	120.7	95.1	96.8
V_y/(cm/s)	5	4.5	5.9	5.2	4.7
V/(cm/s)	130.9	80.2	121.3	95.4	101.3
θ_V/(°)	2.9	3.9	3.4	3.6	2.3
a/(cm/s^2)	1668	1660	1976	1168	691
γ/(cm/s^2)	1.70	1.69	2.01	1.19	0.71
V_∞/(cm/s)	1490	760	610	740	360

由表 3-4 可见，不同密度和不同粒径的颗粒滚动或滑动的平均位移量 L，以 d_s=0.5mm 沙丘沙最小，为 1.50cm，粒径为 d_{ps}=3.5mm 的发泡聚苯乙烯颗粒最大，为 4.28cm，其他颗粒（d_s=1.5mm、d_s=0.7mm、d_s=0.25mm）的平均位移量 L 分别为 d_s=0.5mm 颗粒的 1.5 倍、1.9 倍和 2.6 倍。速度水平分量与垂直分量之比平均为 20.7，这是床面颗粒滚动或滑动的重要特征之一。其平均速度方向 θ_V 均小于 5°，这表明滚动或滑动的颗粒主要是在气流的迎面阻力矩 $p \cdot a$ 与床面摩擦阻力矩 $\tau \cdot a$ 作用下沿着气流方向运动的。而大多数颗粒运动的平均加速度均大于重力加速度。只有密度为 0.023g/cm^3 的发泡聚苯乙烯颗粒的平均加速度小于重力加速度，这就是颗粒密度和粒径对颗粒跃移运动的影响，而且这种影响对于 d_{ps}=0.70mm 的未发泡的聚苯乙烯颗粒也有所反映。

（二）颗粒起跳阶段受力状况

1. 作用于起跳颗粒的几个主要力的分析

颗粒起跳的物理过程是颗粒跃移运动形成与发展的关键。从研究历史和现状来看，其研究内容与方法主要集中在两个方面：一是根据理论分析和试验建立颗粒起跳的理论模型，二是根据实验资料，从分析颗粒起跳的运动学特征入手探求其起因，然后用相关的理论阐明其物理机制，本书主要采用后一种方法。从颗粒沿床面运动的现象和过程来看，颗粒运动初始状态为滚动和滑动，其中有运动颗粒之间的碰撞和运动颗粒与床面之间的碰撞，随着风速继续增大其运动过程中都有明显的加强。

从颗粒受力情况来看，颗粒主要受以下作用力，即重力 mg，气流的迎面阻力 $1/2(A\rho U_r^2 C_D)$ 以及碰撞时的冲量 S 或冲击力 F_I。从凌裕泉和吴正（凌裕泉，1980）对粒径 d_s=1.5mm 的粗质石英砂粒碰撞起跳时受力的计算结果来看，迎面阻力在克服颗粒重力作用下使颗粒沿床面滚动或滑动，冲击力 $F_I = \dfrac{\Delta mv}{\Delta t}$ 比颗粒重力大一个数量级[①]。因此，冲击力 F_I 是使颗粒被弹离床面进入气流的主流区的最主要原因。另外，在颗粒起跳阶段，风速切变和颗粒旋转而产生的马格努斯升力又是支持颗粒进入主流区的一个不可忽视的因素（表 3-5）。表 3-5 是从几颗沙粒的高速和普通电影摄像获得的资料，其中包括沙粒沿表面滚动过程中，由于碰撞而被弹离沙面进入气流者，或跃移沙粒第二次与沙面碰撞而重新被弹起的两种情况的计算结果。为了便于比较，每组资料同时包括迎面阻力 P、升力 $F_{L,1}$ 和 $F_{L,2}$ 以及其与重力之比。此值均为离地面 0.5cm 层内的计算结果。

表 3-5　沙粒碰撞起跳时，冲击力 F_I、迎面阻力 P、上升力 $F_{L,1}$ 和 $F_{L,2}$ 及其与重力之比值

项目	IXΔ5	VIIΔ5	IXΔ4	VIIΔ5	VΔ5	VΔ5	VΔ5	平均
	215-265	10-15	1-21	20-95	801-941	335-390	930-880	
F_I/(g·cm/s²)	4.24×10^2	3.62×10^2	2.60×10^2	2.88×10^2	3.44×10^2	3.20×10^2	3.20×10^2	3.32×10^2
P/(g·cm/s²)	4.89×10^0	5.26×10^0	3.94×10^0	5.12×10^0	4.89×10^0	4.89×10^0	4.89×10^0	4.84×10^0
$F_{L,1}$/(g·cm/s²)	4.37×10^{-1}	5.66×10^{-1}	4.88×10^{-1}	5.58×10^{-1}	4.37×10^{-1}	5.48×10^{-1}	5.44×1^{-1}	5.11×10^{-1}
$F_{L,2}$/(g·cm/s²)	3.25×10^{-1}	3.36×10^{-1}	2.91×10^{-1}	3.32×10^{-1}	3.25×10^{-1}	3.27×10^{-1}	3.24×10^{-1}	3.23×10^{-1}
F_I/mg	6.28×10^1	5.36×10^1	3.84×10^1	4.24×10^1	5.08×10^1	4.74×10^1	4.74×10^1	5.08×10^1
P/mg	7.30×10^{-1}	7.81×10^{-1}	5.83×10^{-1}	7.58×10^{-1}	7.30×10^{-1}	7.23×10^{-1}	7.30×10^{-1}	7.19×10^{-1}
$F_{L,1}$/mg	6.44×10^{-2}	8.36×10^{-2}	7.22×10^{-2}	8.26×10^{-2}	6.44×10^{-2}	8.11×10^{-2}	8.04×10^{-2}	7.55×10^{-2}
$F_{L,2}$/mg	4.82×10^{-2}	4.97×10^{-2}	4.32×10^{-2}	4.92×10^{-2}	4.82×10^{-2}	4.84×10^{-2}	4.78×10^{-2}	4.78×10^{-2}

注：根据高速电影和普通电影摄影资料，共七颗沙粒。

资料来源：凌裕泉等，1980。

表 3-5 表明，沙粒的冲击力可达 $10^1\sim10^2(\text{g·cm/s}^2)$，超过重力的几十倍至几百倍。因此，可以产生几千至几万的加速度（cm/s²）。其次是迎面阻力，可大于或等于沙粒重量。而升力却只有沙粒重量的几十分之一到几百分之一。由此可见，冲击力在沙粒跃移运动中起了非常重要的作用。

鉴于该项研究初期为满足高速电影摄影的要求，当时只选用了平均粒径 $d_s=1.5\text{mm}$ 的粗质石英砂为实验材料，并且取得较为满意的结果。不过，粗质石英砂颗粒的跃移运动过程是否能够完全代表沙丘沙的跃移机制，尚不十分清楚。随后我们又引进高速脉冲频闪摄影技术，并配合高速电影摄影方法。选用粒径 $d_s=1.5\text{mm}$ 的粗质石英砂，粒径 $d_s=0.5\text{mm}$、$d_s=0.25\text{mm}$ 的沙丘沙，粒径 $d_{ps}=0.70\text{mm}$ 的聚苯乙烯颗粒（$\rho_{ps}=1.03\text{g/cm}^3$）和粒径 $d_{ps}=3.50\text{mm}$ 的发泡聚苯乙烯颗粒（$\rho_{ps}=0.023\text{g/cm}^3$）为实验材料，对不同密度、不同粒径的固体颗粒在气流中的跃移运动进行了全方位的实验研究。结果表明，不同密度、不同粒径的固体颗粒在气流中跃移运动的运动学特征和运动学诸要素之间具有极其明显的

[①] 更正：在文献（凌裕泉和吴正，1980）中，计算沙粒冲击力 F_I 时，采用的时间间隔应为 $\Delta t=2.5\times10^{-3}$ s，而计算人员误用 $\Delta t=5\times10^{-4}$ s。其原因是高速电影频率为 2000f/s，$\Delta t=5\times10^{-4}$ s。由于跃移颗粒轨迹点太密，位移量太小，难以判读，所以改用每隔 5 个轨迹点取一次数据，实际摄影频率变为 400f/s，此时 $\Delta t=2.5\times10^{-3}$ s。特此向读者表示歉意。在引用相关资料时已做了必要的修改。

相似性，证明跃移运动是非悬浮固体颗粒在气流中运动的普遍形式。

下面将从颗粒运动的动力学角度，对沙粒跃移运动的性质、过程及成因进行深入的分析和讨论。

2. 作用于运动颗粒的几个主要力的概算

作用于单颗颗粒的力主要有：气流的迎面阻力或是风的动压力 P 或切应力 $\tau=C_D\rho V_*^2 \cdot d^2$、颗粒的重力 mg、上升力 F_L 和冲击力 F_I 等。

关于这些力作用于单颗粒的物理过程是相当复杂的，有待进一步研究。这里，我们仅通过上述诸力的概量计算，来讨论它们在颗粒跃移运动过程中所起的作用，进而阐明颗粒运动的物理机制。

1）气流作用于颗粒的迎面阻力

$$P=\frac{\pi}{8}\rho U_r^2 d^2 C_D \tag{3-3}$$

式中，ρ 为空气密度（g/cm³），实验条件确定 $\rho=0.0011$g/cm³；U_r 为气流与颗粒的相对速度，等于气流速度与颗粒速度之差，即 $U_r=V-V_{sx}$(cm/s)；d 为颗粒粒径(cm)；C_D 为阻力系数，并取 $C_D=0.44$。对于 $d_s=1.5$mm 的粗质石英砂而言，其迎面阻力 P 值的计算结果列于表 3-6，可以看到，粗质石英砂的迎面阻力随高度增大，亦即随风速增大而增大。

表 3-6 床面不同高度的粗质石英砂粒的迎面阻力及其与重力之比

项目	高度/cm					
	0.50	1.00	2.00	3.00	4.00	平均
P/(g·cm/s)	5.341	5.686	8.702	9.660	10.799	8.035
P/mg	0.789	0.841	1.272	1.429	1.589	1.187

注：根据普通电影摄影的 350 个资料的平均值求得。

关于颗粒的迎面阻力与重力之比，R.A.Bagnold 曾把此比值定义为"感应率"，或颗粒在气流中的"能动度"。

对于气流作用于颗粒的力，也有人采用切应力或摩擦阻力 $\tau=C_D\rho V_*^2 \cdot d^2$，特别是在床面附近好像更为合理（White and Schulz, 1977；White et al.,1987）。

在 2cm 高度以下，迎面阻力小于重力，不过 0.5～4cm 高度层内的平均值还是大于重力的，其比值 P/mg 的平均值为 1.187。

由表 3-7 可见，不同密度和不同粒径的固体颗粒在气流中所受的迎面阻力的绝对值可以相差 3～4 个数量级，不过与其自身的重力的比值却属于同一数量级，即为重力的 1/10 左右。这一结果应该是颗粒跃移运动的一个重要的动力学特征。

2）作用于颗粒的空气动力升力 F_L

促使沙粒产生上升力的原因有二：一是颗粒的旋转，二是气流速度的切变，二者所产生的升力分别为

表 3-7　不同密度和不同粒径的迎面阻力及其与重力之比

颗粒性质	d/mm	V_α/(cm/s)	U_r/(cm/s)	P/(g·cm/s^2)	P/mg
粗质石英砂	1.50	1490	666	1.89×10^0	4.020×10^{-1}
沙丘沙	0.50	760	280	3.724×10^{-2}	2.000×10^{-1}
沙丘沙	0.25	610	157	2.930×10^{-3}	1.420×10^{-1}
聚苯乙烯颗粒	0.70	740	280	7.299×10^{-2}	3.920×10^{-1}
发泡聚苯乙烯颗粒	3.50	360	80	1.490×10^{-1}	2.920×10^{-1}

$$F_{L,1} = \frac{\pi U_r \times \Omega d^3 \rho}{8} \tag{3-4}$$

$$F_{L,2} = \frac{K\mu U_r d^2 (\mathrm{d}V/\mathrm{d}Z)^{\frac{1}{2}}}{4(\mu/\rho)^{\frac{1}{2}}} \tag{3-5}$$

式中，Ω 为颗粒旋转速度(r/s)；$\mathrm{d}V/\mathrm{d}Z$ 为气流速度梯度(cm/s)；μ 为空气动力黏滞性系数，并且 $\mu=1.8\times10^{-4}$g/(cm·s)。

计算结果列于表 3-8～表 3-10。

表 3-8　粗质石英砂粒旋转所产生的升力 $F_{L,1}$ 和 $F_{L,1}$ 与运动形式的关系

项目	蠕动	跃移			
	滚动或滑动	起跳段	上升段	水平段	降落段
Ω/(r/s)	212	344	348	245	167
Ω_{max}/(r/s)	384	896	1088	784	448
$F_{L,1}$/(g·cm/s^2)	3.60×10^{-1}	5.85×10^{-1}	5.92×10^{-1}	4.17×10^{-1}	2.84×10^{-1}
$F_{L,1max}$/(g·cm/s^2)	6.54×10^{-1}	1.52×10^0	1.85×10^0	1.33×10^0	7.64×10^{-1}
$F_{L,1}$/mg	5.82×10^{-2}	8.64×10^{-2}	8.75×10^{-2}	6.15×10^{-2}	4.20×10^{-2}
$F_{L,1max}$/mg	9.64×10^{-2}	2.26×10^{-1}	2.73×10^{-1}	1.97×10^{-1}	1.13×10^{-2}

注：根据普通电影摄影 350 个资料的平均值求得。

表 3-9　粗质石英砂由于速度切变产生的升力 $F_{L,2}$(或 $F_{L,2}$/mg)随高度的变化

项目	高度/cm				
	0.5～1.00	1.01～2.00	2.01～3.00	3.01～4.00	平均
$F_{L,2}$/(g·cm/s)	3.33×10^{-1}	2.87×10^{-1}	2.29×10^{-1}	2.06×10^{-1}	1.51×10^{-1}
$F_{L,2}$/mg	4.92×10^{-2}	4.25×10^{-2}	3.39×10^{-2}	3.04×10^{-2}	3.40×10^{-2}

注：根据普通电影摄影的 400 个资料的平均值求得。

从表 3-8 可以清楚地看到，不论是根据平均旋转速度或是最大旋转速度确定的升力，都具有从表面滚动或滑动到起跳段、上升段增大，然后由水平段开始向降落段迅速减小的规律。升力值的数量级在 $10^{-1}\sim10^0$ 变化。由升力与重力之比可以看到升力只有重力的几十分之一到几百分之一。从表 3-8 中还可以看到一种现象，就是颗粒最大旋转速度所产生的上升力与平均旋转速度所产生的上升力相比，可以大 1 个数量级，而且起跳段、上升段和水平段最为明显。

由气流速度切变而产生的升力与旋转产生的升力属于同一数量级，而且是随高度减小的（表3-9）。升力$F_{L,2}$主要取决于速度切变值，而速度梯度值在床面上是随高度减小的。

由于颗粒旋转和气流速度切变所产生的上升力属于同一数量级，所以在后期实验中，减少对颗粒旋转速度的测定。因此，下面对运动颗粒上升力的计算主要依据气流的速度切变值dv/dz（cm/s）。

利用式（3-5）计算的不同密度下各种粒径颗粒在气流运动中，由于速度切变产生的上升力$F_{L,2}$，其结果列于表3-10。

从表3-10可以清楚地看到，不同密度和不同粒径的颗粒，由于气流速度切变所产生的上升力之间可相差两个数量级，不过与其自身重力之比值仍属于同一数量级，而且为其重力的1/100左右。这一结果与前期单一粗质石英砂的实验结果完全一致。

表3-10　不同密度和粒径颗粒旋转速度切变产生的上升力 $F_{L,2}$

颗粒性质	d/mm	v_{∞}/(cm/s)	v_{*l}/(cm/s)	U_l/(cm/s)	$F_{L,2}$/(g·cm/s^2)	$F_{L,2}$/mg
粗质石英砂	1.50	1490	70.22	666	8.34×10^{-2}	1.77×10^{-2}
沙丘沙	0.50	760	40.54	280	2.96×10^{-3}	1.59×10^{-2}
沙丘沙	0.25	610	28.67	157	3.49×10^{-4}	1.69×10^{-2}
聚苯乙烯颗粒	0.70	740	29.91	280	4.99×10^{-3}	2.68×10^{-2}
发泡聚苯乙烯颗粒	3.50	360	9.99	80	2.06×10^{-2}	4.04×10^{-2}

3）颗粒碰撞时所产生的冲击力 F_I

根据动量定理可知，在某时间间隔内，质点动量变化等于该时间内作用力的冲量，即

$$MV_2 - MV_1 = \int_0^t F \mathrm{d}t = S \tag{3-6}$$

因为冲力在我们所研究的范围内是变力，所以取如下形式：

$$\triangle S = F_I \triangle t = MV_2 - MV_1 \tag{3-7}$$

或

$$F_I = \frac{\triangle S}{\triangle t} = \frac{MV_2 - MV_1}{\triangle t} \quad (\triangle t = 2.5 \times 10^{-3} \text{s}) \tag{3-8}$$

通过向量运算后求得不同密度与不同粒径的跃移颗粒的冲击力 F_I 值和冲击力的方向φ列于表3-11。由表3-11可见，在平均起跳角为31.7°，不同密度和不同粒径颗粒的平均冲击角为–11.1°的条件下，冲击力F_I保持在$10^0 \sim 10^2$的数量级的范围之内，与其重力之比的数量级均为10^1，并与表3-5的资料基本一致。

表3-11　不同密度和不同粒径颗粒的冲击力 F_I

颗粒性质	d/mm	α/(°)	V_l/(cm/s)	V_p/(cm/s)	β/(°)	F_I/(g·cm/s^2)	F_I/mg	φ/(°)
粗质石英砂	1.50	31.4	84.4	163.2	–11.3	2.233×10^2	4.75×10^1	–40.8
沙丘沙	0.50	33.7	158.6	247.0	–10.0	1.356×10^1	7.29×10^1	–45.1
沙丘沙	0.25	31.0	93.3	247.0	–10.0	1.639×10^0	7.96×10^1	–27.8
聚苯乙烯颗粒	0.70	34.0	166.4	187.4	–10.4	9.288×10^0	4.99×10^1	–71.6
发泡聚苯乙烯颗粒	3.50	28.6	154.8	302.0	–13.7	2.226×10^1	4.37×10^1	–42.9

对以上几个主要力的概算表明，不同密度和不同粒径的颗粒，由碰撞形成的冲击力F_I均可达到重力的几十倍至几百倍，其构成颗粒跃移运动，特别是颗粒起跳阶段最重要的作用力；迎面阻力P虽然略大于或等于颗粒自身重力，但却是维持颗粒跃移的动力；颗粒旋转或气流速度切变产生的升力$F_{L,1}$和$F_{L,2}$尽管只有颗粒重力的几十分之一至几百分之一，不过在颗粒跃移过程中，特别是在起跳、上升飞行阶段确实是一个不可低估的附加力，在表3-8中表现最为突出，其中颗粒的最大旋转速度的贡献最为明显。另外，这种作用很可能是颗粒运动加速度波动的重要原因之一。

（三）颗粒跃移全过程中的受力状况和运动速度的分布与变化

在图3-25中，我们沿着颗粒跃移轨迹设置了一个可移动坐标系、运动颗粒受力及其运动速度向量关系的示意图，此图更为符合力学原理。因为，图中的各个物理量都是随着时间和空间不断变化的。例如说，颗粒起跳阶段，颗粒与床面碰撞所产生的冲击力F_I、颗粒的空气动力升F_L、气流的迎面阻力P或摩擦阻力τ_0都是克服重力的非常重要的力，在颗粒轨迹的最高点迎面阻力P达到最大值，当颗粒降到床面瞬间，重力（mg）和冲击力F_I的作用达到最大。

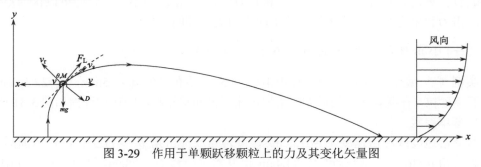

图 3-29　作用于单颗跃移颗粒上的力及其变化矢量图

二、不同密度和不同粒径颗粒跃移运动的典型实例分析

根据大量的高速电影记录和频闪高速摄影资料，我们将颗粒起跳轨迹或运动过程划分为三种模式，即小角度起跳（$10°<\alpha\leqslant50°$）、近似大角度起跳或垂直起跳（$50°<\alpha\leqslant90°$）和逆向起跳（$\alpha>90°$）（图3-30）。

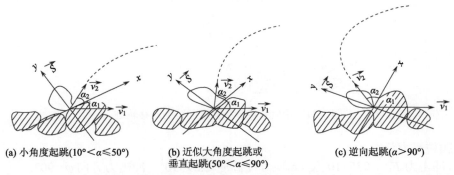

(a) 小角度起跳（$10°<\alpha\leqslant50°$）　　(b) 近似大角度起跳或　　(c) 逆向起跳（$\alpha>90°$）
　　　　　　　　　　　　　　　　垂直起跳（$50°<\alpha\leqslant90°$）

图 3-30　颗粒起跳的三种模式的冲量向量$\bar{s}$和速度向量$\bar{v}$与冲击平面坡度α（°）的关系

本章第一节已经确定了颗粒起跳角的算术平均值为 31.2°，加权平均值为 31.8°，可见起跳角在 30°附近，或者取 $\alpha=30°$，其应该是颗粒起跳角最有代表性的角度，抛物运动的最佳抛射角为 45°，而颗粒起跳角小于 10°者多呈表面蠕移运动。因此，我们定义 $10°<\alpha<50°$为颗粒跃移运动的小角度起跳模式。不过，在颗粒跃移运动中，大角度起跳又是一种普遍的运动规律。于是，可以把 $\alpha>50°$的起跳过程统称为大角度起跳。可是，随着起跳角增大到 90°左右时，颗粒起跳受力过程和速度分量 V_x 和 V_y 已经发生重大变化，特别是相对气流方向的逆向起跳更是如此。所以，我们将 $\alpha>50°$的颗粒起跳过程又可分为近似垂直起跳($50°<\alpha\leq90°$)和逆向起跳($\alpha>90°$)两种起跳模式，由此组成颗粒起跳的三种模式。

下面将用几组资料进行相应的实例受力分析。

根据高速摄影资料，我们可以得到单颗沙粒的运动轨迹，进而能够比较精确地得到沙粒的加速度。由牛顿第二定律 $\sum_i \vec{F_i}=m\vec{a}$ 可以得到合外力的大小和方向。这个合外力是气动力、重力和冲击力联合作用的结果。由于测量时间极短且碰撞过程中冲击力占有绝对优势，所以可以认为这个合外力就是冲击力。另外，重力可以精确计算，且由公式(1)、(2)和(3)计算得到的气动力(迎面阻力和升力)与重力相比为小量，我们可以认为复合外力由冲击力和重力合成，从而得到关于冲击力更详细的信息。

(一)小角度起跳形成的颗粒跃移运动($10°<\alpha<50°$)

实例 1　编号：510-570(WSHSPⅧ)，△5，该颗粒为 $d_s=1.5mm$，$\rho_s=2.65g/cm^3$ 的粗质石英砂粒，在跃移运动的后期降落撞击床面瞬间重新起跳的运动过程如图 3-31 所示。

1)基本参数

其降落速度或冲击速度 $V_p=61.2cm/s$，降落角或冲击角 $\beta=-11.3°$；冲击床面后再起跳的起跳角 $\alpha=36.3°$，起跳速度 $V_t=74.4cm/s$，其水平位移 $L=1.28cm$，跃移高度 $h=1.01cm$，$L/h=1.27$。重新起跳后的平均颗粒速度 $\bar{V}=81.6cm/s$，$\bar{V_x}/\bar{V_y}=1.27$。起跳时的初始加速度 $a_0=22400cm/s^2$，初始加速度的方向角 $\theta_{a_0}=90°$。

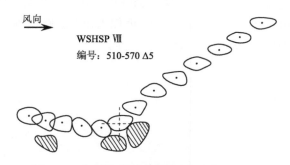

图 3-31　粗质石英砂小角度起跳的跃移轨迹

2)颗粒受力状况

(1)冲击力 $F_I=1.075\times10^2(g\cdot cm)/s^2$，$F_I/mg=2.29\times10^1$，冲击力方向 $\varphi=90°$；

(2) 迎面阻力 $P=1.86\times10^0$ (g·cm)/s², $P/mg=4.02\times10^{-1}$；

(3) 空气动力升力 $F_{L,2}=8.34\times10^{-2}$ (g·cm)/s², $F_{L,2}/mg=1.77\times10^{-2}$；

(4) 颗粒重力 $mg=4.704\times10^0$ (g·cm)/s²。

这颗沙粒重新起跳主要是在冲击力 F_I 的作用下，沿着垂直方向（$\varphi=90°$）产生了 22400 cm/s² 的加速度的情况下完成的，此加速度为重力加速度的 22.9 倍。 而且加速度的方向 $\theta_{a0}=90°$。颗粒小角度起跳的速度和加速度及其方向角的变化本章第一节已经作了详细说明，这里不再重复。

为与上述结果进行比较，使实验研究更加接近实际情况，本节同时选用真实沙丘沙 $d_s=0.5$mm 和 $d_s=0.25$mm 的沙粒跃移轨迹进行相应的计算和分析。

实例 2 编号：31〈41〉-(7)，该颗粒为 $d_s=0.5$mm，$\rho_s=2.56$g/cm³ 的沙丘沙。

1) 基本参数

从降落到冲击床面和再起跳的过程，共经历了 10 个轨迹点，所用时间 $\Delta T=0.0225$s（图 3-32）；降落角或冲击角 $\beta=-13°$，降落速度 $V_p=106.7$cm/s；起跳角 $\alpha=17.7°$，起跳速度 $V_t=92.4$ cm/s，$L=1.53$cm，$h=0.34$cm，$L/h=4.50$，$\bar{V}_x/\bar{V}_y=3.74$， 起跳初始加速度 $a_0=21762$ cm/s²，初加速度方向 $\theta_{a_0}=107.1°$。

2) 颗粒受力状况

(1) 冲击力 $F_I=4.135\times10^0$ (g·cm)/s²，$F_I/mg=2.22\times10^1$，冲击力方向 $\varphi=-72.9°$；

(2) 迎面阻力 $P=3.724\times10^{-2}$ (g·cm)/s²，$P/mg=2.0\times10^{-1}$；

(3) 空气动力升力 $F_{L,2}=2.96\times10^{-3}$ (g·cm)/s²，$F_{L,2}/mg=1.59\times10^{-2}$；

(4) 颗粒重力 $mg=1.86\times10^{-1}$ (g·cm)/s²。

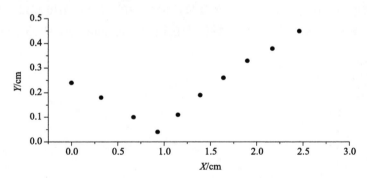

图 3-32 颗粒为 $d_s=0.50$mm 沙丘沙的跃移轨迹

两个颗粒具有相同的密度 $\rho_s=2.65$g/cm³，只是粒径相差 3 倍而造成它们在跃移运动过程中的受力明显不同，但受力与自身重量之比仍属于同一数量级，而且沙丘沙起跳，同样是冲击力导致颗粒运动速度的改变而产生较大的加速度作用的结果。

实例 3 编号：29〈29〉-(1)，颗粒为粒径 $d_s=0.25$mm 的沙丘沙（图 3-33）。

1) 基本参数

$L=2.50$cm，$h=0.90$cm，$L/h=2.78$，$\bar{V}_x/\bar{V}_y=2.84$，$\alpha=31°$，$V_t=93.3$ cm/s，$\bar{V}=118.7$cm/s，$a_0=1600$ cm/s²，$\theta_{a_0}=0°$， $\beta=-10°$，$V_p=247.0$ cm/s。$V_{x1}=253.0$ cm/s， $V_{x2}=80$ cm/s，$V_{y1}=$

－43.0cm/s，V_{y2}=48.0cm/s。此颗粒起跳前的数据参考相关的资料。

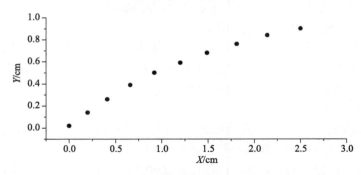

图 3-33　粒径为 d_s=0.25mm 沙丘沙小角度起跳的跃移轨迹

2）颗粒受力状况

（1）冲击力 F_1=1.639×10^0(g·cm)/s^2，F_1/mg=7.96×10^1，冲击力方向 φ=－27.8°；

（2）迎面阻力 P=2.93×10^{-3} (g·cm)/s^2，P/mg=1.42×10^{-1}；

（3）空气动力升力 $F_{L,2}$=3.49×10^{-4} (g·cm)/s^2，$F_{L,2}/mg$=1.7×10^{-2}；

（4）颗粒重力 mg=2.06×10^{-2} (g·cm)/s^2。

以上 3 例是相同密度 ρ_s=2.65 (g·cm)/s^3，不同粒径小角度起跳的颗粒跃移运动特征和受力状况。考虑到颗粒小角度起跳的跃移运动是颗粒跃移运动的主体，平均约占 80% 以上。所以，我们认为不同密度与不同粒径颗粒的小角度起跳的跃移运动同样具有十分重要的意义。于是特选定粒径 d_{ps}=0.7mm、密度 ρ_{ps}=1.03g/cm^3 的聚苯乙烯颗粒和粒径 d_{ps}=3.5mm、密度 ρ_{ps}=0.023g/cm^3 的发泡聚苯乙烯颗粒的两个小角度起跳的实例。

实例 4　编号：18〈25〉-(1)，颗粒为粒径 d_{ps}=0.7mm，ρ_{ps}=1.03g/cm^3 的聚苯乙烯颗粒（图 3-34）。

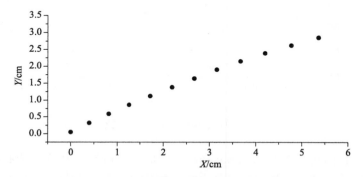

图 3-34　粒径为 d_{ps}=0.7mm 聚苯乙烯颗粒小角度起跳的跃移轨迹

1）基本参数

L=5.36cm，h=2.85cm，L/h=1.88，$\bar{V}_x/\bar{V}_y$=1.91，α=34°，β=－10.4°，θ_{a_0}=0°，V_t=166.4 cm/s，$\bar{V}$=187.3cm/s，V_p=187.4 cm/s，a_0=2378cm/s^2，V_{x1}=182.8cm/s，V_{x2}=137.9 cm/s，V_{y1}=－41.4m/s，V_{y2}=93.1m/s。起跳前的数据参考相关的资料。

2）颗粒受力状况

（1）冲击力 $F_I=9.288\times10^0$ (g·cm)/s²，$F_I/mg=4.99\times10^1$，冲击力方向 $\varphi=-71.55°$；

（2）迎面阻力 $P=7.299\times10^{-2}$ (g·cm)/s²，$P/mg=3.92\times10^{-1}$；

（3）空气动力升力 $F_{L,2}=4.99\times10^{-3}$ (g·cm)/s²，$F_{L,2}/mg=2.68\times10^{-2}$；

（4）$mg=1.86\times10^{-1}$ (g·cm)/s²。

实例 5　编号：13〈29〉-（1），颗粒为粒径 $d_{ps}=3.50$mm 发泡的聚苯乙烯颗粒，$\rho_{ps}=0.023$g/cm³（图 3-35）。

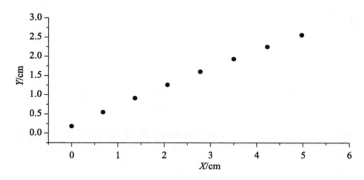

图 3-35　粒径为 $d_{ps}=3.5$mm 发泡聚苯乙烯颗粒小角度起跳的跃移轨迹

1）基本参数

$L=4.97$cm，$h=2.38$cm，$L/h=2.09$，$\bar{V}_x/\bar{V}_y=2.09$，$V_t=154.8$ cm/s，$\bar{V}=157.5$cm/s，$V_p=302.0$cm/s，$\alpha=28.6°$，$\beta=-13.7°$，$\theta_{a_0}=-45°$，$a_0=566$cm/s²。$V_{x1}=292.9$cm/s，$V_{x2}=136.0$cm/s，$V_{y1}=-71.6$cm/s，$V_{y2}=74$cm/s。起跳前的数据参考相关的资料。

2）颗粒受力状况

（1）冲击力 $F_I=2.226\times10^1$ (g·cm)/s²，$F_I/mg=4.4\times10^1$，冲击力方向 $\varphi=-42.9°$；

（2）迎面阻力 $P=1.49\times10^1$ (g·cm)/s²，$P/mg=2.92\times10^{-1}$；

（3）空气动力升力 $F_{L,2}=2.06\times10^{-2}$ (g·cm)/s²，$F_{L,2}/mg=4.04\times10^{-2}$；

（4）颗粒的重力 $mg=5.1\times10^{-1}$ (g·cm)/s²。

（二）颗粒近似垂直起跳或大角度起跳的跃移运动（50°<α≤90°）

实例 1　编号：20-95，△5，（WSHSP Ⅶ）颗粒为 $d_s=1.50$mm 的粗质石英砂（图 3-36）。

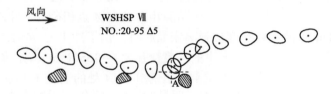

图 3-36　粒径 $d_s=1.5$mm 粗质石英砂大角度起跳的跃移轨迹

1）基本参数

L=1.67cm，h=0.44cm，L/h=3.80，$\overline{V_x}/\overline{V_y}$=3.27，$\alpha$=63.4°，$\beta$=−12.3°，$\theta_{a_0}$=151.2°，$V_t$=26.8 cm/s，$\overline{V}$=78.4cm/s，$V_p$=94.2cm/s，$a_0$=36521cm/s^2，$V_{x1}$=92cm/s，$V_{x2}$=12.0cm/s，$V_{y1}$=−20m/s，$V_{y2}$=24.0m/s（图 3-37 和图 3-38）。

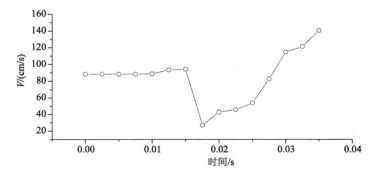

图 3-37　粒径 d_s=1.50mm 粗质石英砂大角度起跳的速度 V 的变化

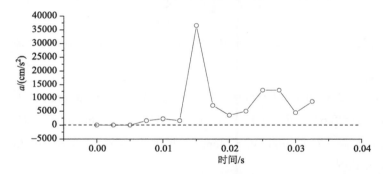

图 3-38　粒径 d_s=1.5mm 粗质石英砂大角度起跳运动的加速度 a 的变化

2）颗粒受力状况

（1）冲击力 F_I=1.753×10^2(g·cm)/s^2，F_I/mg=3.73×10^1，冲击力方向 φ=−28.8°；

（2）迎面阻力 P=1.86×10^0(g·cm)/s^2，P/mg=4.02×10^{-1}；

（3）空气动力升力 $F_{L,2}$=8.34×10^{-2}(g·cm)/s^2，$F_{L,2}/mg$=1.77×10^{-2}；

（4）颗粒的重力 mg=4.704×10^0(g·cm)/s^2。

从图 3-36～图 3-38 可以明显地看到，粒径为 d_s=1.5mm 的粗质石英砂在跃移降落（β=−12.3°，V_p=94.2 cm/s）至床面的瞬间与床面静止颗粒在 A 点相碰撞，并立即以 α=63.4°的起跳角和 V_t=26.8cm/s 的起跳速度被弹离床面起跳，由于冲击力 F_I=1.753×10^2(g·cm)/s^2 的作用，颗粒运动速度迅速改变而产生的速度变化率 a=36521cm/s^2，是重力加速度的 37.3 倍。由图 3-33 和图 3-34 可以进一步看到，在撞击点 A 处的速度 V 与加速度 a 的变化趋势。这是大角度起跳与颗粒小角度起跳最明显的区别，关键在于冲击力和冲击方向 φ=−28.8°的作用。

实例 2　编号：12〈13〉-(1)，颗粒为粒径 d_s=0.50mm 的沙丘沙（图 3-39）。

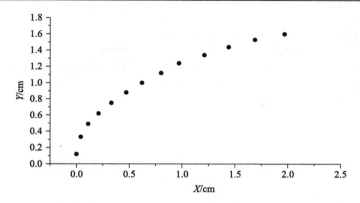

图 3-39　颗粒粒径 d_s=0.50mm 的沙丘沙大角度起跳运动的轨迹

1) 基本参数

L=1.97cm，h=1.60cm，L/h=1.23，$\bar{V}_x / \bar{V}_y$=1.33，V_t=85.5cm/s，$\bar{V}$=86.7cm/s，V_p=381.4 cm/s，α=79.2°，β=−9.7°，θ_{a_0}=−59°，a_0=9330cm/s^2，V_{x1}=376.0 cm/s，V_{x2}=16.0 cm/s，V_{y1}=−64.0 cm/s，V_{y2}=84.0 cm/s。颗粒起跳前的数据参考相关的资料。

2) 颗粒受力状况

(1) 冲击力 F_I=2.958×10^{1}g·cm/s^2，F_I/mg=1.59×10^2，冲击力方向 φ=−22.4°；

(2) 迎面阻力 P=3.72×10^{-2} g·cm/s^2，P/mg=2.0×10^{-1}；

(3) 空气动力升力 $F_{L,2}$=2.96×10^{-3} (g·cm)/s^2，$F_{L,2}/mg$=1.59×10^{-2}；

(4) 颗粒的重力 mg=1.86×10^{-1} (g·cm)/s^2。

此例中颗粒起跳角 α=79.2°，更接近垂直起跳。运动速度水平分量随时间增大，而其垂直分量仍是随时间减小，其最大特点在于颗粒运动速度有了新的变化规律，即随着起跳角增大，其速度 V 从离开床面的一刻起开始缓慢减速，经过 3 个轨迹点之后又转为迅速增大的特征(图 3-40)。这一过程仅用了 0.005s 的时间。随着起跳角增大，这一规律更加明显。

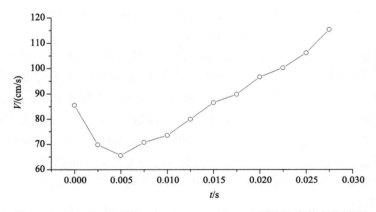

图 3-40　近似垂直起跳(α=79.2°，V_t=85.5cm/s)颗粒速度的变化过程

（三）颗粒逆向起跳的跃移运动（$\alpha > 90°$）

实例 1　编号：18〈25〉-(3)，该颗粒为聚苯乙烯颗粒 d_{ps}=0.7mm，ρ_{ps}=1.03g/cm³，其跃移轨迹，如图 3-41 所示。

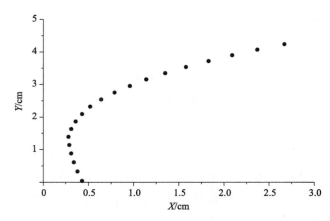

图 3-41　聚苯乙烯颗粒（d_{ps}=0.7mm，ρ_{ps}=1.03g/cm³）逆向起跳的跃移轨迹（α=99.8°）

1）基本参数

水平位移 L=2.67cm，飞高 h=4.23cm，L/h=0.63，V_x/V_y=0.64，α=99.8°，θ_{a_0}=−45°，V_t=101.5cm/s，a_0=1682cm/s²，β=−12.8°，V_p=187.4 cm/s。V_{x1}=182.8cm/s，V_{x2}=−17.2cm/s，V_{y1}=−41.4cm/s，V_{y2}=100cm/s。起跳前的数据参考相关的资料。

2）颗粒受力状况

(1) 冲击力 F_I=1.604×10¹g·cm/s²，F_I/mg=8.6×10¹，冲击力方向 φ=−35.3°；

(2) 迎面阻力 P=7.299×10⁻² g·cm/s²，P/mg=3.92×10⁻¹；

(3) 空气动力升力 $F_{L,2}$=4.99×10⁻³ (g·cm)/s²，$F_{L,2}/mg$=2.68×10⁻²；

(4) 颗粒的重力 mg=1.86×10⁻¹ (g·cm)/s²。

这是跃移中一个颗粒，以 V_p=187.4 cm/s 冲击速度和 β=−12.8°冲击角冲击床面时，产生的冲击力为 F_I=1.604×10¹(g·cm)/s²，冲击力是其重力的 86 倍，冲击力方向为 ϕ=−35.3°。合外力的作用导致该颗粒反弹第二次起跳，即以 α=99.8°的起跳角和 V_t=101.5cm/s 的起跳速度做逆向气流的跃移运动。从图 3-42 可见，构成颗粒运动合速度由床面被弹起时，逐渐变慢，经过 7 个轨迹点之后转为缓慢增大的特点（图 3-41），这是逆向起跳的跃移运动最本质的特征之一。逆向起跳的颗粒必然受到气流迎面阻力和重力作用，使其缓慢减速。这一变化过程只是发生在 0.0174s 的一瞬间，颗粒却经历了 7 个轨迹点，人的视力是难以识别的（图 3-43）。

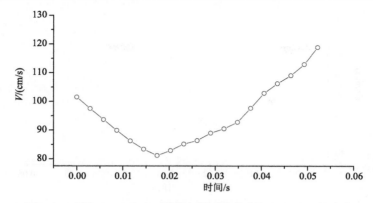

图 3-42　粒径 d_{ps} =0.7mm 聚苯乙烯颗粒逆向起跳移动 V 的变化

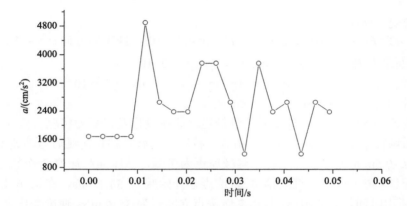

图 3-43　粒径 d_{ps} =0.7mm 聚苯乙烯颗粒逆向起跳移动 a 的变化

实例 2　编号：12〈24〉-（2）粒径为 d_s=0.5mm 沙丘沙（图 3-44，图 3-45）。

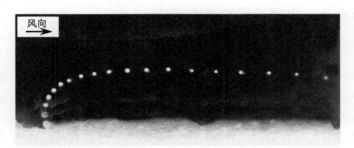

图 3-44　粒径为 d_s=0.5mm 的沙丘沙逆向起跳的跃移轨迹

1）基本参数

L=2.71cm，h=0.56cm，L/h=4.84，$\bar{V}_x / \bar{V}_y$=3.92，α=96.3°，θ_{a_0} = 0°，V_t=36.2cm/s，$\bar{V}$ =59.2cm/s，a_0=0cm/s²，V_{x1}=100.0cm/s，V_{x2}=−4.0cm/s，V_{y1}=−16.0cm/s，V_{y2}=36.0cm/s。颗粒起跳前的数据参考相关的资料。

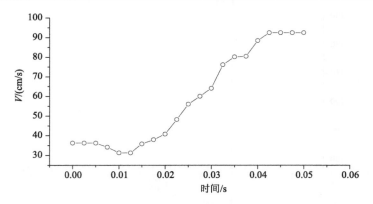

图 3-45　d_s=0.5mm 的沙丘沙逆向起跳的跃移速度 V 的变化

2)颗粒受力状况

(1)冲击力 F_I=8.84×10^0(g·cm)/s^2，F_I/mg=4.75×10^1，冲击力方向 φ = –26.6°；

(2)迎面阻力 P=3.72×10^{-2} (g·cm)/s^2，P/mg=2.0×10^{-1}；

(3)空气动力升力 $F_{L,2}$=2.96×10^{-3} (g·cm)/s^2，$F_{L,2}/mg$=1.59×10^{-2}；

(4)颗粒的重力 mg=1.86×10^{-1} (g·cm)/s^2。

　　沙丘沙 d_s=0.5mm、ρ_s=2.65g/cm^3 的颗粒逆向起跳过程及其受力状况与粒径 d_{ps}=0.7mm 的聚苯乙烯颗粒(ρ_{ps}=1.03 g/cm^3)十分相似，特征之一就是颗粒起跳后运动速度减缓。不过，对于 d_s=0.5mm 的沙丘沙来说，其减速更为微弱，从床面起在前 3 个轨迹点基本上是匀速上升(V=36.2cm/s)，直到第 4 轨迹点才开始减为 34.4cm/s，在第 6 轨迹点减至 31.2cm/s，所用时间仅为 0.015s，从第 7 轨迹点立即转为 35.8cm/s。速度变化方向的转变，在转折点产生较大速度变化率 a=6400cm/s^2，平均加速度 $\bar{a}$ =1829cm/s^2，此值为重力加速度的 6.5 倍，是维持沙丘沙运动的主要动力。

三、对颗粒跃移运动物理过程的讨论

(一)跃移运动是非悬浮固体颗粒在气流中运动的普遍形式

　　不同密度和不同粒径的颗粒在气流中的运动表明，颗粒跃移运动是非悬浮固体颗粒在气流中运动的普遍形式。在颗粒密度小于粗质石英砂和沙丘沙密度的条件下，颗粒密度对跃移运动的影响程度小于颗粒粒径的作用。例如，粒径为 d_{ps}=0.7mm，密度为 ρ_{ps}=1.03g/cm^3 的聚苯乙烯颗粒的跃移运动过程和运动学诸要素与粒径为 d_s=0.5mm，密度 ρ_s=2.65g/cm^3 沙丘沙就非常接近。或者说，聚苯乙烯颗粒的粒径优势克服了密度较小的不足。进一步证明，颗粒的大小是颗粒受力的最重要的影响因素。

(二)颗粒跃移运动的运动学诸要素主要受颗粒起跳角 α(°)和起跳速度 V_t(cm/s)的影响

　　本书认为把颗粒跃移运动分为三种起跳模式，即小角度起跳(10°<α<50°)、近似垂直起跳(50°<α≤90°)和逆向起跳(α>90°)是合理的。

现分别讨论如下：

1. 颗粒小角度起跳的运动学和动力学特征（$10° < \alpha \leqslant 50°$）

1）小角度起跳的速度和加速度及其变化

颗粒小角度起跳的水平速度分量 V_x（cm/s）是随时间增大的，其值均明显大于垂直分量 $\overline{V}_x / \overline{V}_y = 12.6$，其垂直分量 V_y 是随时间减小的，其速度主要决定 V_x 的变化，而速度的运动方向与 V_y 变化相一致。颗粒小角度起跳的加速度却具有明显的波动现象。这一现象也是不同密度和不同粒径的颗粒跃移运动所共有的规律性。加速度是时间平方的函数，在颗粒跃移运动过程中，任何微小变化都能导致加速度的明显改变。因为颗粒运动的时间间隔只有 10^{-3}s。加速度的变化反映了作用于颗粒的外力也在不断地变化。沙丘沙几何形状是多变性和气流的紊动性加速度波动的重要原因。

2）小角度起跳受力状况

作用于跃移运动颗粒的外力主要有 4 个，即冲击力 F_I、气流的迎面阻力 P 或摩擦阻力 τ、空气动力升力 $F_{L,1}$ 或 $F_{L,2}$、颗粒的重力。

对于不同密度和不同粒径的颗粒来说，各个力的平均数量级及其与重力之比的变化具有明显的规律性，而且这种规律性是相对稳定的。

冲击力 F_I 为 $10^0 \sim 10^2$ (g·cm)/s^2，冲击力 F_I 与自身重力之比值均为 $F_I/mg = 10^1 \sim 10^2$；气流的迎面阻力 P 为 $10^{-4} \sim 10^1$ (g·cm)/s^2，与重力之比值 $P/mg = 10^{-2} \sim 10^{-1}$；空气动力升力 $F_{L,2}$ 为 $10^{-3} \sim 10^{-2}$ (g·cm)/s^2，与重力之比值 $F_{L,2}/mg = 10^{-2} \sim 10^{-1}$；颗粒重力 mg 为 $10^{-2} \sim 10^0$ (g·cm)/s^2。

可见，尽管密度和粒径的影响导致不同颗粒受力状况的巨大差别，但其值与重力之比变化还是很有规律的。其中，冲击力 F_I 为重力的几倍到几十倍，甚至百倍；迎面阻力 P 为重力的几分之一到十分之一；升力 $F_{L,2}$ 为重力的几十分之一到几百分之一。其中，应特别提及的是关于空气动力升力的作用，在跃移运动过程中，所起的作用是横向力，其作用方向与重力方向相反，是一个不能忽略的作用力。B.R. 怀特和 J.C. 舒尔兹（White and Schulz, 1977），通过高速摄影资料，确定了空气动力升力——马格努斯升力对颗粒跃移轨迹的影响。

图 3-46 为三个颗粒运动轨迹的电影记录（实线）与根据运动方程，在有旋转[颗粒旋转速率，（a）为 150 rev/s、（b）为 250rev/s 和（c）为 175rev/s]和无旋转的情况下理论计算结果的比较。同时给出，在没有其他力存在的条件下，只有重力作用时的最大高度 H_m，粒径 $d_s = 0.35 \sim 0.71$mm，$V_* = 39.6$cm/s。

图 3-46 给出三个不同跃移高度 $H_m = 0.9$cm、3.2cm 和 4.1cm 的颗粒跃移轨迹。三个颗粒以不同的起跳角（α 值分别为 20°、90°和 50°左右）和不同旋转速度（$\omega = 150$ rev/s、250 rev/s 和 175 rev/s）起跳。图 3-46（a）为床面附近小角度起跳低的跃移全轨迹。这时气流的阻力、空气动力升力与合外力差别甚小，三条曲线比较接近；图 3-46（b）表明，颗粒起跳角近于 90°属于大角度起跳范畴，无论是颗粒旋转速度（$\omega = 250$ rev/s），或是跃移高度（$H_m = 3.2$cm）均大于图 3-46（a）的轨迹。三个力的作用差别较大，而且升力作用的轨迹线（点线）低于电影记录的合外力 $\sum F$ 作用形成的轨迹（实线），造成这种差别应该是颗粒大

角度起跳的冲击力作用的结果。图 3-46(c) 可以看出，由于颗粒跃移高度 H_m=4.1cm，相应的气流速度均大于前二者，同时颗粒起跳角为 50°左右，接近大角度起跳过程。因此，气流对颗粒的作用力明显增大，包括升力的作用，颗粒对床面的冲击力作用相对小于图 3-46(b) 中的作用。因此，升力作用线(点线)在起跳上升段位于合力作用线(实线)之上，在水平飞行段位于实线之下。与 3-46(b) 中的作用相比，三个力的作用轨迹线差别明显减小。

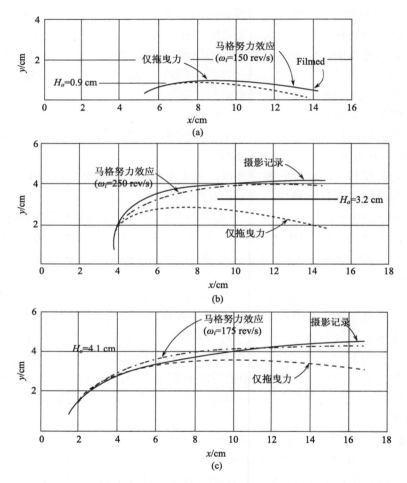

图 3-46　三个颗粒运动轨迹的摄影记录(实线)与根据运动方程
在有旋转和无旋转的情况下理论计算结果的比较

图中还给出在没有其他力存在的条件下，只有重力作用时所达到的最大高度 H_m，粒径 d_p=0.35~0.71mm，V_*=39.6cm/s

2. 颗粒逆向起跳(包括近似垂直起跳的大角度起跳)的运动学和动力学特征

由于近似垂直的起跳(50°<α≤90°)的跃移过程介于小角度起跳和逆向起跳过程之间，所以将起跳角为 50°<α≤90°的颗粒跃移并入逆向起跳一起讨论。

1)逆向起跳的速度和加速度及其变化

颗粒逆向起跳的最大特点是颗粒自离开床面一刻起，运动速度缓慢减小，当颗粒跃移高度 h=2cm 左右时，由于气流的迎面阻力的明显增大，颗粒运动由减速转为增速，在速度转折点产生较大的加速度。从颗粒运动的速度分量 V_x 和 V_y 的变化更能说明以上的特点，速度 V_x 开始为负值表明逆气流方向运动，当到了转折点时 V_x 变为正值，沿气流方向运动，之后缓慢增速，V_x 在跃移过程中是不断增大的；V_y 却以负加速的方式缓慢地减小。而且 V_x 的绝对值的平均值小于 V_y，也就是说，$\bar{V}_x / \bar{V}_y$=0.64。起跳角为 $50° < \alpha \leqslant 90°$ 时，$\bar{V}_x / \bar{V}_y$=2.30 左右。加速度的波动与小角度起跳差不多，应该说颗粒跃移加速度波动现象是跃移运动的一种普遍规律。

2)逆向起跳或大角度起跳的颗粒受力状况

逆向起跳的不同密度与不同粒径的跃移颗粒受力的数量级范围分别如下：

冲击力 F_I 为 $10^0 \sim 10^2$ (g·cm)/s^2，F_I/mg=$10^1 \sim 10^2$；迎面阻力 P 为 10^{-2} (g·cm)/s^2，P/mg=10^{-1}；空气动力升力 $F_{L,2}$ 为 $10^{-3} \sim 10^{-2}$ (g·cm)/s^2，$F_{L,2}/mg$=10^{-2}；颗粒重力 mg 为 $10^{-2} \sim 10^0$ (g·cm)/s^2。

从受力状况来看，逆向起跳或大角度起跳的跃移运动，各个力与重量之比的数量级基本一致。其差别在于运动过程中冲击力 F_I 的大小及其冲击力的方向 φ 所起的作用　不同。

(三)颗粒密度和粒径在跃移运动中的作用

在我们的实验条件下，实验材料共有 3 组密度梯度，分别为 ρ_s=2.65g/cm^3、ρ_{ps}=1.03g/cm^3 和 ρ_{ps}=0.023g/cm^3，同时配有 5 组粒径 d_s=1.50mm，d_s=0.5mm，d_s=0.25mm，d_{ps}=0.7mm 和 d_{ps}=3.5mm(发泡)，5 组不同颗粒密度相差 115 倍，粒径相差 14 倍。从实验结果来看，影响颗粒跃移运动的诸因素中，颗粒粒径的作用比颗粒密度的影响更为明显，而这两者对跃移运动的共同影响具有一种自动相互调节作用。　例如，密度较大 (ρ_s=2.65g/cm^3) 和粒径较小 (d_s=0.50mm) 的沙丘沙与密度较小 (ρ_{ps}=1.03g/cm^3) 和粒径较大 (d_{ps}=0.70mm) 的聚苯乙烯颗粒具有相同的重力 mg=0.186 (g·cm)/s^2 和十分接近的颗粒流形成速度，前者 V_∞=760cm/s，后者 V_∞=740cm/s，以及颗粒平均速度前者 $\bar{V}_s$=80.2cm/s，后者 $\bar{V}_{ps}$=95.4cm/s。

(四)在颗粒跃移运动过程几个主要力的作用

第一是颗粒的重力，以及由重力产生的与床面的摩擦力，二力是阻止颗粒运动的力。

第二是气流的迎面阻力 P，其是推动颗粒运动的主要动力和能量来源。

第三是空气运动升力，此力是由于近地层气流速度切变或颗粒旋转而产生的对颗粒运动的横向支持力。

第四是冲击力，可以视为一种特殊的作用力，是运动颗粒之间，或运动颗粒与床面颗粒之间由于碰撞而产生的一种对颗粒起跳极其重要的瞬间力。

第三节　风沙流中固体物质的输移

以上我们较为详细地讨论了单一颗粒的运动学特征及其动力学性质。不过，对于风成地貌的形成和演变及沙害的形成与防治而言，真正有意义的还是沙粒（或颗粒）的群体运动，特别是风沙流中固体物质迁移量的时空分布及其变化的研究。

一、风沙流饱和度

（一）沙丘沙床面

在沙丘床面上，床面运动过程是气流作用于沙质床面，导致床面物质的初始运动——沙粒蠕移，沙粒蠕移是促成沙粒跃移的基础和动力，而跃移又是沙粒运动的普遍形式和风沙流的主体。从床面蠕移到风沙流形成，都伴随着气流与床面之间能量和物质的交换与输移。这种过程实质上是蠕移和跃移两种作用强度之间配比的变化。可概括为：沙粒起跳→搬运（为主）→风沙流饱和或过饱和→沉降（为主）→能量恢复→再搬运（为主）→……。这种周期性变化过程称为风沙运动自动平衡原理（P. R. Owen，1969，凌裕泉等，1998）。这一过程随机多变，其中既有沙粒分选作用，也有沙粒冲击作用，同时还有气流波动与风沙流的波粒二重性作用，以及两种波动的叠加或共振作用（凌裕泉等，1998）。沙质床面的风沙运动自动平衡过程的变化，或是风沙流饱和程度的变化，主要依赖于风速的变化。风沙流饱和（或过饱和）与不饱和相互交替，而且具有明显的瞬时特征。所谓饱和度包括两层含义，其一是指相应气流速度时，气流搬运沙量达到最大限度；其二是输沙量在整个搬运高层内随高度分布达到暂时稳定状态。

（二）非沙质床面

非沙质床面，由于沙源极不丰富，风沙流均处于不饱和状态，属于过境风沙流性质。对于确定风速而言，不仅输沙量不饱和，而且输沙率高度分布也是呈现出上下分布较为均一的特征。非沙质床面主要有三种：

(1)沙质戈壁——以粗沙为主体的平沙地。
(2)沙砾质戈壁——由砾石和细沙组成的床面。
(3)砾质戈壁。此外，还有黏土光板地等，其由于范围很小，不具代表性。

（三）风沙流饱和度与风速和床面形态的关系

1. 低浓度不饱和风沙流

沙质床面平均风速接近或略超过起动风速（V_L=5.5～6.4m/s）时，输沙能力较弱，输沙量也很小，沙粒运动以滚动或滑动为主。床面处于微弱的风蚀状态，这时风沙流处于低浓度不饱和状态。

2. 低浓度过饱和风沙流

随着风速增大到 V_L=6.8～8.5m/s 时，沙粒分选作用加强，沙粒跃移冲击作用导致床面出现明显的蚀积作用，并开始形成沙纹。实测显示，这时的沙量略大于相应风速的搬运能力。

3. 高浓度过饱和风沙流

风速继续增大到 V_L=9.0～12.0m/s 时，输沙量明显增大，床面蚀积作用明显增强，并交替进行。床面沙纹发育完好，输沙量随高度普遍增大。

4. 高浓度不饱和风沙流

风速继续增大到 V_L=13.0～18.0m/s 时，输沙量迅速增大，所消耗的能量也明显加大，特别是在床面附近，床面沙纹开始分解和演化直至沙纹消亡，由于风沙流和气流正弦波的共振作用，风沙流已变成高浓度的跃移流或悬浮流，上下层的沙量趋于一致，输沙量已小于实际气流的搬运能力，处于过境的不饱和的风沙流状态(凌裕泉等，1998)。

二、输沙量的确定

(一)输沙量(率)的物理意义

在风沙理论研究和防沙实践中，输沙量是一个很重要的物理量和极为有用的工程参数。它是某一时段内风沙流的固体物质通量，并直接依赖于对输沙率(即单位时间内的输沙量)的精确测定。输沙率又受到风速和沙粒组成以及下垫面性质等因素的综合影响，在空间分布上具有明显的非均一性和随时变化的非定常性。因此，输沙率的精确测定，特别是长时间内输沙总量的确定尤为困难。同时，输沙量又是一个复杂的复合向量，是风向和风速的函数，于是输沙率成为确定输沙量的关键。输沙率的确定既是一个重要的理论问题，又是一个复杂的技术问题(凌裕泉，1997)。

为此，我们在风洞中进行了单因子控制的系列实验，并建立了输沙率与有效起沙风速之间的定量关系(凌裕泉，1994)。风洞流场可视为相对稳定和定常的。为消除沙粒跃移随机性所引起的输沙率在空间分布上的非均一性，采用横截面上输沙率的平均值代表相应风速下实测输沙率的极限值。结果证实这种方法可靠而有效，资料很切合实际。

(二)输沙率的确定

1. 实验方法和条件

1)仪器安装

风洞实验段截面呈矩形，高、宽分别为 60cm 和 100cm，考虑到风洞轴向压力梯度及边界层加厚的作用，选择位于风洞中后部为实验区。这一范围内，轴向压力梯度已变得可忽略，边界层获得充分发展。在此段中选择一竖向截面来布置实验仪器：将其分为 600 个 1cm×10cm 的矩形网格，在 100cm 长的水平支架上(实际长为 98cm)装置间距为

10cm 的梳状排管集沙器 10 个，每个排管的接收口径为 1cm×1cm。实验分别在 3 个风速下进行，针对每一风速，共进行 60 次实验。初次实验时，支架位于最底层 10 个小网格几何中心的水平连线上，下次实验开始前，将支架向上平移 1cm，使其位于第二层 10 个小网格几何中心的水平连线上；以后实验，依次类推。数据处理时，用每个测点 1cm×1cm 面积上测得的输沙率代表 1cm×10cm 矩形网格上输沙率的平均值。同时，考虑到实验过程中集沙器很难捕获悬移运动的沙粒。因此，有必要对单管进行抽气实验，以检验排管的集沙功能。同时检测沙粒悬移和跃移对输沙率的贡献。结果表明，两种情况下的集沙量并无明显差异，排管的集沙效率可达 95% 以上，这说明输沙量主要决定于跃移运动，而悬移运动对输沙量的贡献很小。大量野外资料证实，沙漠地区的沙丘沙中，粉沙含量小于 5%，一般只有 2% 左右，虽然风洞实验用沙都是取自沙丘沙，但在风洞吹蚀 1～2 次之后，其中的粉沙成分微乎其微。

2）实验风速

风沙流是一种贴近地表的运动现象。风洞风速廓线和沙床粗糙度与野外近地层风速廓线及地表粗糙度之间具有较好的几何相似性，又由于两种流场满足物质相似性，这就基本保证了模拟实验与野外风沙流之间的动力相似。实验分别对应于 3 种风速，选用实验截面处的轴向风速 V_L 作为参考风速，其值分别为 12.2m/s、18.3m/s 和 24.4m/s。

3）供沙条件

在实验截面上风侧 2m 范围内采取洞底铺沙方式。三个风速条件实验的铺沙量分别为 30 kg、60 kg 和 115kg，每次实验之前都重新铺平沙面，结束时再称余沙重量，以确定集沙效率。集沙时间为 2～4min，实验用沙为沙漠沙丘沙，其主体粒级为 0.125～0.25mm。

2. 实验结果分析

1）输沙率沿横截面分布的非均一性

研究表明，输沙率沿风洞横截面水平分布具有明显的非均一性（表 3-12），其正负距平的最大变幅可达平均值的 45%～60%，这与流场沿风洞横向非均一性的变化有关，同时也为风洞沙波纹的形成所证实，在野外表现更为突出。近地表边界层中大气湍流运动的随机性很大，导致风沙流也是一种随机性很大的运动过程，而且是各向异性的，并存在间隙性和层次性，正是这种特性才塑造了千姿百态的风沙地貌形态（凌裕泉，1994；李后强等，1993；王元等，1994）。

表 3-12　输沙率沿风洞横截面的分布特征（0～30cm 高层）

V_L (m/s)	各个截面 L(cm) 点的输沙率 q(g/cm·min)										合计	平均值
	5	15	25	35	45	55	65	75	85	95		
2.2	34.55	43.74	35.35	38.73	48.71	41.38	31.19	32.00	39.73	26.54	371.92	37.19
距平/%	-7.10	17.61	-4.95	4.14	30.98	11.27	-16.13	-13.96	6.83	-28.64		
18.3	131.25	127.60	95.33	122.35	146.55	145.25	111.23	102.98	124.40	92.63	1199.57	119.96
距平/%	9.41	6.37	-20.53	1.99	22.17	21.08	-7.25	-14.15	3.70	-22.78		
24.4	247.60	262.43	229.55	257.73	290.58	257.83	207.45	184.50	227.95	218.78	2384.40	238.44
距平/%	3.84	10.06	-3.73	8.09	21.87	8.13	-13.00	-22.62	-4.40	-8.25		

资料来源：凌裕泉，1994。

沙粒运动形式和有效起沙风对输沙率的作用。在沙粒运动三种形式中,跃移输沙量约占 3/4,蠕移量约占 1/4,悬移质尚不足 5%。风沙运动起始于沙粒的蠕移,实验证实,沙丘沙的起动风速取 $V_t=5.0\text{m/s}$ 为最佳值,对输沙率有直接意义的风速是局地风速与起沙风速之差值(V_L-V_t)或摩阻流速与起动摩阻流速之差值(V_*-V_{*t}),称其为有效起沙风和有效起沙摩阻流速。

2)输沙率随高度层增大的变化特征

由表 3-13 可以清楚地看到,输沙率在随风速或有效起沙风迅速增大的同时,也随高度层的增大而增大。其可分为两种情况,即一是变化较大的层:0~10cm 层约占 0~60cm 高度层总沙量的 80%;0~20cm 层占 95%;0~30cm 层约占 99.0%。通常情况下,室内外采用机械式集沙仪测定输沙量的高度层 0~20cm(有时取 0~10cm)的精度已足够,由表 3-13 可见,对于 12.2m/s 风速来说 30cm 以上已无输沙量,对于 18.3m/s 风速来说 50cm以上也无输沙量。二是变化比较小的高度层,对于 24.4m/s 风速来说,0~40cm 层约占99.5%,0~50cm 层占 99.9%,0~60cm 层与 0~50cm 层只差 0.12%。

表 3-13　不同风速时不同高层输沙率的截面平均值及其实验式

V_L (m/s) q (g/cm·min) h/cm	12.2		18.3		24.4		实验式 $V_t=5.0\text{m/s}$	相关系数 R
	q_i	$q_i/\sum q_i$	q_i	$q_i/\sum q_i$	q_i	$q_i/\sum q_i$		
0~60					241.503	100.00	$q=8.95\times10^{-1}(V_L-V_t)^{1.9}$	0.9999
0~50			120.818	100.00	241.205	99.88	$q=8.97\times10^{-1}(V_L-V_t)^{1.9}$	0.9999
0~40			120.705	99.91	240.433	99.56	$q=9.03\times10^{-1}(V_L-V_t)^{1.9}$	0.9998
0~30	37.190	100.00	119.955	99.29	238.438	98.73	$q=9.18\times10^{-1}(V_L-V_t)^{1.9}$	0.9998
0~20	36.857	99.15	117.185	96.99	229.755	95.14	$q=9.63\times10^{-1}(V_L-V_t)^{1.8}$	0.9998
0~10	34.272	92.15	103.775	85.89	191.540	79.31	$q=1.110\times(V_L-V_t)^{1.7}$	0.9992

资料来源:凌裕泉,1994。

在上述实验条件下,在高为 60cm、宽为 100cm 的固定横截面上,针对每一风速共布置了 600 个测点,以每一测点 1cm×1cm 面积上的输沙率代表 1cm×10 cm 面积上的平均输沙率,最后求得 60cm×100cm 截面的总体输沙率。这是任何室内外集沙仪都难以比拟的高精度测定输沙率的实验方法,所以把这种输沙率定义为确定风速的最大可能输沙率,即输沙率的理论极限值是合理的。

3)输沙率与有效起沙风的关系

由于测量仪器和测定方法不同,各研究者得到的输沙率与风速之间的关系多种多样,彼此差异也相当大,其中 Bagnold 的理论计算公式最具代表性。

我们根据实验求得的输沙率与有效起沙风的关系为

$$q=8.95\times10^{-1}(V_L-V_t)^{1.9}\ (V_t=5.0\text{m/s}) \tag{3-9}$$

根据此式和相关的公式,特别是 Bagnold 的理论公式,$q=8.70\times10^{-2}(V-V_t)^3$,式中 $V_t=4.0\text{m/s}$,计算结果绘成图 3-47。由图 3-47 可以清楚地看到,利用公式(3-9)求得的输沙率比 Bagnold 理论公式 $q=8.70\times10^{-2}(V-V_t)^3$,$V_t=4.0\text{m/s}$ 的计算结果更接近实际情况。

Ungar 等建立的风沙流的理论模型给出的输沙率与摩阻流速之间呈幂次关系，但幂指数小于 Bagnold 预测的三次方，这与本实验结果相一致（凌裕泉，1994；拜格诺，1959；Ungar and Haff，1987）。

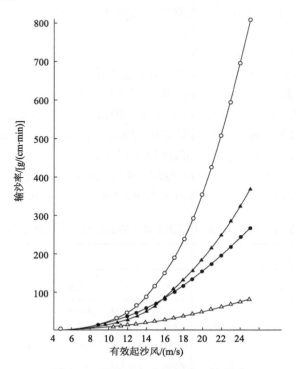

图 3-47　输沙率与有效起沙风的关系

○：Bagnold 资料，$q=8.70\times10^{-2}\,(V-V_t)^{3}$，$V_t$=4.0m/s

▲：风洞集沙仪资料（0～20cm），$q=2.76\times10^{-1}(V_L-V_t)^{2.4}$，$V_t$=5.0m/s

●：风洞横截面平均值（0～60cm），$q=8.95\times10^{-1}(V_L-V_t)^{1.9}$，$V_t$=5.0m/s

△：敦煌莫高窟资料（0～20cm），$q=5.03\times10^{-1}(V_L-V_t)^{1.7}$，$V_t$=5.0m/s（沙砾质戈壁）

　　不过，输沙率的直接测定同样具有特殊的作用和意义。例如，为了研究风沙流的垂直结构，直接测定不同风速时，就需要不同高度的输沙率。对比不同地段或同一地段不同部位的输沙率，或对比各种防沙工程效益时都需要直接测定输沙率。

　　表 3-13 的资料进一步证实风沙流是一种贴近地表的沙粒运动现象和运动过程。风沙流所搬运的沙物质量 95%稳定在 0～20cm 高度层内，99%稳定在 0～30cm 高度层内。

　　输沙率在横截面上具有明显的水平分布非均一性和随时间变化的非定常性。以风洞横截面的平均输沙率（600×3=1800 组资料平均值）代表输沙率的理论极限值——最大可能输沙率是合理有效的。

三、输沙量随高度分布规律——风沙流结构特征

（一）风沙流搬运层的高度

1. 风沙流搬运层高度的风洞实验结果

前面讨论了风洞实验条件下，流沙表面风沙流搬运层的最大可能输沙量（率）或输沙量（率）的理论极限值为 $Q=q \times T=8.95 \times 10^{-1}(V-V_t)^{1.9} \times T$，式中 $V_t=5.0$m/s。如果采用气象站测风高度的风速资料时，$V_t=6.3$m/s，$q=7.57 \times 10^{-1}(V-6.3)^{1.9}$，$T$ 为输沙总时间，实验结果表明，不同风速下沙物质搬运高度随平均风速增大而增大（表 3-14），而输沙量随高度迅速减小。由表 3-14 可以明显地看到，当平均风速为 12.2m/s 时，最大搬运高度为 30cm，0～10cm 的输沙量占 0～30cm 高度层总输沙量的 92.15%，0～20cm 占 99.15%，而 20～30cm 尚不足 1%；当平均风速为 18.3m/s 时，搬运高度上升到 45cm，此时 0～20cm 占 96.99%，20cm 以上仅占 3%；当 $V=24.4$m/s 时，搬运高度上升到 60cm，0～20cm 占 95.13%，20cm 以上尚不到 5%，而约 80% 的输沙量仍集中在 0～10cm 高度层内。沙漠地区的平均风速达到 24.4m/s 的可能性是极其微小的，甚至是极为罕见的。根据现有资料，沙漠地区常见平均风速多小于 12.2m/s。由此可见，把流沙表面风沙流主要搬运层定为 0～20cm 是比较有效合理的，这也与以往的研究结果一致。同时，也进一步证实风沙流是一种地表运动现象和物理过程。

表 3-14　不同风速时风沙流搬运层的高度和输沙量随高度分布特征（风洞资料）

V/(m/s)	0～10cm	10～20 cm	20～30 cm	30～40 cm	40～50 cm	50～60 cm	Q[g/(cm·min)]
12.2	92.15	7.00	0.85				37.190
18.3	85.89	11.10	2.29	0.62	0.09		120.818
24.4	79.31	15.82	3.60	0.83	0.32	0.12	241.503

2. 沙漠地区不同下垫面风沙流搬运层高度的测定

风沙流搬运层高度主要依赖风速和沙粒跃移特征，同时还受到下垫面性质和地形起伏程度的影响（表 3-15）。

由表 3-15 可以清楚地看到，当 2m 高度平均风速为 10.3m/s 时，流沙表面风沙流搬运高度可以达到 120cm，不过 0～10cm 仍占 78.25%，0～20cm 占 92.23%，与风洞实验条件下最大风速时的结果较为接近。这是由于野外条件下的气流具有湍流性质，不同尺度的涡旋的作用可将少量的沙物质卷入较高的高度，颗粒越小上升越高。特别是冷空气活动频繁形成冷锋过境时，这种作用更为明显，不过这部分沙量是相当小的，不至于造成严重沙害（图 3-48）。

表 3-15 提供了沙漠地区几种常见下垫面的风沙搬运层高度。在非流沙表面上，当 2m 高度风速为 10m/s 左右，风沙搬运层的高度同样可以达 120cm 左右，而且低层沙量远小于流沙表面，但输沙率（量）却明显减小。导致此结果的原因有二：一是非流沙床面

表 3-15　沙漠地区不同下垫面风沙流搬运层高度及相应输沙量情况 (根据新疆交通科学研究院资料)

地表性质	V/(m/s)	0～10cm	10～20 cm	20～30 cm	30～40 cm	40～50 cm	50～60 cm	60～70 cm	70～80 cm	80～90 cm	90～100 cm	100～110 cm	110～120 cm	q[g/(cm·min)]
								Q/%						
流沙	10.3	78.25	13.98	3.42	1.05	0.88	0.63	0.42	0.34	0.31	0.26	0.25	0.21	33.35
沙质戈壁	10.1	46.34	17.60	7.04	5.35	4.53	3.69	3.56	3.41	3.01	2.40	1.50	1.30	13.21
沙砾质戈壁	9.7	51.74	19.46	6.44	4.41	3.84	2.70	2.47	2.34	2.27	1.84	1.44	1.05	7.49
砾质戈壁	9.5	47.99	14.16	7.46	5.87	4.84	4.19	4.07	2.66	2.45	2.26	2.14	1.91	5.11
淤积光板地	9.6	49.56	18.02	7.63	3.85	3.27	2.98	2.98	2.69	2.62	2.62	1.96	1.82	3.48

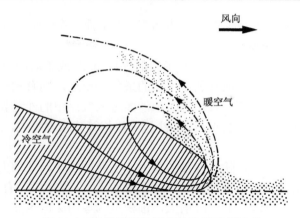

图 3-48　冷锋附近气流或风沙流运动形式

的自身无足够的沙源，是属于来自上风向的过境风沙流，此种风沙流是一种不饱和的风沙流；二是非流沙地表相对坚硬而稳定，有利于跃移沙粒反弹到更大的高度上。这种性质是制定防沙治沙方案的重要科学依据。

（二）输沙量随高度分布规律——风沙流结构特征

流沙表面风沙流中固体颗粒含量主要与有效起沙风（$V-V_t$）有关，而输沙量在气流中的空间分布特征却直接影响到风沙流运动的稳定性及其对沙面风蚀和堆积过程的发展和变化。因此，深入地研究这种特征和过程不仅具有重要的理论意义，而且对于防沙实践也具有指导作用。起初研究风沙流结构特征是从 0～10cm 高层开始的，人们发现气流中搬运的沙子在搬运层内随高度的分布是随着气流速度、进入气流中的沙子数量、地表性质等的不同有所变化。

根据室内外观察资料的分析，裸露沙地上 0～10cm 搬运层内的风沙流结构有如下基本特征：

（1）各气流速度和沙量条件下，高程与含沙量（或%）对数尺度之间具有良好的线性关系，表明含沙量随高度分布遵循着负指数函数关系。

（2）随着风速的增加，下层气流中沙量（%）减少（绝对值仍增加），相应地增加了上层气流中搬运的沙量（绝对值和相对百分比值都增加）。

（3）风沙流结构特征值（λ）与吹蚀、堆积的关系。根据 А.И.兹纳门斯基的研究，及我们野外观察，证实在 10cm 高度气流层内，1～2cm 层的沙量，在各种风速下稳定在总沙量的 20% 左右。平均情况下，此层上、下层的沙量各占 40%。这就有可能通过这两层沙量比值 $\lambda=\dfrac{Q_{3-10}}{Q_{0-1}}$（为无量纲参变数）来讨论上、下层沙子饱和的程度，并以此查明有利或不利吹蚀或堆积的条件。

λ 值随着风速（V）增大而增大（图 3-49），表明随着风速的增大，一方面气流搬运沙子的能力增大；另一方面，风速增大，气流地上升力也增大，有利于沙粒在高处搬运，易于造成吹蚀。这也就解释了为什么新月形沙丘顶部在较低风速时，一般处于堆积状态（λ

值小于 1 或近于 1)，而随着风速的进一步增强，处于强风作用时则发生吹蚀现象(λ 值大于 1)。

λ 值随着沙量(Q)的增大而减小，在确定的气流速度(或搬运能力)条件下，增加沙量就增加了气流的能量消耗，造成有利于堆积的条件；反之，则有利于搬运或吹蚀。平均情况下，λ 值接近于 1(令 $\lambda=1$)，表示这时由沙面进入气流中的沙量和从气流中落入沙面的沙量，以及气流的上、下层之间交换的沙量近似相等或相差不大，沙子在搬运过程中，无吹蚀亦无堆积现象发生。

这表明，在风速确定时，随着沙量的增大，气流的能量消耗增大，从而有利于沙堆积；反之，有利于吹蚀。而沙量确定时，随风速增大，λ 值增大，有利于吹蚀发展。

不过，随着风速和供沙量的同时增大，蚀积量为零的 λ 值也随之有所增大，可达到 1 以上。如图 3-49 所示，(3)号供沙板处，蚀积量为零的 λ 值为 0.99，(7)~(20)号供沙板处为 0.80~1.1，也近于 1，图 3-49 中的虚线上升到最高点，从(33)号开始虚线走势明显下降，这表明每一风速对沙物质的搬运能力是有限的，超过极限的沙量只能以积沙形式保留在沙面上。

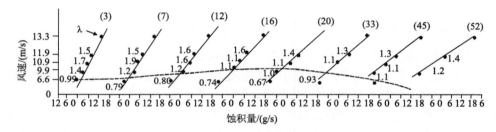

图3-49　不同给沙条件下沙面蚀积量与风速(V)，风沙流结构特征值(λ)之间的关系(根据文献图 2 改绘)
()内数字代表供沙板号；图上数字代表风沙流结构特征值(λ)；虚线为 $\lambda=1$ 的等值线

当 $\lambda<1$ 时，表明沙子在搬运过程中向近地表层贴紧，下层沙量增加很快，处于饱和状态，从而有利于沙粒从气流中跌落堆积。例如，新月形沙丘顶部在一般风速下，λ 值均小于 1(或近于 1)，而实际上我们在这里所观察到的也正是沙子的堆积过程。

当 $\lambda>1$ 时，又有两种情况：①有充分沙源时(如裸露的沙土质农田地表和强风时新月形沙丘顶部)，表明下层处于未饱和状态，气流尚有较大搬运能力，有利于吹蚀。②对于无充分沙源的非流沙的光滑坚实下垫面(如砾石戈壁)来说，由于产生的沙粒(主要是过境的沙子)强烈地向高处弹跳，进而增加了上层气流中搬运的沙量，使下层处于未饱和状态。所以，这时的 λ 值大于 1 乃标志着形成所谓非堆积搬运的条件。

必须指出，自然条件下引起吹蚀和堆积过程与 λ 值的关系是极其复杂的。因此，所讨论的风沙流结构的特征值(λ)只能是用来定性地标识和判断沙物质吹蚀和堆积的过程发展的趋势。

(三)不同下垫面上风沙流结构特征

随着风沙物理学研究的深入和防沙治沙实践经验的积累,关于输沙量随高度分布,特别是各种非流沙下垫面上的输沙量随高度分布规律的实测资料也得到很好的积累。其特点为:其测量高度一般都升至 100cm 以上,不过更多的还是 0~20cm 的资料。这就有可能探讨风沙流结构的宏观规律。

1. 不同下垫面的输沙量(率)

常见非沙质地表的风沙流多属于过境风沙流。由于地表组成不是单一的沙物质或者沙源有限,因此过境风沙流的颗粒浓度处于不饱和状态,风沙流的运动过程多处于非堆积搬运状态,而且风沙流的搬运高度也比流沙表面来得大。运动的风沙流对地表的风蚀或磨蚀作用较强,往往造成不同程度的风蚀。当然,也常常由于地表的起伏较大或者由于障碍物的作用,沙物质堆积。这种积沙尺度较小,形态简单和多变,而且极不稳定。

总的说来,在沙质地表,由于风沙流形成的沙害主要是沙物质的堆积,如沙片和沙舌等。这种风蚀和积沙过程是极不平衡的,除了受到更大尺度的地形起伏、风速和沙物质作用之外,还受到大气边界层中不同尺度的涡旋作用,以及区域性的特定环流的作用。可导致更大尺度的沙物质堆积体的形成,如不同形态的沙丘的形成。

由表 3-14 和表 3-15 可以明显地看到,平均风速约为 10m/s 时,各种下垫面的输沙率与流沙相比,其差异是悬殊的。

2. 不同下垫面输沙量随高度分布规律

1)流沙表面风沙流结构特征

(1)风洞中 0~20cm 高度风沙流结构与风速的关系见图 3-50(a)和图 3-50(b)。由图 3-50 可以清楚地看到,当平均风速由 7.4m/s 增大到 17.3m/s 时,0~2cm 层输沙量由 50% 减至 25%,也就是说,风速增大 2.3 倍而输沙量减少了一半。风沙流运动过程趋于极不稳定状态,同时对地表产生强烈的风蚀作用。

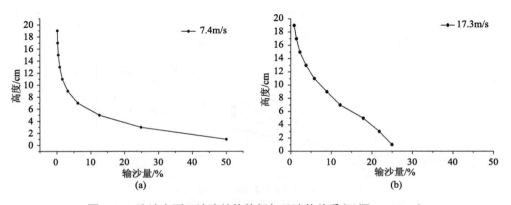

图 3-50　流沙表面风沙流结构特征与风速的关系(风洞 0~20cm)

（2）野外流沙 0～120cm 高度层内沙流结构特征。由表 3-15 和图 3-50、图 3-51 可以清楚地看到，流沙表面 0～120cm 高度层内，平均风速为 10.3m/s 时，0～10 cm 高度层内输沙量为 78.25%，与 0～70cm 高度层内平均风速为 9.8m/s 时，0～10cm 的输沙量为 79.32%十分接近，表明在流沙表面测定输沙量时，其测定高度并不需要太大。

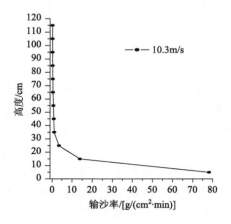

图 3-51　0～120cm 流沙表面风沙流结构

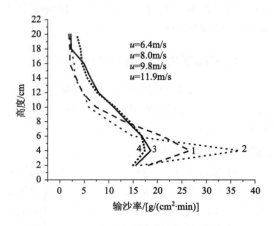

图 3-52　沙砾质戈壁输沙率随高度分布的
野外实测结果

资料来源：新疆交通研究所

2）戈壁表面风沙流结构特征

屈建军对莫高窟顶戈壁风沙流进行野外实测发现：戈壁风沙流结构具有与沙漠风沙流完全不同的特征。戈壁风沙地表的粗糙度随风速的增大而增加，其表面风沙流输沙量高度分布表现出独特的"象鼻"效应。新疆交通科学研究院也发现这一相同的现象（图 3-52），屈建军等进行的风洞实验结果表明，戈壁表面上风速与高度的对数值呈正相关，且地表粗糙度随风速的增大而增加（图 3-53）。

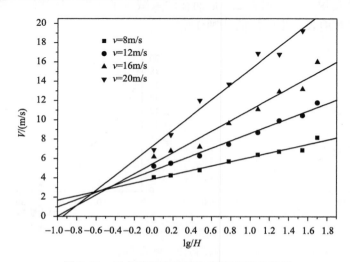

图 3-53　近戈壁地表风速与高度之间的关系

　　输沙量最大值及其出现的高度随风速的增加而增加。风洞实验结果发现，当风洞轴线风速 v =8m/s 时，垂直高度上的输沙率最大值0.234g /(cm^2·min) 出现在 1～2 cm 高度；当风洞轴线风速 v =12m/s 时，垂直高度上的输沙率最大值 1.87 g/(cm^2·min) 出现在 3～4 cm 处；当风洞轴线风速 v =16m/s 时，垂直高度上的输沙率最大值 9.9 g/(cm^2·min) 出现在 4～5 cm 处；当风洞轴线风速 v =20m/s 时，垂直高度上的输沙率最大值 21.0 g/(cm^2·min) 出现在 5～6 cm 处（表 3-16）。砾质戈壁风沙流输沙率这种独特性质产生的根本原因在于其地表主要由砾石及粗沙组成，地面紧实程度远高于流沙地表，具有刚性，跃移沙粒与戈壁地表之间的碰撞近似弹性碰撞，地表沙粒的起跳初速度和起跳角均较大，沙粒弹跳高，分散在较高的空间，利用高层气流能量多；相反，对于流沙地表，跃移沙粒与地表之间的碰撞近似非弹性碰撞，地表沙粒的起跳初速度和起跳角均较小，沙粒弹跳低，利用高层气流能量相对较少。这就是砾质戈壁过境风沙流与平坦沙地存在差异的根本原因。

表 3-16　戈壁风沙流结构特征值

风速/(m/s)	8	12	16	20
输沙量最大值[g/(cm^2·min)]	0.234	1.87	9.9	21.0
输沙量最大值出现的高度/cm	1～2	3～4	4～5	5～6
$\lambda = Q_{2\text{-}10}/Q_{0\text{-}1}$	15.74	58.63	18.74	59.67

　　风沙流在输运过程中，粒度特征在垂直方向上发生空间分异。图 3-54 表明，当风速 <12m/s 时，>0.1 mm 沙粒数量百分比在跃移层内随高度的增加而增大，相应地，<0.1 mm 沙粒数量百分比在跃移层内随高度的增加而减小；当风速大于 16 m/s 时，>0.1 mm 沙粒数量百分比在跃移层内随高度的增加而减小，小于 0.1 mm 沙粒数量百分比在跃移层内随高度的增加而增大。

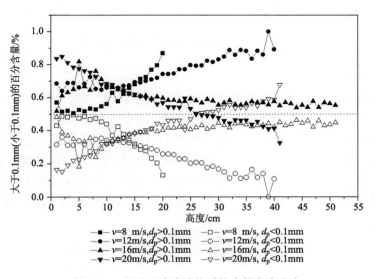

图 3-54　戈壁风沙流沙物质粒度的高度分布

　　描述风沙流输运过程的另一个重要变量是风沙流结构特征值 λ。当 $\lambda>1$ 时，风沙流处于未饱和状态，气流具有较大的搬运能力，在沙源充分时有利于吹蚀，而对于无充分沙源的戈壁地面乃是形成非堆积搬运条件的重要标志(图 3-55)。表 3-16 表明，当风洞轴线风速分别为 8 m/s，12 m/s，16 m/s，20m/s 时，λ 值分别为 15.74、58.63、18.74 和 59.67。显然，戈壁风沙流结构特征值 λ 远大于 1，不论风速多大，风沙流都处于未饱和状态。利用戈壁风沙流结构的这种性质，通过人工铺设砾石等手段，在流沙区制造非堆积搬运条件，可使防沙工程达到人们多年来期望的非堆积的输导功能。

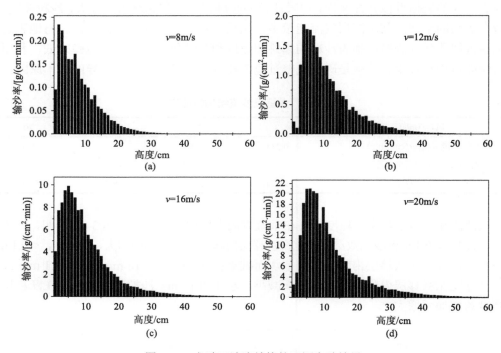

图 3-55　戈壁风沙流结构的风洞实验结果

3）淤积光板地的风沙流结构

　　淤积光板地分布在沙漠河流冲洪积平原或河漫滩地段，地表物质为黏性土，自身无沙源，风沙流性质仍属于过境风沙流。不过在强风沙流的长期作用下，局部地段强烈的地表风蚀，往往形成不同尺度的风蚀坑，地形的改变又使风沙流夹沙停积。淤积光板地上 0～120cm 高度层输沙量随高度分布特征如图 3-56 所示。在沙漠地区，各种非流沙下垫面多是人工构筑物，如道路路面、机场跑道等，它们与淤积光板地有着类似的性质。因此，对于淤积光板地风沙流性质、强度及其风沙流结构的研究，将会为工程建设与沙害防治提供更为有价值的科学依据。

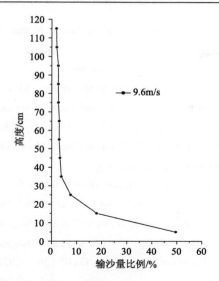

图 3-56　淤积光板地 0～120cm 风沙流结构

参 考 文 献

拜格诺. 1959. 风沙和荒漠沙丘物理学. 北京: 科学出版社.

李后强, 汪富泉. 1993. 分形理论及其在分子科学中的应用. 北京: 科学出版社.

凌裕泉, 刘绍中, 吴正. 1998. 风成沙纹形成的风洞模拟研究. 地理学报, 65(6): 520.

凌裕泉, 吴正. 1980. 风沙运动的动态摄影实验. 地理学报, 2: 80-87.

凌裕泉. 1994. 输沙量(率)水平分布的非均一性. 实验力学, 9(4): 5.

凌裕泉. 1997. 最大可能输沙量的工程计算. 中国沙漠.

刘绍中, 杨绍华, 凌裕泉. 1985. 沙粒跃移模型及其数值分析. 计算物理, (4): 61-71.

萨顿, 徐尔灏. 1959. 微气象学. 北京: 高等教育出版社.

王元, 张鸿雁. 1994. 大气表面层与风沙现象相似参数的研究. 中国沙漠, 14(1): 10-16.

吴正. 1987. 风沙地貌学. 北京: 科学出版社.

谢胜波, 屈建军, 俎瑞平, 等. 2012. 沙漠化对青藏高原冻土地温影响的新发现及意义. 科学通报, 57(6): 393-396.

谢应钦. 1995. 中国科学院青藏高原综合观测研究站观测年报. 兰州: 兰州大学出版社.

姚正毅, 陈广庭, 韩致文, 等. 2001. 塔克拉玛干沙漠腹地风沙土的力学性质. 中国沙漠, 21(1): 31-36.

赵性存. 1988. 中国沙漠铁路工程. 北京: 中国铁道出版社.

周幼吾. 2000. 中国冻土. 北京: 科学出版社.

A. H. 巴特勒雪夫. 1959. 流体力学(下册). 戴昌晖等译. 北京: 高等教育出版社.

Bhumralkar C M. 1975. Numerical experiments on the computation of ground surface temperature in an atmospheric general circulation model. Journal of Applied Meteorology and Climatology, 14(7): 1246-1258.

C. A. 萨鲍日尼科娃. 1955. 小气候与地方气候. 江广恒等译. 北京: 科学出版社.

Lyles L, Krauss R K. 1971. Threshold velocities and Initial Particle Motion as Influenced by Air Turbulence. Amer Soc Agr Eng Trans ASAE.

Oke T R. 2002. Boundary layer climates. New York: Routledge.

Ungar J E, Haff P K. 1987. Steady state saltation in air. Sedimentology, 34 (2) : 289-299.

Wang S L , Zhao X M . 1999. Analysis of the ground temperatures monitored in permafrost regions on the Tibetan Plateau. Journal of Glaciolgy And Geocryology, 21 (4) : 351-356.

White B R, Greeley R, Leach R N, et al. 1987. Saltation threshold experiments conducted under reduced gravity conditions//Aiaa Aerospace Sciences Meeting.

White B, Schulz J. 1977. Magnus effect in saltation. Journal of Fluid Mechanics, 81 (3) : 497-512.

Yang K, Koike T. 2005. Comments on "estimating soil water contents from soil temperature measurements by using an adaptive Kalman Filter". Journal of Applied Meteorology, 44 (4) : 546-550.

Zhang Q, Huang R. 2004. Water vapor exchange between soil and atmosphere over a Gobi surface near an oasis in the summer. Journal of Applied Meteorology, 43 (12) : 1917-1928.

第四章　风成床面形态形成和运动

沙漠地区的床面主要由沙丘沙组成，通常在近地面风场的作用下该床面会形成的基本床面形态——沙波纹。在自然条件下很难完成对沙波纹形成过程的观测研究。而我们在野外所见到的沙纹只是其发展过程中的一个特定的阶段。研究表明，风成沙纹能够在风洞实验条件下重演，这就为风成床面形态的形成、演变及其运动的研究提供了极大的方便。为此，我们在中国科学院兰州沙漠研究所的直流闭口吹气式低速环境风洞中，对沙波纹床面形态的发生、发展的全过程进行了全面系统的实验研究，取得较为满意的结果(凌裕泉等，1998)。

一、实验条件

(1)风洞技术参数。风洞实验段截面积为100cm×60cm；实验段长16.32m；实验风速0～40m/s。

(2)床面设置。考虑到沙粒跃移特点，沙床将全部置于风洞附载层上，床面长6～8m，铺沙厚4～5cm。床面上游顶端距实验段入口约为3m。

(3)实验风速与输沙量的测定。风速采用置于床面末端($x=10.5$m)的数码瞬时风速仪测定该点设定时段的平均风速。距床面末段20cm处设置两台(0～10cm)集沙仪测定相应的输沙量。

(4)实验用沙。采用以细沙为主的腾格里沙漠沙丘沙和以极细沙为主的塔克拉玛干沙漠沙丘沙，以及经筛选选定的粒级单一细沙和少量极细沙、中沙及粗沙。

(5)沙纹形态记录。采用照相机记录典型沙纹形态、摄像机记录其动态过程，并采用直接测定法和近景摄影法确定沙纹几何参数和沙纹移动速度。

二、结果分析

(一)沙纹形态特征

在自然界，环境条件千变万化，致使沙纹千姿百态。但其基本形态还是相对稳定的，并能在野外和风洞条件下重演。

1. 沙纹基本形态

风成沙的沙纹最基本和最简单的形态是具有明显的波状，波脊相对平直且相互平行(图4-1、图4-2)。沙纹波长最小值为2.4cm、最大值为30cm，最常见的为7.5～15.0cm；沙纹高度为0.3～1.0cm。通常采用沙纹指数RI=沙纹长度(L)/波高(Δh)和沙纹对称指数RSI=沙纹迎风面坡长投影(L_1)/背风坡面投影(L_2)，表征沙纹的波状特征。表4-1、表4-2分别列出了风洞试验和野外量测的沙纹参数。其具有如下特征：① 沙纹波长随风速(或输沙率)增大而增大(表 4-1);② 在沙纹发育阶段,沙纹波高随风速缓慢增大,当风速超过某一临界值(大约 11.0m/s)时,波高随风速增大而有所减小,沙纹开始消亡;③ 沙纹对称指数 RSI 值随风速变化不大 ,而且沙纹形态表现出明显的不对称性;④ 沙纹指数 RI 随风速增大而增大,风洞沙纹指数 RI 值比野外相应尺度的沙纹大一些,表明风洞沙纹更为扁平些。其原因是,自然条件下的气流紊流度大于风洞,而且风速具有明显的阵性变化。野外风沙流的"波粒二重性"中的波动性更为突出,而风洞中的粒子性表现更为明显。这就是风洞实验与野外的差别所在。

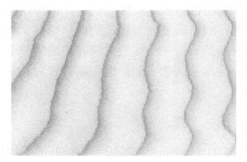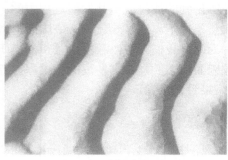

图 4-1　波状沙纹(野外)　　　　　图 4-2　波状沙纹(风洞)

V_t=5.0m/s, V_L=7.5m/s, 吹沙 30min, $\bar{d}$ =0.101mm

表 4-1　风洞沙纹参数

L/cm	L_1/cm	L_2/cm	Δh/cm	RSI=$L/\Delta h$	RSI=L_1/L_2	V_L/(m·s)	q/[g/(cm·min)]	$\bar{d}$ /mm
8	4.6	3.4	0.50	16.0	1.35	7.5	1.935	0.179
10	5.8	4.2	0.60	16.7	1.38	8.4	6.453	0.179
12	6.8	5.2	0.70	17.1	1.31	9.5	9.673	0.179
14	7.9	6.1	0.80	17.5	1.30	11.1	19.779	0.179
18	10.1	7.9	0.90	20.0	1.28	12.7	33.217	0.179
20	11.6	8.4	0.90	22.2	1.38	13.1	46.732	0.179
29	17.2	11.8	0.85	34.1	1.46	13.9	56.972	0.179

注:q 为输沙率;$\bar{d}$ 为平均粒径;V_L 为实验区平均风速。下同。

表 4-2　野外沙纹参数

L/cm	L_1/cm	L_2/cm	Δh/cm	RSI=$L/\Delta h$	RSI=L_1/L_2	$\bar{d}$ /mm
5	3.0	2.0	0.50	10.0	1.50	0.127
10	5.9	4.1	0.70	14.3	1.44	0.127
12	7.0	5.0	0.80	15.0	1.40	0.127
14	8.4	5.6	0.90	15.6	1.50	0.127
17	10.0	7.0	0.90	18.9	1.43	0.127
21	12.5	8.5	1.10	19.1	1.47	0.127
27	16.0	11.0	1.20	22.5	1.45	0.127

2. 变态与衍生沙纹

风成沙纹形态是复杂多样的，但其大多数都是由沙纹基本形态变态（图 4-3）、分解与再组合而成，或衍生出新的沙纹形态（图 4-4）。不过，这些沙纹形态的出现往往具有很大的随机性，重演的可能性相当小。

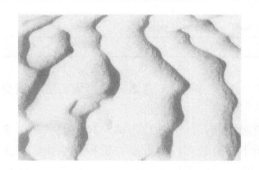 

图 4-3　变态沙纹

V_t=5.0m/s，V_L=8.3m/s，吹沙 8 min，d=0.101mm

图 4-4　衍生沙纹（新月形）

V_t=5.0m/s，V_L=7.8m/s，吹沙 15min，$\bar{d}$=0.101mm

3. 不同床面交界处的沙纹形态

在细质沙床（中、上游）与粗质沙床（下游）床面交界处，沙纹形态会出现新的变化（图 4-5），床面性质的改变，即中、上游饱和风沙流到达粗质床面变为不饱和风沙流，导致沙纹长度增大。输沙量水平分布的非均一性作用，又加速了原有沙纹的变态、解体与重新组合。

图 4-5　粗、细床面交界处沙纹（新月形）

V_t=5.0m/s，V_L=7.9m/s，吹沙 10min，$\bar{d}$=0.101mm

（二）沙纹形成条件

1. 风况与沙纹

自然界风况是复杂多变的，具有明显的紊动性和阵发性。风况应包括风向、风速、出现频率和持续时间 4 个要素。

（1）沙粒起动风速 V_t 值在风沙现象研究中占有重要地位。表 4-3 列出了各种实验用沙的 V_t 实验值。可以清楚地看到，>0.1mm 沙粒的起动风速随粒径增大而增大，且单一粒级的沙粒起动值约大于优势粒级相近的天然混合沙。

表 4-3　不同粒配的沙粒起动风速　　　　　　　（单位：m/s）

	单一粗沙 1.000～0.500mm	单一中沙 0.500～0.250mm	单一细沙 0.250～0.125mm	单一极细沙 0.125～0.063mm	混合粗沙	细沙丘沙
V_t	14.3	10.2	6.0	10.5	12.9	5.0

（2）风速大小及其持续时间与沙纹形成。单一风向条件下，基本沙纹形态形成与演变过程的实例分析如下。

例1　表 4-4 中给出了以极细沙为优势粒级的沙丘沙的沙纹形成与风速的关系。平均起动风速 V_t=5.0m/s，当 V_L=5.5m/s 时，床面下游有较多沙粒起动，但很快中止，尚无明显沙纹形成。V_L=6.4m/s 时，床面中、下游沙粒蠕移明显并兼有少量沙粒跃移，床面运动是以蠕移为主的低浓度饱和风沙流运行。研究指出，风沙运动具有"波粒二重性"（李后强和艾南山，1992），这一阶段风沙运动尚处于气流波动作用强于粒子作用状态。风沙流与床面物质交换仍以床面堆积为主，沙粒分选作用明显，下游开始形成细微沙纹并逐渐向中游扩展，不过上游 1.2m 范围内并未形成沙纹。这一过程持续 20min，可视为沙纹形成阶段。当风速升至 V_L=7.5m/s 时，床面蠕移和跃移强度均明显增强，而且二者近于平衡状态，或者说"波粒二重性"达到最佳状态，沙纹发育明显且形态相对稳定，这一过程可视为沙纹发育阶段。当 V_L=9.1～10.8 m/s 时，沙纹继续增大且形态开始演变，即变态、分解与重新组合。或者说是粒子作用超过气流波动作用，蠕移明显加快过渡为床面底层跃移，气流与粒子流的波动作用都明显增大，并形成正弦波共振，最后导致沙纹消亡，这就是沙纹演变消亡阶段。为证实风沙流对床面作用的"波粒二重性"，我们多次做了一种简单的实验，即在铺平的沙质床面上，采用一个平直的板条，首先接触沙面并沿着沙面急速滑动，结果沙面的沙粒由于滑动作用，只能产生沙粒的机械振动而形成床面不规则的微小起伏，没有气流或风沙流的波作用，故难以形成沙纹（凌裕泉等，1998）。

表 4-4　混合物沙丘沙的沙纹形成和演变过程与风速 V_L 的关系

V_L /(m/s)	t /min	q /[g/(cm·min)]	L /cm	L_1 /cm	L_2 /cm	Δh /cm	RSI	RI	沙粒运动形式与沙纹形态特征
4.8	5	—	—	—	—	—			不起沙的原始床面
5.5	5	0.240	—	—	—	—			下游较多沙粒开始滚动，但很快中止，未形成沙纹
6.4	20	1.696	10.5	6.5	4.0	0.50	1.63	21.0	1～2cm 形成蠕移兼有跃移沙流层。下游沙纹明显，中游沙纹细微、形态多样，接近自然界的沙纹特征，上游未形成沙纹

续表

V_L /(m/s)	t /min	q /[g/(cm·min)]	L /cm	L_1 /cm	L_2 /cm	Δh /cm	RSI	RI	沙粒运动形式与沙纹形态特征
7.5	20	5.104	16.0	10.0	6.0	0.70	1.60	22.9	风沙流浓度增大，沙流层3～5cm，沙纹增大形态演变迅速，具有明显横向新月形链状沙纹，单个新月形沙纹和反向新月形沙纹特别发育
9.1	20	13.065	22.0	13.5	8.5	0.80	1.59	27.5	风沙流浓度继续增大，沙流层5～8cm，沙纹在增长，形态特征基本同上
10.8	20	25.254	28.5	17.8	10.7	0.80	1.66	35.6	风沙流浓度继续增大，沙纹长度增大，但高度稳定不变。形态不再发展，跃移层7～9cm
13.9	10	56.972	33.0	20.0	13.0	0.80	1.54	41.3	风沙流浓度继续增大，跃移层超过10cm，沙纹轮廓模糊，开始消失
17.8	6	113.638	—	—	—	—	—	—	风沙流浓度继续增大，跃移层超过15cm，沙纹完全消失

注：风洞试验试验参数：床面长6.0m，厚4～5cm，V_t=5.0m/s。

例 2　单一粒级细沙的沙纹形成和演变过程与风速 V_L 的关系（床面长 6m，厚 4～5cm，V_t=6.0m/s）。从沙纹形成与演变过程来看，单一粒级细沙与以极细沙为优势粒级的沙丘沙相差不多。其差别在于与单一粒级细沙起动风速增大到 V_t=6.0m/s 时，沙纹形成的时间稍有推迟，但沙纹形态基本一致且沙纹波动特征更为明显、分布更为均一、对称性较好。

其实，沙纹形成和演变过程并无明显阶段性可言，因为沙纹的形成与风沙流的作用具有较好的同步性。对于以极细沙为优势粒级的沙丘沙而言，其全过程是在 V_L=6.4～17.8m/s 范围内完成的，持续时间为 96min。对于单一细沙来说，其过程是在 V_L=7.5～17.9m/s 风速范围内完成的，持续时间为 81min（凌裕泉等，1998）。

表 4-5　单一粒级细沙（0.250～0.125mm）的沙纹形成和演变过程与风速 V_L 的关系

V_L /(m/s)	t /min	q /[g/(cm·min)]	L /cm	L_1 /cm	L_2 /cm	Δh /cm	RSI	RI	沙粒运动形式与沙纹形态特征
4.5	5	—	—	—	—	—	—	—	不起沙的原始床面
5.5	5	—	—	—	—	—	—	—	下游个别沙粒开始滚动，并立即中止
6.5	5	0.240	—	—	—	—	—	—	床面中下游较多沙粒开始滚动，并立即中止，但未形成沙纹
7.5	21	1.934	8.0	4.4	3.6	0.40	1.22	20.0	床面沙粒普遍蠕移，少量沙粒跃移，分选作用明显。从下游开始形成沙纹，并逐步向中游扩展，上游1.5m内无沙纹，21min后，沙粒运动中止。沙纹形态单一，较为均匀对称

续表

V_L /(m/s)	t /min	q /[g/(cm·min)]	L /cm	L_1 /cm	L_2 /cm	Δh /cm	RSI	RI	沙粒运动形式与沙纹形态特征
8.4	22	4.723	10.0	5.5	4.5	0.60	1.22	16.7	风沙流浓度继续增大，沙流层 3～4cm。蠕移和跃移强度近于平衡，沙纹发育明显而稳定。上游 1.5～2.0m 出现吹蚀沙纹或吹蚀槽，22min 后，由于床面粗化，大部分沙粒运动中止
9.5	10	9.673	12.0	6.8	5.2	0.80	1.31	15.0	跃移增强，风沙流浓度明显增大，沙流度 5～7cm，沙粒蠕移和沙纹移动加快，沙纹高度稳定，上游 1.5～2.0m 形成明显的吹蚀沙纹
11.1	10	19.779	13.5	7.5	6.0	0.90	1.25	15.0	风沙流浓度继续增大，沙流层 7～9cm。沙纹增长，但高度稳定不变，上游风蚀增强，部分洞底露出
12.6	10	32.282	16.0	8.8	7.2	0.80	1.22	20.0	风沙流浓度继续增大，跃移层 9～11cm 占绝对优势，沙纹长度增大，但高度开始减少，上游床面全部被吹光
14.7	6	54.564	22.0	11.7	10.3	0.80	1.14	27.5	风沙流浓度继续增大，跃移层 10～15cm。沙纹长度明显增大，高度变化不大，沙纹变得平缓并开始消亡，风蚀向中游扩展
17.9	2	98.938	—	—	—	—	—	—	沙纹全部消失

2. 沙粒级配的作用

实验结果表明，单一细沙形成的沙纹形态较为单一，波状明显且分布均匀；混合沙丘沙所形成的沙纹形态复杂多样，尤其是以极细沙为主的沙丘沙，其沙纹形态比以细沙为优势粒级的沙丘沙更为复杂(图 4-6)。其中，以极细沙为主的沙丘沙在形成沙纹形态过程中既有粒配的作用，也有物质组成的影响。在进行单一极细沙、中沙和粗沙实验时，均未形成明显沙纹。其原因可能有两方面：一是床面分选作用明显减弱；二是沙量太少，床面太短。可见，沙粒级配在沙纹形成过程中起到极其重要的作用，而且以细沙或极细沙为主的天然沙丘沙是风成沙纹形成的最佳粒配。

图 4-6　极细沙为主的沙丘沙的沙纹

V_L=6.4m/s，吹沙 20min

3. 沙床长度与床面粗糙度的作用

当风速增大并超过起动值时，沙粒滚动在床面不同地点发生。沙粒运动起始于床面下游一端，风速不变而持续时间加长或随风速增大，都能导致沙粒开始运动地点逐步向中上游移动并依次形成沙纹。不过，即使在最高风速下，床面下游沙纹已经开始消亡，而在上游一端大约 1.2m 床面内，始终不能形成床面蠕移，难于形成沙纹，该段床面将随风速增大而强烈风蚀，直至床面消失。Bagnold（1954）发现这一特征，并分别确定该段长度为 1ft（1ft=0.3048m）和风洞截面直径 1 倍左右。同时，该段床面与整体床面长度及其在风洞中设置部位关系不大，但整体床面有效长度不宜太短，一般应保持在 6 倍～8 倍风洞实验段截面高度较为合适。这与附面层性质和沙粒跃移特征有关。

在平坦床面上，沙粒开始运动之前，其平均粗糙度 $Z_0=0.007cm$；沙粒运动直至床面沙纹形成时，其粗糙度增至 $Z_0=0.093cm$。实际上，当床面形成高浓度饱和风沙流时，尚存在一个动力粗糙度，其值约比几何粗糙度大 1 个数量级，直接沙纹的形成。

（三）风成沙纹的形成机制

近年来，风沙运动作为气－固两相流的一个分支，已经受到有关学者的重视。有关风成沙纹形成机制研究，其论点与假说较多，诸如冲击成因、分选成因、波动成因与风沙流变密流体成因等。纵观并剖析这些论点，似乎各有一定道理，但又难以用某一论点对沙纹形成机制作出令人满意的解释。鉴于此，从沙纹形成条件入手，以实验为依据，并结合风沙运动基本特征，建立风成地貌形态成因的"波粒学说"——风沙运动的波粒二重性的作用是合理的。

风沙运动是一种特殊的气－固二相流系统，风沙流是分散介质的跃移流，气流与沙粒运动是不同步的，并存在一个明显的相对速度，沙粒运动速度几乎比气流速度小一个数量级。因为跃移沙粒同时在迅速旋转，运动轨迹具有螺旋形特征，旋转跃移的沙粒需要消耗较多的气流能量，这就是文献[6]所提到的规范方程即 KdV-Burgers 方程中的耗散项（$V\dfrac{\partial^2 U}{\partial X^2}$）所造成的能量损失。因此，风沙运动具有特殊的波粒二重性。

（四）结论

（1）风成沙纹是内陆干旱沙漠和海岸沙丘的流沙表面在风力作用下形成的一种独特的自然现象，是风沙流与床面作用时的伴生床面形态。风成沙纹是一种普遍的床面运动形式与风沙地貌微形态。其形成、演变与消亡过程，与近地跃移层的湍流结构特征，沙粒级配、形状及其物质组成，风向、风速及其持续时间等关系极为密切。

在沙质床面上，沙波纹是风沙流与床面作用时的伴生床面形态，也就是说，凡是有风沙流的地方必然会形成沙波纹，这是一个普遍的规律。

（2）床面运动过程。气流作用于沙质床面将首先导致床面的初始运动——沙粒蠕移，沙粒蠕移是促成沙粒跃移的基础和动力，而跃移又是沙粒运动的普遍形式和风沙流的主体。从床面蠕移到风沙流形成都伴随着气流与床面之间能量和物质交换与输移。这种过程实质上是蠕移和跃移两种作用强度之间配比的变化，可概括为：沙粒起跳→搬运（为主）→风沙流饱和或过饱和→沉降（为主）→能量恢复→再搬运（为主）→……。这种周期性变化过程称为风沙运动自动平衡。这一过程是随机多变的，其中既有沙粒分选作用，也有沙粒冲击作用，同时还有气流波动与风沙流的波粒二重性作用，以及两种波动的叠加或共振作用。

（3）沙纹形成过程。风成沙纹形成和演变是一个复杂的物理过程，而且没有明显的阶段性，它完全依赖于风沙运动条件的变化。为便于讨论，大致可分为三个阶段：

第一，沙纹形成阶段。沙纹形成始于床面下游的沙粒蠕移，此时风沙运动气一固两相均处于单一性状态，即气流波动性与滚动沙粒的粒子性。沙粒受力主要是切应力、摩擦阻力和重力。沙粒开始蠕移的过程中有一个短暂的时间差，用于调整床面沙粒位置，确定方位效应，这就是沙粒分选作用。蠕移之前短暂时间内，沙粒表现为明显的前后摆动或纵向振动，高频速度脉动使底部沙粒摆动，而较大能量的低频脉动使沙粒脱离床面。风沙湍流间隙性使得沙粒起动具有突发性，在下游形成细微沙纹。沙纹形态不规则，呈零散分布。

第二，沙纹发育阶段。风沙流浓度明显增大至饱和状态，床面与风沙流之间物质交换加强，沙粒受力包括气流动压力、切应力（或升力）和重力，沙粒分选已达极限状态。风沙流的"波粒二重性"达到最佳状态，沙粒跃移和蠕移之间近于平衡状态，沙纹形态发育充分，波状特征明显，分布较为均一，并趋于稳定。

第三，沙纹形态演变与消亡阶段。高浓度不饱和的跃移流加速了沙纹变态、分解与重新组合过程，并进一步导致气流与跃移流的正弦波共振，直至沙纹消亡。

在实验条件下，沙纹的生命史是短暂的，累计时间为80～100min，风速变化范围为6.0～18.0m/s。然而，在野外却难以见到沙纹形成与消亡这两个阶段，我们所观察到的沙纹形态仅仅是其全过程中的中间发育阶段。

（4）沙纹的移动。实验证明，沙纹的形成是与风沙流运动同步进行的。因此，沙纹一旦形成就在风沙流的作用下，以表面蠕移波动的方式向前移动，其移动速度是相当缓慢的。根据近景摄影资料，分析表明，其移动速度量级为 0.1～10cm/min，沙纹移动速度 V_R 与有效实验风速（V_L–5.5）之间的实验关系式为 $V_R=1.58\times(V_L-5.5)^{0.67}$，$V_L$ 为实验风速（凌裕泉等，2003）。

三、自然界的沙纹变化

以上所述反映并代表自然界在单一风向作用下，较为平坦的沙质床面上形成的沙纹形态及其发育过程。实际上，在自然条件下，风速的阵性和风向的多变，以及床面性质多样性所形成的沙纹形态真可谓千姿百态和千变万化。下面不妨给出几种较为常见而典型的沙纹形态。

1. 粗质平沙地的沙纹形态

此种床面上的风沙流性质大多属于高浓度不饱和的风沙流，或属于过境风沙流。其不仅沙源不充足而且沙粒的粒度组成也较为粗化和不均一，地表风速相对较大，风向多变，所以形成的沙纹形态也不规则。（图 4-7～图 4-10）。

图 4-7　树枝状沙纹

图 4-8　复合状沙纹

图 4-9　闭合形沙纹

图 4-10　两种不同方向细沙沙纹交汇

2. 高大沙丘背风坡或丘间地的沙纹形态

这里的风场特征是风力较弱和有规则的局地环流形成形态复杂的沙纹形态（图 4-11～图 4-13），其风向一般不超过 3 个风向。其沙粒组成比较细而均匀，分布较为稳定，根据风向、风力及其出现频率和持续的时间不同，可分为以下三种情况。

（1）两个风向且其强度、出现频率和持续时间十分相似，其作用相互交替，形成较为对称的格状沙纹或瓦楞状沙纹（图 4-11）。

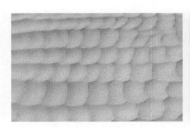

图 4-11　格状沙纹

图 4-12　锯齿状沙纹

图 4-13　近似蜂窝状沙纹

(2)一个风向在其强度、出现频率和持续时间方面有着明显的季节变化，即在主体风较强的季节，形成形状较为典型的波状沙纹，而在风力较弱的季节，以较高的频率和较长的持续时间，将原有的波状沙纹吹成不对称锯齿状的沙纹（图4-12）。

(3)两个至3个风向，以不同的强度，不同的出现频率和不同的持续时间吹成形态不规则近似蜂窝状的沙纹（图4-13）。

3. 在沙丘迎风坡上形成的复合形态沙纹

在单一的主体环流作用下形成沙纹的基本形态——波状沙纹。在此基础上，有1～2个风的局地环流作用于原有的沙纹，其风向与主体环流可能一致，也可能不相同，但其作用强度远远弱于主体环流，而在持续时间上却远大于主体环流，其沙纹形态多为复合性沙纹（图4-14和图4-15）。

图 4-14　羽状沙纹　　　　　　　图 4-15　粗细沙形成的复合性沙纹

主要参考文献

李后强, 艾南山. 1992. 风积地貌形成的湍流理论. 中国沙漠, 12(3): 4-12.

李后强, 艾南山. 1993. 风沙湍流的间隙性, 稳定性分布及分形特征. 中国沙漠, 13(1): 14-23.

凌裕泉, 刘绍中, 吴正, 等. 1998. 风成沙纹形成的风洞模拟研究. 地理学报, 53(6): 42-49.

凌裕泉, 屈建军, 李长治. 2003. 应用近景摄影法研究沙纹的移动. 中国沙漠, 23(2): 20-22.

拜格诺. 1959. 风沙和荒漠沙丘物理学. 北京: 科学出版社.

Bagnold R A. 1954. Experiments on a gravity-free dispersion of large solid spheres in Newtonian fluid under shear. Proceedings of the Royal Society of London. Series A, Mathematical and Physical Sciences: 49-63.

第五章　风场与风积地貌

第一节　风场特征

这里所说的风场特征主要包括两个方面：一是一个地区的风的方向场，其中既有主体环流的作用，又有局地环流的参与，更有两者的叠加作用；二是风的速度场，速度场又分为瞬时风速、平均速度、合成速度等。在风沙现象研究中，又有沙粒起动风速和有效起沙风之分。从风场随时间变化过程来看，又有季节变化特征，而且各个风向不同风速级别出现的频率和持续时间是大不相同的。这些风场特征与风积地貌形态的形成和发育过程有着十分密切的关系。

本书所讨论的问题并非全面系统地阐明各种风积地貌形态的形成机制，而是根据风场特征，结合风沙运动规律，对新月形沙丘、金字塔沙丘和羽毛状沙丘三种主要风积地貌形态的形成和发育的风场性质进行分析和讨论。

各种风积地貌形态的风场特征主要可以概括为两种典型风场类型：一是气流辐合型风场，二是气流辐散型风场。

气流辐合型风场特征：从大气风场看，此种风场属于低压辐合区（或气旋分布区），气流辐合上升，风向具有多向性或旋转性。风沙流处于高浓度饱和状态。例如，敦煌莫高窟地区和塔克拉玛干沙漠西南部地区，沙丘形态多为金字塔形，由于气流辐合上升作用，有些沙丘形态具有弯曲和旋转特征。

气流辐散型风场特征：此种风场多属于高压辐散区（或反气旋分布区），气流处于下沉状态；风沙流处于不饱和状态，通常在沙漠边缘地带形成新月形沙丘（图 5-1），即风沙流由沙源丰富的沙漠中心向沙源不足的边缘地区运动，风沙流由高浓度饱和状态向高浓度不饱和状态渐变，处于辐散减弱过程。其沙丘形态也由波状起伏不规则的形态变形分解或衍生出新月形沙丘形态，这一过程极其类似于中、上游细质床面沙纹向下游粗质床面过渡所产生的新月形沙纹形态，只不过尺度不同罢了。

第二节　新月形沙丘形态的形成

一、新月形沙丘形态的形成

（一）新月形沙丘的形态学特征

新月形是流动性沙丘最基本的形态之一，其典型形态呈新月状。沙丘两侧有顺风向延伸的两个兽角（翼）（图 5-1），其间交角与相应的主导风强度成反比，剖面是两个不对称的斜坡，迎风坡面凸出而平缓，坡度介于 $5^{\circ} \sim 20^{\circ}$，其变化取决于风力、输沙量、粒配与其相对比重。背风坡凹而陡，坡度介于 $28^{\circ} \sim 32^{\circ}$，接近沙粒最大休止角。新月形沙丘高度一般在 1～5m，很少超过 15m，多单一零星散布于沙漠边缘非沙质地表或粗质平沙地。

在沙物质供应比较充裕的情况下，高浓度饱和或过饱和风沙流很可能导致密集新月形沙丘相互连成新月形沙丘链（图 5-2），呈平行波形，高度一般在 10～30m。在风向单一地区，沙丘链在形态上仍保持原有单个新月形沙丘形体的痕迹；在多向风地区，新月形沙丘或沙丘链又可能演变为横向沙丘、格状沙丘或金字塔沙丘。

图 5-1　新月形沙丘(塔中)　　图 5-2　新月形沙丘链(青海省共和县更尕海)

关于沙漠地区沙丘形成与演变问题，曾引起国内外众多学者的关注。从其研究内容和研究方法来看，具有如下特点：一是早期由地质和地理学家把各种沙丘形态分别视为一种地质地理过程，宏观地解释其成因与分类，随后又利用航片与卫片研究其移动与变化规律；二是物理学家与气象学家把风沙问题作为一个物理过程和气-固二相流体力学问题，进行理论分析与实验研究以及计算机模拟，继而把风沙现象作为"波粒二重性"系统来考虑，使风沙问题的研究进入一个崭新的风沙湍流理论阶段。

新月形沙丘是风沙地貌的基本形态之一，一般为高浓度非饱和风沙流所塑造。其形成过程始于风沙运动的"波粒二重性"，并经历沙物质积累(高浓度饱和风沙流)和形体塑造(高浓度不饱和风沙流)两个发育阶段，即耗散性增大和色散性减小过程；非沙质床面零星分布的单个新月形沙丘具有明显的移动性和形态的不稳定性(高大新月形沙山除外)。风洞实验条件下形成的新月形沙丘形态(其尺度比床面沙纹大一个数量级)，有助于对新月形沙丘形成机制的了解。

(二)新月形沙丘形态的发育过程

1. 新月形沙丘的发育条件

新月形沙丘是一种基础的单体风积地貌，其形成发育过程是一个特殊的风沙运动过程。单一风向的高浓度饱和风沙流——高输沙量的沙粒跃移流是其形态发育的充分而必要的条件。所谓高浓度饱和风沙流，是指沙质床面随风速增大输沙量随之迅速增大，床面沙粒运动方式——蠕移和跃移强度比发生很大的变化，且沙粒跃移占了绝对优势，这时气流对沙物质的搬运能力达到极限饱和状态，同时风沙运动的"波粒二重性"亦达到最佳状态，即床面与风沙流之间的动量交换与物质交换和输移都接近均衡状态。此种沙粒跃移流在运行中，气流条件和床面性质的细微变化均可导致输沙量或风沙流结构的相应变化，从而呈现床面新的蚀积过程的交替，并形成对应尺度的新月形沙丘形态。沙丘形态向下风处有一定的排列顺序，即由横向沙丘向新月形沙丘链，再向单个新月形沙丘演变的模式，这是供沙量逐渐减少的结果。一般来说，特定地段所呈现的沙丘类型取决于输沙量的水平梯度，是可供沙量的函数。在绝大多数情况下，新月形沙丘、新月形沙丘链和横向沙丘平面分布呈平行波状，也称为平行波沙丘。其中，以新月形沙丘和新月形沙丘链两种沙丘形态最为常见。

2. 新月形沙丘形态的发育过程

自然界大尺度沙丘形态的发育过程是一个复杂而缓慢的风沙运动过程，人们很难在野外条件下观测到其变化的动态过程。在库姆塔格沙漠同一区域摄取的一组不同发育阶段的沙丘形态图片(图 5-3)，为新月形沙丘形成机制的研究提供了极为宝贵的形态变化依据。在单一主风向作用下，裸露平坦无障碍地表的沙丘形态是从原始的饼状沙丘(沙饼)，经盾状沙丘和雏形新月形沙丘阶段发育为新月形沙丘的。其中，以盾状沙丘转变为

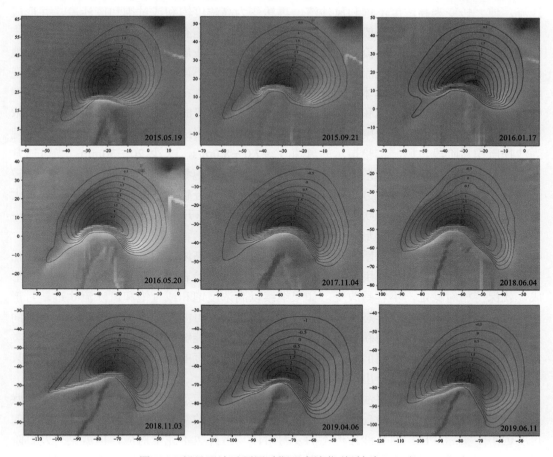

图 5-3　新月形沙丘不同时期形态演化(杨转玲, 2019)

雏形新月形沙丘这一阶段最为重要。因为此阶段不仅形态发生显著变化，出现陡峭的落沙坡，而且气流运动也发生很大变化，出现明显的涡旋——形成脊线后的涡流线具有螺旋线形状。沙丘形态变化往往落后于气流条件的变化，两者之间存在时差，时差大小除取决于沙丘形态原来的规模和风速大小之外，还取决于组成物质的粒径，较细的粒径要比较粗的粒径时差小，这是风沙运动的湍流间隙性和分形特征造成的。

3. 新月形沙丘形态的风洞模拟实验

野外沙丘形态的变化只能反映沙丘不同发育阶段的形态特征，尚不能解释其形成的动态过程，还有待于风洞模拟实验的补充和验证。

在风洞实验条件下，沙质床面只能形成小尺度的沙纹，难以显现大尺度的沙丘形态。因此，试图在风洞实验条件下形成沙丘形态，首先必须解决实验中所要模拟的条件，即在风洞内实现高浓度饱和或不饱和风沙流的形成与运行条件。高浓度风沙流既是塑造小尺度沙纹的动力和物质基础，也是沙丘形态形成的充分必要条件。一般来说，在沙质床面形成高浓度饱和风沙流是比较容易的，而在风洞人工下垫面条件下模拟高浓度饱和风沙流，使之转变为高浓度不饱和风沙流，再转变为高浓度饱和或过饱和风沙流，并形成局部积沙是困难的。因为一般改变风沙流饱和程度的措施有两种：其一是增大实验段床面粗糙度，这样会影响风沙流的运行条件，而且难以形成局部积沙；其二是降低局部地段风速，或设置障碍阻挡气流，实践证明这一方法也是不可行的。经过反复实验，发现风洞扩散段(扩散角为 8°)基本上可以满足以上要求，关键在于风速强度和持续时间要严格控制。这样，高浓度不饱和风沙流由实验段进入扩散段时，扩散降速作用可以使高浓度不饱和风沙流转变为高浓度饱和或过饱和风沙流，并形成明显积沙。这一阶段可以视为沙物质积累阶段，风洞实验指示的风速 V_{∞}=7.0～8.0m/s，吹沙 20～30min；当风速升至 V_{∞}=10.0～11.0m/s 时，扩散段风沙流已处于高浓度不饱和状态，对前期积沙体产生较强的风蚀作用，输沙量水平分布的非均一性，使积沙体分解为三个部分。中间部分最大并形成新月形沙丘的雏形，吹沙时间为 4～5min；当风速升至 V_{∞}=12.0m/s 时，吹沙 1～2min，这一阶段可视为新月形沙丘形态的形体塑造阶段；再把风速降于 V_{∞}=7.5m/s 时，吹沙 3～5min，将形成正态新月形沙丘形态，这一阶段高浓度饱和风沙流对新月形沙丘雏形既有沙物质补充积累作用，又有形体塑造作用。实验表明，新月形沙丘形态一旦形成，就保持相对稳定，不容易改变。如果继续以高浓度饱和或过饱和风沙流吹过新月形沙丘时，原有新月形沙丘形态不再继续增大，而且很有可能在原来的新月形沙丘上风向处或沙丘迎风坡脚形成新的新月形沙丘。上述沙丘形态能够在风洞中重演，野外亦有类似现象出现。这表明，特定的环境条件只能形成确定尺度的新月形沙丘形态，或者说只有类似形态的重演，而不会出现形态的本质性变化。

通过风洞模拟实验，将沙丘形态的形成过程与风沙运动性质和强度的变化紧密地联系在一起，并形成新月形沙丘形态，这是风洞实验取得的新进展。尽管沙丘形态的几何尺度远小于实际沙丘，而且沙丘形态的发育阶段与野外也不完全对应，但就某一发育阶段而言，在其形成机制方面，风洞与野外却是一致的。我们确信，既然能够模拟出与床面沙纹尺度在一个数量级的新月形沙丘形态，就有可能通过进一步改变风洞实验条件，形成尺度比目前新月形沙丘更大一些的沙丘形态。

(三)新月形沙丘形成模式

自然状态下的风力、沙物质和下垫面性质是构成风沙运动的三大要素，也是各种风成地貌形态形成和演变的物质基础、动力和转换条件。

作为风沙运动主要形式的沙粒蠕移和跃移(特别是沙粒跃移)以及两种运动形式的强度配比，在各种风成地貌形态的形成和演变过程中均扮演了极其重要的角色。

风沙流是以沙粒跃移为主体的分散介质颗粒流，具有明显的紊动性、间隙性和"波粒二重性"，是一种特殊的可变密度的气-固二相流。它是风力、沙物质和下垫面性质三大要素的综合体和可变函数。而风沙流结构-输沙量随高度变化，又是高度的函数。因此，采用风沙流饱和程度来讨论沙丘形态的形成过程就更为直观、合理。

诚如前述，野外观察和风洞实验均表明，高浓度饱和或不饱和风沙流是新月形沙丘形成和演变的必要条件。为便于讨论，以自然条件下新月形沙丘形态的发育阶段为模式，结合风洞模拟实验过程，对新月形沙丘形态各个发育阶段的成因进行解释。

第一阶段：饼状沙丘的形成。当来自上风处沙质床面的高浓度饱和风沙流进入非沙质床面时(砾质床面或粗质平沙地)，下垫面性质的改变而导致沙粒跃移流性质的改变，其结构改变使底层处于相对不饱和状态。这种高浓度不饱和风沙流继续向下风处运行时，往往由于风的紊动作用而造成风速的阵性变化，其中也可能有大尺度的气流波动性的影响，或局部地形起伏作用使气流速度出现瞬时迅速减弱，造成积沙现象。这时，风沙流已变为高浓度饱和或过饱和状态。这种风沙流造成沙物质积累成堆，加之输沙量水平分布的非均一性的作用，致使沙堆呈椭圆形的饼状。我们把这一阶段称为新月形沙丘形成过程的沙物质积累(为主)阶段，也是饼状沙丘形成阶段(图5-4)。

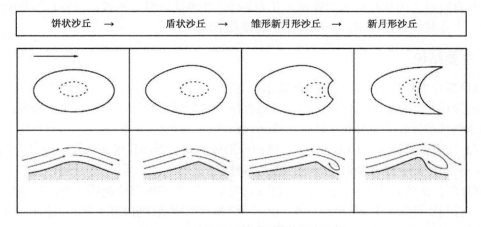

饼状沙丘 →	盾状沙丘 →	雏形新月形沙丘 →	新月形沙丘

图5-4 新月形沙丘形成发展阶段示意图

第二阶段：盾状沙丘的形成。这一阶段风沙流的运动条件同上，不同之处在于床面已经形成饼状沙丘，而且饼状沙丘继续增大。随着饼状沙丘的体积增大，其对风沙流运动条件产生显著的影响。鉴于风沙流是一种表面运动过程，而且高浓度风沙流与饼状沙丘表面之间始终都存在着动量和物质交换，沙物质蚀积过程交替进行，风沙流的饱和程度亦在不断地变化。同时，在下风侧产生边界层分离，并在垂直和水平两个方向形成相应尺度的涡旋，继而形成小的落沙坡。此时，沙丘状态类似盾状，一般称为盾状沙丘。从风沙运动条件来看，其运动过程仍以沙物质积累为主，不过形体塑造过程已经开始。

第三阶段：雏形新月形沙丘的形成。在风沙流运动条件相同的情况下，此种沙丘形态只不过是盾状沙丘形态的进一步发展。其不同点在于这一阶段高浓度饱和风沙流的沙物质积累过程与沙丘形体塑造作用两者之间接近均衡状态，即沙丘形体增大与形态的塑造同步进行。我们把这一发育阶段视为新月形沙丘的形体塑造阶段。

第四阶段：新月形沙丘的形成。从风洞模拟实验过程来看，由雏形新月形沙丘发育为新月形沙丘形态的过程是短暂的，关键在于风沙流的强度变化。相对于前三个阶段而言，该阶段的沙物质积累作用已下降到次要地位，而沙丘的形体塑造作用更为突出，风沙流强度也相对减弱。其形体增大过程将在脊线下风处进行。

依据风沙湍流理论的"波粒学说"，新月形沙丘形态的形成机制可概括为：新月形沙丘形态的形成起始于平坦裸露床面单一风向的高浓度不饱和风沙流，其经历沙物质积累和形体塑造的两个发育阶段，即耗散性增大和色散性减小的过程。在沙质床面，耗散性表征气流在沙物质搬运过程中的能量损失。在一般情景下，跃移沙粒是在迅速旋转并具有螺旋形运动轨迹特征的过程中，需要较多的能量维持，风沙流速度增大，耗散性也随之增大；色散性主要与气流性质、沙粒运动形式和运动速度有关，色散是一种扩散现象，在低风速的沙质床面由于沙粒蠕移和跃移并存，其色散性就较大；而高浓度不饱和风沙流主要是快速运动的沙粒跃移，其色散性就较小或保持不变。

上述新月形沙丘形成模式的四个发育阶段也是相对的，并无严格的界限。特别是在风洞实验条件下，由于风速稳定而持续，其阶段性的分界很可能是瞬间的变化。另外，各个发育阶段之间都有密切的联系，互为条件，更难于区分。不过，新月形沙丘的形成作为一个完整发育过程来说，却又存在这样几个阶段。

二、主要结论

(1)新月形沙丘是风积地貌的最基本形态之一。在单一风向、沙源充裕条件下，可形成横向沙丘和新月形沙丘链；在多向风条件下，可形成格状沙丘和金字塔形沙丘；零散的单个新月形沙丘多半分布于沙漠边缘地区。

(2)在平坦裸露无障碍地表，单一风向所形成的新月形沙丘形态的发育模式为：饼状沙丘→盾状沙丘→雏形新月形沙丘→新月形沙丘。

(3)新月形沙丘形态形成的动态过程：新月形沙丘形态的形成起始于高浓度非饱和风沙流，并经历沙物质积累(高浓度饱和风沙流)和形体塑造(高浓度不饱和风沙流)两个发育阶段，即耗散性增大和色散性减小的过程。

第三节 金字塔沙丘的形成

一、金字塔沙丘形态特征和分布规律

金字塔沙丘因形态与埃及尼罗河畔的金字塔形法老墓形体相似而得名。一般来说，金字塔沙丘具有三个三角形斜坡面（坡度为 25°～30°），沙丘基部的底座宽阔且坡度较缓，丘顶尖、弯曲而平缓，棱脊线狭窄；丘体高大，一般在 50～100m，高者可达 200～300m。很多沙漠中金字塔沙丘都是最为高大的沙丘。它是一种复合的或变态的沙丘形态，有时具有 4～6 个棱面呈多棱脊辐射状，也称为星状沙丘。

金字塔沙丘一般分布于沙漠边缘地区，或沙源的下风区，绝大多数金字塔沙丘是成群分布，也有单个零星分布的。

鉴于金字塔沙丘形体高大，其形成过程复杂且缓慢，周期较长。在地面难于对其形成过程的各个发育阶段进行严格有效的监测。因此，对金字塔沙丘形成机制的研究，至今仍处于推理分析的探索阶段。概括起来，主要有以下几种见解：①以苏联学者 B.A.Фидрович 为代表的一些学者持"气流波动干扰"成因论，认为金字塔形态由空气波动干扰所引起，而干扰与风遇到山势障碍的返回作用有关；②法国学者 Cornish 在研究撒哈拉沙漠时，把金字塔沙丘的形成解释为上升气流的作用，即对流过程形成的推理有关；③以 Clos-Arceduc 为代表提出的假说，认为金字塔沙丘（或星状沙丘）是在振荡气流的驻波节处形成的；④我国学者朱震达等研究表明，金字塔沙丘是在多风向及各方向风力近似的流场特征条件下形成发育的，同时也受不同尺度地形条件的影响。

综上所述，我们认为金字塔沙丘是沙漠地区一种形态独特的风积地貌。它是由特定的风沙流场性质、必要的沙源条件和相应的风沙运动过程所塑造的。世界各沙漠中的金字塔沙丘形态、形成条件和发育阶段各具特色，即具有明显的区域性特征，因此就有各种各样推理和假说产生，而且都有一定的道理。不过，金字塔沙丘的形成作为一个风沙运动的物理过程来说，彼此之间却存在最本质的联系，遵循共同的规律，即金字塔沙丘形成的动力条件。

我国的金字塔沙丘主要分布在塔克拉玛干沙漠、巴丹吉林沙漠和库姆塔格沙漠等。各沙漠金字塔沙丘形成的地貌条件有一个共性，即形成于山岭前。塔克拉玛干沙漠中的金字塔沙丘分布在昆仑山麓民丰、且末之间及麻扎塔格山北麓（图 5-5）。巴丹吉林沙漠中金字塔沙丘主要分布在雅布赖山、大红山、娘娘山北麓努日盖及宝日陶勒盖诺尔附近。库姆塔格沙漠的金字塔沙丘分布在三危山北麓。另外，在青海湖附近的日月山、博斯腾湖南岸库鲁克塔格山以及天山山前的鄯善沙漠、库木塔格等沙漠都有零星地分布。除巴丹吉林沙漠中的金字塔沙丘相对高度在 200～300m 外，我国沙漠中的金字塔沙丘的相对高度一般在 50～100m。通过对航片判读可以发现，金字塔沙丘的高度与丰富的沙源、山体高差，以及距山体远近有关。例如，塔克拉玛干沙漠民丰—且末段，虽然昆仑山山体高大，但因山前沙源不丰富，所以沙丘高度仅 30～50 m。而处在沙漠之中的麻扎塔格山山体谈不上高大，因为沙源十分丰富，北麓的金字塔沙丘距山体近，沙丘高达 100～

200m。 巴丹吉林沙漠边缘的金字塔沙丘高度也因山前沙源不足，沙丘高度仅限于 10m，而距山体较远、沙源又丰富的地方，如巴丹吉林庙的金字塔沙丘高达 200～300m。因此，金字塔沙丘分布于山前且与距山体远近、沙源丰富与否有关，这是我国金字塔沙丘的一个基本规律。

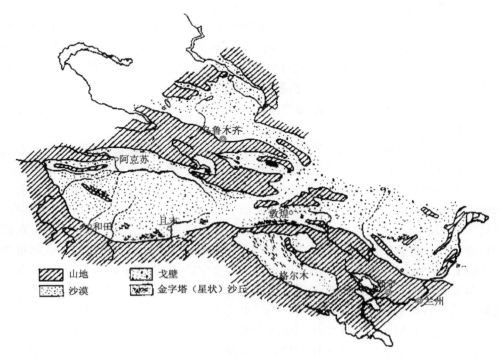

图 5-5　中国金字塔沙丘分布概图

二、金字塔沙丘形成发育的流场特征和动力条件

(一)金字塔沙丘分布区的大气环流

我国沙漠分布范围为 35°50'N～48°30'N;76°59'E～106°59'E，地理气候带属于温带。影响近地风气流的大气环流有西风环流(西风带激流)、东亚季风和青藏高原季风。由于金字塔沙丘多分布在山前，有时地方性山谷风环流的影响甚至超过上述大气环流。

1. 盛行西风环流

中纬度 35°～65°地区，地球副热带高压带吹向高纬度的气流与副极地低压上升气流相结合，受地球自转的影响形成的中纬度西风环流圈从高空到地面都吹西风。在东亚，低空的盛行西风自西向东运行中遇到青藏高原的阻挡，被迫分为南北两支绕道而行。中国沙区主要受北支气流的影响，其因天山、阿尔泰山的堵截转向东北，主流绕过北端后，沿中蒙边境南下进入中国沙区西部东行，成为西北风。也有部分气流沿天山山口进入中国西部沙区，近地面风多受地形的影响转为正西风和西北风。

每年 5～6 月，盛行西风急流从青藏高原南侧跃移到高原北侧，8 月位置最北可达44°N 左右；9 月开始，10 月前后又很快南退，因此在中国西部沙区西风主要盛行在夏季和初秋。

2. 东亚季风

东亚季风形成的基本原因是东亚海陆分布引起的热力差异，破坏了高空行星风系的分布，导致季风气压场的建立。9 月上旬，伴随着上述西风急流的南退，位于蒙古高原的高压开始形成。11 月上旬后，蒙古高压控制着大陆，冬季风迅速爆发南下，出现北向风长期控制的局面。蒙古高压极盛时，中心气压可达 1050mPa。夏季与冬季相反，亚洲大陆盛行热低压，中心气压约为 995mPa，蒙古高压消失。

冬季，蒙古高压不断释放能量，加入西伯利亚寒潮的行列（图 5-6）。从蒙古高压释放的低空气流在南下过程中受到青藏高原的阻挡，大约在河西走廊西部(98°E 左右)发生分离，以东转为西北风，以西转为东北风。中国西部沙区处于蒙古高压中心的西南位置，从蒙古高压释放的冬季风主要是东北风。

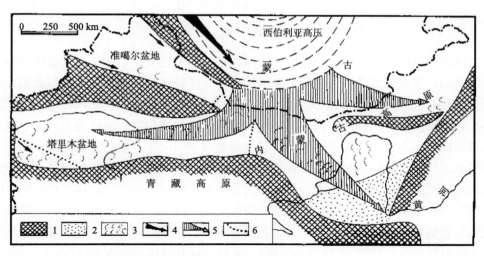

图 5-6　冬季西伯利亚-蒙古高压控制下的中国沙区主流风向
1-山体；2-风成黄土；3-沙漠与沙地；4-西风北支气流；5-主要风向；6-主要风向分界

夏季，来自西太平洋亚热带和印度洋的夏季风在东南沿海登陆，一路北上，在北方可以到达阴山以北，在西北能够沿青藏高原边缘(河西走廊)向西滑行，形成东向风，给我国西北沙漠带来阵性降水。

3. 青藏高原季风

青藏高原的热力作用，使高原上形成独有的区域性气压系统。每年5～11月青藏高原较热，夏季尤甚。这时形成的"西藏暖高压"，使其北缘的北支西风气流强度和稳定度都增强；10月至次年4月青藏高原变冷，被冷高压控制，于是气压系统颠倒。冬季冷高压更加强盛，空气外溢沿坡下沉形成（高原）冬季风。

中国西部沙区位于青藏高原北侧，冬季受青藏高原季风系统影响明显，吹刮南风。

4. 山风和谷风

山风和谷风是山坡和谷地（山前平原）受热不均匀而引起的局地日变化的风系。白天，太阳辐射导致山坡增温，使近地面空气受热膨胀，遂在水平气压梯度力的作用下，形成低层由谷地吹向山坡的"谷风"和谷风环流。夜间，山坡上的空气由于山坡辐射冷却而降温较快，谷中同高度上的空气降温较慢，于是形成了与白天相反的环流，即风从山坡吹向谷地的"山风"和山风环流。

中国西部沙区的金字塔沙丘多分布于沙漠边缘高大山体的北侧。沙丘形体受到山谷风的影响明显。

以上概述了影响中国西部沙区沙丘形态的三种环流，大到行星风系环流，中到海陆季风环流和地方性环流和小的地方性山谷风。这些都成为金字塔沙丘形成的基本风场条件，金字塔沙丘却单单出现在一些特定的位置，也就是说，只有在三组以上风力组合与相互影响达到一定力的平衡状态时，才出现金字塔沙丘。

（二）敦煌莫高窟顶金字塔沙丘的气流

我国沙漠中的金字塔沙丘分布地区的风向多具季节性变化，常年天气系统影响表现为两组风向：冬季蒙古高压形成，金字塔沙丘分布区处在蒙古高原西南侧，受蒙古高压控制（或受大地貌单元控制的回流气流，如塔里木盆地东部）吹刮东北风；暖季主要为西风环流和地形影响，吹刮西北风；又因地处山岭前，山地和盆地间热力差异所形成的山谷风是造成多风向的主要因素。例如，昆仑山北麓和田一带，紧邻青藏高原。冬季多青藏高原冬季风（南向风），又受到山谷风的强烈影响，夜间多西南风或偏南风（山风），白天以西北风或偏北风（谷风）为多。在库姆塔格沙漠东段更为典型：远离三危山的敦煌气象站（距山前 20km）的观测资料只有西风和东北风两组主风向，处在三危山北麓的莫高窟顶的气象站观测到南来的山风，受谷风的影响，西风变成西北风，置于莫高窟顶金字塔沙丘附近的气象站观测统计[图 5-7 表明，8 时该地具有稳定的偏南风（山风），20 时则多东北、西南风（大区域风向与谷风的复合风向）。

1962～1991 年莫高窟风向资料表明，该区具有稳定的三组风向。根据莫高窟库顶风向玫瑰图可以看出（图 5-8），处于山岭前的金字塔沙丘附近具有稳定的三组风向，且风力相差不大，东北风和西北风两组风向具有风力大、频率小的特征，而南风则具有频率大、风力小的特征。受三组风向作用，该区金字塔沙丘表现出三个坡面（或棱）。大量统计表明，三组风向分别与金字塔沙丘三个坡面相对应，主风向往往形成金字塔沙丘的主臂，金字塔沙丘三个棱是由三个方向坡面小角度交汇吹刮的结果。

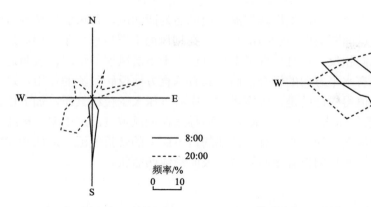

图 5-7　莫高窟山谷风玫瑰图　　　　图 5-8　敦煌气象站、莫高窟顶气象站风向玫瑰图

1. 塑造金字塔沙丘风流场的现场监测

1）风向风速测定

流场是沙丘形成的主要因子。金字塔沙丘形态特殊，具有不同于其他沙丘的流场规律，我们在敦煌莫高窟顶选取一座高 22m 的金字塔沙丘进行流场观测。选择迎风面、背风面、侧风面及各棱面为观测区域，每区在丘顶、2/3 丘高、丘脚设观测点，并在远方平地设点进行对照风况测定。每点的观测内容为 0.5m、1.8m 高度处的风向和风速，计算观测点同一时段的风速与观测点风速之比值，并连同风向标示在沙丘等高线图上来进行分析。1991 年 4 月 2 日流场观测结果见图 5-9。流场观测结果表明，受西北风作用，

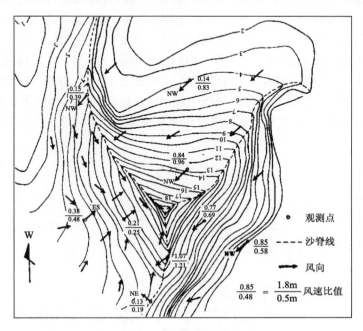

图 5-9　金字塔沙丘流场观测结果图

主风向沿西北脊线分流，在背风面产生反转气流，迎风面为西北风，背风面反转为东南风。并且，自迎风面至背风面断面图(图 5-10)显示，在迎风面上层风速大于下层风速，自丘顶至背风坡脚不但风向相反，而且出现了上层风速小于下层风速的情况，表明通过金字塔沙丘的气流不仅具有水平方向的辐合，而且具有垂直方向反转气流的作用，这与流场观测结果基本一致。值得提出的是，金字塔坡面中心气压大于棱线气压，加上塔顶上层风速小于下层(即上层气压大于下层气压)，从而导致在迎风坡气流产生斜交棱线的分流向上运动，而棱线背风面出现几乎平行于棱线的自下而上的转折气流，造成棱线堆积，坡面风蚀，使得金字塔沙丘的棱脊不断发展，坡面形成凹面状。

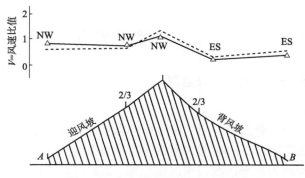

图 5-10　金字塔沙丘流场观测断面

2)温度层结

为了调查金字塔沙丘温度环境，本书还对金字塔沙丘顶部进行温度层结观测，观测高度选取 20cm、170cm 两个高度，观测时间间隔为每两小时读数一次，观测结果见图 5-11。

金字塔丘顶夜间出现逆温，最大逆温出现在早上 6 时，差值为 1.2℃，为了考察逆温可否造成下沉气流，分别在迎风面、背风面的 2/3 坡面、坡脚、丘顶设立风向观测，观测时使测风杆垂直于坡面(即风标平行于坡面)。从图 5-11 可以看出，在金字塔丘顶夜间虽有逆温出现，但观察结果并未形成下沉气流，所以迎风面风向标向下(NE)，背风面风向标向上(SW)。这清楚地表明，这种气流特征是受系统风影响的结果。否则，风向标应均指向丘顶。

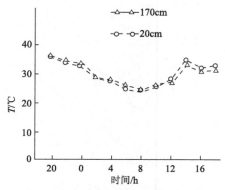

图 5-11　金字塔沙丘丘顶温度层结

3）沙纹判定

沙纹是风对沙质地表塑造过程中留下的痕迹。沙纹的走向垂直于风向。据此，我们借助对沙纹的测量来判别金字塔沙丘气流的运移规律。通过量取沙纹的倾向，可以判断气流运动的方向，通过沙纹宽度可以估量风力大小（图5-12），测量结果表明，气流在迎风面沿脊线分流，在背风面形成较宽的副涡流带，该副涡流带不仅具有水平方向辐合作用，而且具有垂直方向反转气流作用，这与流场观测结果基本一致。值得提出的是，由于金字塔坡面中心气压大于棱线气压，加上塔顶上层风速小于下层（即上层气压大于下层气压），从而导致在迎风气流产生斜交棱线的分流向上运动，而在棱线背风面，产生几乎平行于棱线的自下而上的转折气流，造成棱线堆积，坡面风蚀，使得金字塔坡面形成凹面。这种现象是背风面下层气流辐合作用所致。

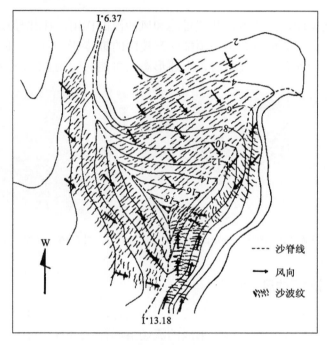

图5-12　金字塔沙丘沙纹测量图

2. 金字塔沙丘形态的形成及风洞试验

由于大尺度沙丘形态的形成机制与小尺度的沙纹截然不同，风洞实验模拟金字塔沙丘形态的生成过程是极其困难的。不过，在金字塔沙丘形成的动力条件分析过程中，我们发现，非沙质床面高浓度不饱和风沙流和多向风是金字塔沙丘形成的充分而必要的条件。于是，我们在风洞扩散段（8°扩散角）进行条件模拟（图5-13），并形成了高6cm、底边26cm的金字塔沙丘形态（图5-14）基本上是在正反两个风向条件下形成的。从其形成过程来看，大致经历两个发育阶段：第一阶段，V_L=10.8m/s时吹沙30min形成沙物质积累；第二阶段，V_L=22.7m/s时吹沙12min进入形体塑造阶段。其形成的动力条件和形成发育阶段与野外较为一致。只是实验风速太高，野外难以实现。

图 5-13　金字塔沙丘主、副梁与金字塔沙丘

图 5-14　风洞模拟金字塔沙丘

另外，在沙质床面，高浓度饱和或过饱和风沙流的作用，往往导致新月形沙丘或新月形沙丘链变态，或重新组成金字塔顶部的三棱面的锥体(图 5-15)，但不可能发育为典型的金字塔沙丘，当沙源不太充足时，上述形态又可能演变为金字塔沙丘(图 5-16)。

图 5-15　似金字塔沙丘的脚锥状沙丘(沙质床面)

图 5-16　合型金字塔沙丘

3. 形成金字塔沙丘的风沙流场

风沙流场特征包括一个地区的主体环流与局地环流的双重作用。主体环流是指全球性大气环流形势，或大型天气过程所形成的流场格局(图 5-17)。对于中国沙区来说，前

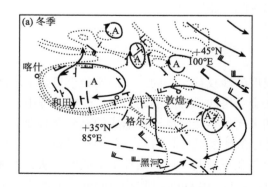
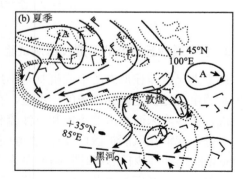
图 5-17　青藏高原附近地区冬(a)、夏(b)平均流场(地面 300m)

者指西风带急流，后者包括东亚季风的冬季风和青藏高原季风；而局地环流是指在主体环流作用下，局地地形的动力作用，以及下垫面性质的差异所产生的热力影响，具体指山谷风。

1）风向、风速及其出现频率

风向、风速及其出现频率反映了风沙流场的强度、变化和稳定性。金字塔沙丘是在特定的环境条件和流场格局下形成的。因此，选择金字塔沙丘形成的较为典型地区，定性或半定量地分析其形成的动力条件及其各个发育阶段的变化，寻求其共同的规律性，这对于金字塔沙丘形成机制的研究具有重要的意义。

实例分析：以敦煌鸣沙山为例。

鸣沙山西起敦煌月牙泉，东至莫高窟（千佛洞）蔓延 20 余千米。在沙山边缘地区，金字塔沙丘特别发育，且形态相当典型（图 5-18 和图 5-19）。从环流形势看，鸣沙山地处气流场辐合区（图 5-20），特别是莫高窟地区更为典型。该地区是典型的多风和多向风地区，主体环流具有季风特征，主要是偏西和偏东的两股气流；偏西风往往伴随大型天气过程——大风或沙尘暴天气现象，并具有突发性特征；偏东风不仅强劲而且总是与降水天气过程相联系。地形和下垫面的作用而形成强度较弱、出现频率最高和持续而稳定的局地环流——偏南的山风。因此，由主体环流与局地环流构成该地区三组风向近似均布的流场格局（图 5-20）。由图 5-20（a）可见，该地区偏西风出现频率占 28.07%，偏东风占 20.83%，偏南风占 47.93%；图 5-20（c）则表明，偏西风的年总输沙能力或最大可能输沙强度占 31.92%，偏东风占 30.54%，偏南风占 35.32%。这种流场格局为金字塔沙丘的形成提供了动力条件和物质基础。由于风的强度、出现频率和持续时间的不同，三组风向对沙物质的搬运能力和方式也不尽相同。具体地说，偏南风弱而持续，搬运方式以低浓度饱和风沙流为主，搬运过程较为缓慢，蚀积作用弱而频繁，积沙范围大而均匀，是金字塔沙丘形成的最主要沙源条件；偏东风强劲但频率小且不持久，对沙物质搬运方式呈高浓度不饱和状态。此处风沙流对南风所积累的沙物质具有沙丘的形态塑造作用，即形成大尺度的波状分布的横向沙丘，其走向垂直于偏西风，构成金字塔沙丘主脊（或主梁）。偏西风虽然频率高于偏东风，但风力较东风弱，且风向方位较为分散。尽管以高浓度不饱和风沙流方式搬运的总沙量的代数和高达 $13.272 \text{m}^3/(\text{m·a})$，可是其向量和只有 $1.078 \text{m}^3/(\text{m·a})$。这表明，一部分输沙量补给金字塔沙丘的主脊，另一部分用于形成金字

　　图 5-18　单个金字塔沙丘（莫高窟）　　　　图 5-19　金字塔沙丘群（敦煌月牙泉）

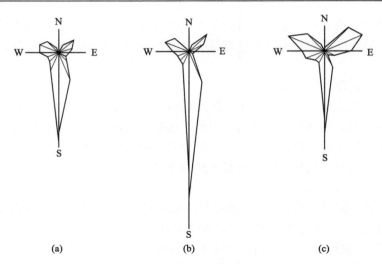

图 5-20　莫高窟地区的流场特征(1990~1991 年)

(a)风玫瑰; (b)V>5.0m/s 风玫瑰; (c)动力风玫瑰(Q%)

塔沙丘的副脊(或副梁)。其中,偏西风常伴随大风或沙尘暴天气出现,且具有突发性和阵性变化,起了极其重要的作用。上述过程的继续将逐步发育成较为典型的金字塔沙丘(图 5-17)。金字塔沙丘形态的对称程度取决于各主风向的强度、频率与持续时间的协调。

2)风的季节变化

以上较为详细地讨论了该地区平均流场的空间分布,以下将进一步分析流场随时间的变化。图 5-21 为莫高窟地区风向场的四季变化特征。表 5-1 和表 5-2 分别为莫高窟和敦煌两地各月最大可能合成输沙强度与合成输沙方向,以及$\sum Q_N$和$\sum Q_W$。由图 5-21 可见,偏南风在一年之中频率都比较高,以冬季为最高;而偏东风和偏西风均在春、夏季显著增强,特别是夏季三组风向频率近于均匀分布,其中既有主体环流作用,也有局地环流影响。该地区夏半年偏东风和偏西风的频繁出现,导致月平均风速明显增大,莫高窟 3~8 月的月平均风速均高于年平均风速。流场这种季节变化对金字塔沙丘形成将产生极其重要的影响。表 5-1 和表 5-2 资料更进一步证实这种变化及其作用。

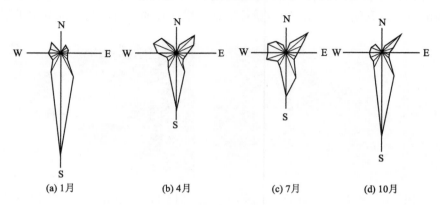

(a)1月　　　　　(b)4月　　　　　(c)7月　　　　　(d)10月

图 5-21　莫高窟地区风向场的季节变化(1990~1991 年)

表 5-1 莫高窟地区各月最大可能合成输沙强度 Q、合成输沙方向 A 与$\sum Q_N$ 和$\sum Q_W$

项目	1月	2月	3月	4月	5月	6月	7月	8月	9月	10月	11月	12月	$\sum$
$Q/[\text{m}^3/(\text{m·a})]$	1.428	0.938	0.950	0.095	1.218	1.620	0.761	0.317	1.003	2.256	2.151	1.637	7.859
$A/(°)$	188.8	195.7	41.2	104	62.1	28.2	264.5	265.1	174.8	174.4	189.5	183.4	183.4
$\sum Q_N$	-1.411	-0.903	-0.715	-0.023	0.597	1.427	0.073	-0.027	-0.998	-2.245	-2.122	-1.634	-7.848
$\sum Q_W$	0.219	0.254	0.625	-0.092	-1.127	-0.766	0.758	0.316	-0.090	-0.222	0.354	0.097	0.468

注: $\sum Q_N$ 指来自偏北的输沙量的向量和; $\sum Q_W$ 指来自偏西的输沙量的向量之和, 负值表示相反方向, 下同。

表 5-2 敦煌(月牙泉)各月最大可能合成输沙强度 Q、合成输沙方向 A 与$\sum Q_N$ 和$\sum Q_W$

项目	1月	2月	3月	4月	5月	6月	7月	8月	9月	10月	11月	12月	$\sum$
$Q/[\text{m}^3/(\text{m·a})]$	0.141	0.239	1.939	0.432	2.665	0.336	0.460	0.263	0.114	0.394	0.057	0.214	5.570
$A/(°)$	255.8	52.3	61.2	52.7	67.8	305.6	42.8	322.3	287	66.3	17.8	250.6	54.5
$\sum Q_N$	-0.035	0.146	0.933	0.262	1.006	0.196	0.338	0.207	0.034	0.158	0.053	-0.071	3.231
$\sum Q_W$	0.138	-0.189	-1.700	-0.344	-2.468	0.274	-0.313	0.160	0.111	-0.360	-0.017	0.202	-4.537

3）风沙流场特征与金字塔沙丘形成

该地区风沙流场分析结果表明，偏南风弱而持久。在秋、冬季，以缓慢的过程为金字塔沙丘形成提供沙物质积累 14.672m³/(m·a)，约占全年总输沙量[41.547m³/(m·a)]的35%左右。进入春、夏季，在偏东风的高浓度不饱和风沙流的作用下，形成尺度较大的呈波状分布的横向沙丘，构成金字塔沙丘的主脊（或主梁）。偏东风的输沙总量为12.683m³/(m·a)，而且偏东风是由三个单向(NE、ENE 和 E)组成，风向和风力集中有利于形成沙丘主梁；偏西风的总输沙量为 13.272m³/(m·a)，其中一部分沙量用于增大沙丘主梁，另一部分则由于偏西风具有明显的突发性和阵性变化，高浓度不饱和风沙流很容易产生积沙而形成次一级横向沙丘，构成金字塔沙丘副梁。主、副梁一旦形成就不容易变形，从而形成金字塔沙丘的雏形。这一过程是在不同季节、分阶段交替进行的，并逐年发育为典型的金字塔沙丘。月牙泉金字塔沙丘的形成也与此相似，差别在于风沙流场性质与沙源条件的不同。

一般来说，金字塔沙丘形成于年输沙量很大的地区和月输沙量很大的季节，且总输沙量与净输沙量最大可能合成输沙强度之间比值不应该太大。在莫高窟地区，金字塔沙丘形成起始于秋、冬季节的沙物质积累，发展于春、夏季的高浓度不饱和风沙流的频繁活动。因为，在这些季节，锋面活动与大风和沙尘暴的形成均有助于对金字塔沙丘的形体塑造。总之，在此期间，主体环流与局地环流均达到最佳状态。应该指出，流场性质是金字塔沙丘形成的必要条件，但不是充分条件。其充分条件尚依赖于沙源供应情况。

（三）金字塔沙丘形成的动力条件分析

山岭前下伏地形起伏较大，并广泛分布着残余丘陵及台地，地表上风沙流因植被及地形受阻，使沙粒堆积下来。三组风向的风沙流受阻形成三条堆积带，沙粒一旦堆积，下层沙粒受到表层的保护，沙堆移速就变慢，后来的风沙流不断加大、增高，形成三条堆积带。况且，三组风向风力相差不大，地面风速大于起沙风，而高处风速又不至于过大(图 5-22)，在这种情况下，丘体不断增高，三条堆积带逐渐演变成金字塔沙丘的三个棱，棱与棱之间演变成坡面。初始的金字塔沙丘——雏形金字塔沙丘具有陡峭的棱面，平直的线状丘顶，并且有一与主臂近乎垂直相交的副梁。随着丘体更加增高，加上上层风速小于下层风速，丘顶逐渐演化成高大的金字塔沙丘，值得注意的是，金字塔沙丘顶部并非尖顶，而是由三个坡面交汇而成的平坦的顶部。

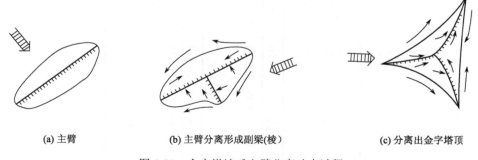

(a) 主臂　　　　　(b) 主臂分离形成副梁(棱)　　　　(c) 分离出金字塔顶

图 5-22　金字塔沙丘主臂分离动力过程

有关线状金字塔沙丘(线状星式沙丘)的起因,笔者初步认为,其是金字塔沙丘的主臂或线状沙丘在多种风向作用下的一种分离变形过程,可以概括为三个阶段:①主臂分离初始阶段,形成波状起伏的副梁;②主臂进一步分离——金顶出现;③主臂分离成多脊(至少三个)的金字塔沙丘。

根据风沙运动基本规律,并结合典型地区的风场实测资料和风洞实验的初步结果,对金字塔沙丘形成和发育的动力条件进行全面综合分析,期望其有助于对金字塔沙丘形成机制的认识和形成模式的建立。

金字塔沙丘(或星状沙丘)形成的动力条件主要有三个方面:一是在非沙质床面的气流场辐合区,一般具有三个以上交角角度近似的主风向,各主风向的风力强度、出现频率及持续时间不尽相同,但年总输沙能力较为接近且月、季输沙能力又具有明显的季节变化;二是不太充裕的沙源和高浓度不饱和风沙流;三是不同尺度地形条件的动力作用和沙漠与戈壁下垫面的热力影响。在沙质床面,高浓度饱和或过饱和风沙流的作用,往往导致新月形沙丘或新月形沙丘链的变态,或重新组合成金字塔状的沙丘形态,但不可能发育为典型的金字塔沙丘。

根据风沙运动的湍流理论可知,风沙流具有独特的"波粒二重性",而气流与风沙流的粒子波动作用具有明显的不同步性,即表现为风沙湍流的间隙性与分形特征。气流的波动表现为不同尺度的湍流涡旋作用,特别是在不同尺度地形条件影响下表现最为充分;而风沙运动粒子性表现为贴近床面迅速旋转的沙粒跃移流。跃移沙粒对床面具有强烈的冲击波动作用,沙粒旋转具有螺旋形特征。风沙流浓度及其结构将随流场特征和下垫面性质的变化而变化,同时导致床面蚀积过程的交替变化。这是讨论风沙地貌形成和演变的物理学基础。

金字塔沙丘形成和发育的动力条件主要有以下三个方面:风沙流场性质,即输沙能力具有明显的季节变化和年总输沙能力近似均布的多风向特征,至少有三个主风向;不充裕的沙源条件与高浓度不饱和的风沙流;不同尺度的地形条件的动力作用和沙漠、戈壁下垫面的热力影响。现分述如下:

1. 沙物质来源

可以说,风沙流场特征是金字塔沙丘形成的动力条件,而沙源条件则是沙丘形成的物质基础,不同尺度的地形条件和下垫面性质是金字塔沙丘形成的转换条件。

野外观测表明,金字塔沙丘多分布于沙漠边缘,或沙源的下风处。这里所指的沙源应包括两个方面:一是沙漠主体所汇聚的沙物质集合体;二是以风沙流方式向下风处搬运的动态沙量(或输沙量),这种输沙量将随沿途地表性质变化而变化。无论是静态沙源,或是动态输沙量,都存在一个沙量空间分布的水平梯度问题。当沙量水平梯度由小于零转化为大于零时,就有可能在多向风交汇地区形成积沙,进而发育成金字塔沙丘。

2. 风沙流及其结构特征

风沙流中的输沙量随高度呈负指数减小,其也称为风沙流结构特征。当风速大于或接近沙粒起动值时,床面沙粒运动以蠕移为主,兼有一定数量的沙粒跃移,低层处于沙量饱和状态，但总输沙量并不太高，此种风沙流称为低浓度饱和风沙流。当风速继续增大，输沙量随之迅速增大，沙粒跃移强度明显超过沙粒蠕移，或两种运动方式趋于均衡状态时，我们称之为高浓度饱和风沙流。当此种风沙流由沙质床面向其下风处非沙质床面(如戈壁等)运行时，下垫面性质改变，增大了沙粒跃移的弹跳能力，致使床面底层沙量相对减少而处于不饱和状态，故称为高浓度不饱和风沙流。此时，不仅改变了风沙流的结构，使上下层沙量趋于均一，而且也改变了风沙流的性质，其进一步发展将引起气流与风沙流的正弦波共振作用。

这种高浓度不饱和的风沙流一旦遇到地形、地物的阻碍，或风速的瞬间减弱，均能导致风沙流的结构特征的改变，使之变为高浓度饱和或过饱和状态而产生积沙现象，几乎所有风沙地貌形态的形成均与高浓度不饱和风沙流有关。

3. 地形与下垫面的作用

不同尺度的地形(包括高大沙山)对气流的作用主要有两方面：一是受阻减速，形成积沙；二是受阻转向。高大山体亦可形成下沉的山风，持久而稳定的山风对金字塔沙丘的形成具有一定的作用。前者为地形的动力作用，后者为地形的热力作用。下垫面性质一般能够直接影响风沙流的运动条件，而其热力作用只有和局地环流并存时，才有加强局地环流的作用。

(四) 结 论

(1)金字塔沙丘多分布于沙漠边缘地区，且成群分布，也有单个零星分布。

金字塔沙丘是形态独特的风积地貌，形体高大，是沙漠中最高大的沙丘，一般高为50~100m，高者可达200~300m。

(2)金字塔沙丘形成于风向玫瑰均匀对称处，其中每一棱或面代表一种风向，我国沙漠中的金字塔沙丘多是受三种风向作用，常常表现出三个棱面。

(3)金字塔沙丘多形成于山岭附近，山前是金字塔沙丘形成的环境基础。其一，地表风沙流因地形曲率过大，沙粒堆积，在三组风向下，形成三组堆积带。随着风沙流不断补充加高，逐渐演变成金字塔沙丘；其二，长期连续的风况观测表明，金字塔沙丘处于山岭之前，则往往受山谷风的作用，其中以山风最强，这种山谷风与行星风系或大区域性环流组合而成的多风向条件是沙漠腹地提供不了的，其为金字塔沙丘的形成建立了物质和能量基础。

(4)风沙流场和沙纹测量结果表明，气流在迎风坡产生沿脊线分流，并在背风坡形成较宽的副涡流带，该副涡流带不仅造成水平涡流，而且具有由滑落面底向沙丘顶部搬运沙子的反转气流作用，在背风面及金字塔顶出现上下层风速相近，或下层风速大于上层风速的现象。温度层结反映夜间丘顶有逆温效应，但不足以形成下沉气流。

(5)线形星状沙丘是金字塔沙丘主臂或线状沙丘在多风向作用下的一种分离变形。因此，其往往形成于金字塔沙丘主臂或高大线状沙丘顶部。

(6)金字塔沙丘形成的动力条件为：①非沙质床面的气流场辐合区，具有三个以上近似均匀分布的主风向，各主风向的风力强度、出现频率及持续时间不尽相同，但年总输沙能力较为接近，而且月输沙能力具有明显的季节变化；②不太充裕的沙源和高浓度不饱和风沙流；③不同尺度地形条件的动力作用和沙漠与戈壁下垫面的热力影响。

（7）金字塔沙丘的形成过程经历了沙物质积累和形体塑造两个发育阶段。这两个阶段是相互交替进行的。具体地说，三个主风向的作用在于，首先由一个主风向，提供沙物质积累；其次由另一个主风向进一步提供补充沙源，并塑造金字塔沙丘形态——主脊（或主梁）；最后由一个主风向塑造了金字塔沙丘副脊（或副梁）。这一过程是在不同季节完成的，年复一年逐渐发育成较为典型的金字塔沙丘形态。

第四节　羽毛状沙丘形态形成

由于某种原因，20 世纪 50 年代末开展的全国沙漠综合考察未能进入塔里木盆地罗布泊洼地东侧的库姆塔格沙漠。朱震达等（1980）通过航片分析，将分布在这一沙漠西北部的特殊形态沙丘定名为羽毛状沙丘，并提出羽毛状沙丘是由新月形沙垄和垄间沙坪组

◎	地级市	新月形沙丘及沙丘链		半固定灌丛沙丘	
⊙	县级市	格状沙丘链		固定灌丛沙堆	
○	其他居民点	新月形沙垄		风蚀雅丹	
──	国界	羽毛状沙丘		碎石质戈壁	
─·─	省级界	金字塔沙丘（沙山）		沙砾质戈壁	
═══	铁路	复合型沙丘		绿洲	
═══	公路	复合型沙垄		山地	

图 5-23　库姆塔格沙漠周围环境示意图

成的复合沙丘形态。库姆塔格沙漠周围环境如图 5-23 所示。2004～2008 年由中国林业科学研究院、中国科学院寒区旱区环境与工程研究所、甘肃省治沙研究所等 18 个研究机构组成的综合科考队深入库姆塔格沙漠进行科学考察，对羽毛状沙丘的形态特征、下伏地层、沉积物化学特征、风沙运动等方面进行了实地观测研究。之后，许多学者对库姆塔格沙漠存在的羽毛状沙丘发表了不同看法，至今仍未形成统一意见。

董治宝等（2011）综合分析了国内外沙丘分类学中关于羽毛状沙丘的论述，提出羽毛状沙丘是复合线形沙垄的一种类型，其中沙垄的主脊构成"羽柄"。而叠加其上的次级沙丘脊歧出主沙丘脊，构成"羽毛"。对比分析世界其他沙漠的羽毛状沙丘的形态学特征，库姆塔格沙漠所谓的"羽毛状沙丘"实际上是典型的赛夫沙丘。

多数学者肯定库姆塔格沙漠羽毛状沙丘的存在。遥感影像上显示的羽毛状图案的"羽柄"由一系列平行的纵向新月形沙垄组成［图 5-24（a）和图 5-24（b）］；"羽毛"则由沙垄之间巷道中一系列起伏不大呈抛物线状相互平行的沙埂组成［图 5-24（c）和图 5-24（d）］，但对"羽毛"沙埂有一定的高差，还是"由无明显高差的明暗相间的沉积物所致"也有不同意见。

(a)

(b)

图 5-24　低空拍摄的羽毛状沙丘[Geoge Stainmetz（美）摄]

　　2004 年起，笔者陆续对库姆塔格沙漠的羽毛状沙垄进行了探讨。近年来，我们还通过对该区羽毛状沙丘的航片解译、实地调查测量（包括光谱测定、近地面风况观测、沙垄探槽观察）、粒度和矿物分析等工作，确定了羽毛状沙丘的存在。

一、库姆塔格沙漠羽毛状沙丘的形态特征

　　库姆塔格沙漠羽毛状沙丘主要分布于 91°24′48″E ～ 92°48′32″E，40°01′12″N ～ 40°27′48″N，海拔 850～1050 m，面积 4016 km^2，占该沙漠总面积的 17.5%（图 5-25）。其北和东北分别与阿奇克堑谷和雅丹国家地质公园相连，东南和西南分别过渡为平沙地和新月形沙丘链、纵向沙垄和沙山等多种类型的风沙地貌。从航片和卫片上看（图 5-26），东北—西南走向的亮色沙垄像羽管（或称羽轴），沙垄之间明暗相间的起伏沙体像羽毛（或称羽枝）。因此，按沙丘似物形态及其与风动力关系的命名原则，将其称为羽毛状沙丘是适宜的。

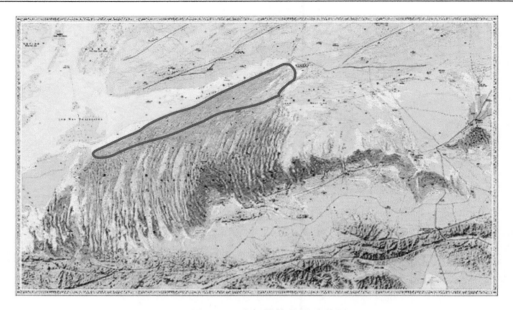

图 5-25　库姆塔格沙漠地貌图

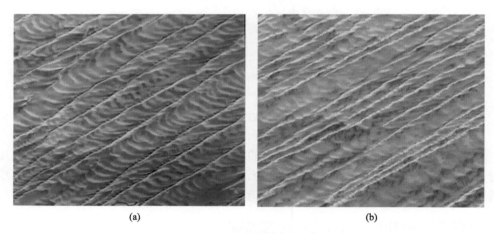

图 5-26　库姆塔格沙漠羽毛状沙丘(航空照片)

库姆塔格沙漠羽毛状沙丘由新月形沙垄和垄间舌状沙丘组合而成。新月形沙垄似羽管，由一系列新月形沙丘顺主风向纵向相连；舌状沙丘似羽管两侧的羽毛，是一系列垂直于主风向的舌状沙丘。

1. 新月形沙垄

通过实地调查并结合对航片和卫片的判读，库姆塔格沙漠羽毛状沙丘分布区至少有54 条明显的新月形沙垄，它们几乎都有不同程度的弯曲或分叉。在沙垄的西北侧，往往有许多锯齿突状沙体(图 5-27)。对选取的其中 35 条沙垄进行矢量统计[图 5-27(a)和图 5-27(b)]，沙垄为 NE(43°～58°)—SW(223°～238°) 走向；垄长 4～22 km，其中 9～

18 km 者占 72%；垄宽①27～140 m，其中 30～90 m 者占 74%；垄高 3～19 m ，其中 10～16 m 者占 81%。沙垄纵轴线间距 87～1265 m，100～500 m 者占 73%。采用低空动力伞观察和在地面观察，航卫片上显示的亮色沙垄实际为灰黄色，沙垄西北侧锯齿突状沙体实际上是新月形沙丘的西北翼角，而东南翼角与下风向的另一个新月形沙丘相连（图 5-28），表明沙垄是由一系列新月形沙丘纵向连接形成的。根据全站仪对几个有代表性的新月形沙丘的测量结果，这类沙丘纵轴线与沙垄纵轴线约呈 9°夹角。沙丘两翼不对

(a)　　　　　　　　　　　(b)

图 5-27　新月形沙垄沉积交错层

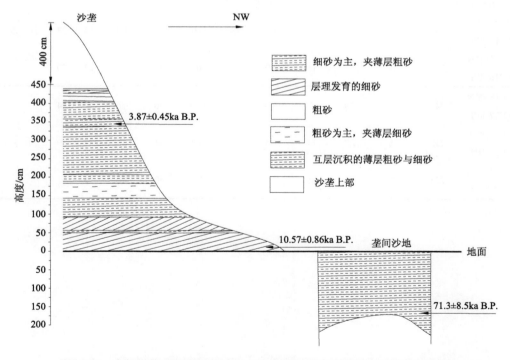

图 5-28　库姆塔格沙漠羽毛状沙丘之沙垄与垄间沙地沙层沉积剖面示意图

---

① 垄宽是指组成沙垄的新月形沙丘翼角的水平距离。

称，一般西北翼较长，东南翼较短。两翼间距 30～66 m（平均 51 m），夹角 44°～120°（平均 80°）。沙丘腰部横断面也不对称，东南侧（平均坡度为 24.8°）较西北侧（平均坡度为 23.3°）略陡。沙丘迎风坡最大坡度为 18°，其中 70%沙丘迎风坡度小于 15°，背风坡坡度最小为 31.5°。沙丘迎风坡长为背风坡的 3～5 倍（表 5-3）。新月形沙垄的西南落沙坡在地貌形态上是清楚的（图 5-29），西北落沙坡可以从沙垄探槽剖面看出（图 5-27、图 5-28）。图 5-31 中，板状交错纹层倾角 6°～15°，具逆粒序结构，纹层厚度变化小，属北北东风作用下迎风坡的爬升波痕纹层；低–高角度楔状交错层倾角 13°～27°，与下伏、上覆界面相切，属东风作用下背风坡气流分离区的渐变型交错纹层。这两组倾向相反的交错层理为新月形沙丘西北坡同时存在落沙坡和迎风坡，并随时间变化出现落沙坡和迎风坡的交替提供了证据。由于该区北北东风输沙势最高，形态上沙丘东南侧又陡于西北侧，加之西北坡具有背风坡纹层结构，由此可推断该沙丘东南坡同样具有落沙坡和迎风坡相互交替的过程。

表 5-3　组成新月形沙垄的新月形沙丘形态参数

量测位置	走向/(°)	丘间距/m	丘高/m	背风坡		迎风坡		翼				备注
				坡长/m	坡度/(°)	坡长/m	坡度/(°)	间距/m	夹角/(°)	翼长/m		
										E	W	
40°10'17"N 92°20'59"E	232	101	11.0	21	31.5	101	14.0	66	108	28	52	
40°11'39"N 92°16'27"E	238	58	4.4	18	33.5	58	6.0	30	90	14	27	同一沙丘
40°12'08"N 92°16'52"E	246	68	9.8	18	33.0	68	16.5	50	120	23	30	
40°18'46"N 92°27'50"E	240	60	3.8	7	33.0	60	10.5	56	56	42	44	
40°18'04"N 92°26'21"E	230	58	7.7	14	31.5	58	3.0	44	44	37	29	同一沙丘
40°17'15"N 92°24'44"E	223	88	11.1	21	32.0	88	2.5	60	60	35	51	

资料来源：刘虎俊等，2006。

图 5-29　羽毛状沙丘新月形沙垄

2. 舌状沙丘

有的学者认为，库姆塔格沙漠羽毛状图案的"羽毛"是由垄间明暗相间的沉积物对阳光的反照率差异对比形成的，所谓的沙埂与周围地表并无明显高差，进而认为明暗相间的沉积物的矿物组成才是羽毛状图案存在的主要原因(董治宝等，2008)。笔者发现，垄间暗色粗沙床面上分布的浅色细沙沙片厚度2～7 cm，宽6～11 m，间距15～24 m，一般在距新月形沙垄12～15 m的地方出现，与沙垄呈60°～105°夹角(图5-30)。这种沙片不仅形态、规模和位置无明显的随风力变化的规律，而且不与新月形沙垄相连接。因此，能形成如图5-30所示的与沙垄相连，又相互平行，有规律分布的羽毛状图案，其显然是另外一种较稳定的沙体。

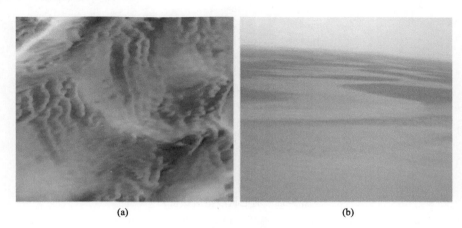

(a)   (b)

图 5-30　浮于垄间沙埂表面的沙片
(a) 为放大的 QuickBird 卫片；(b) 同位置地面照片

根据1972年航摄资料、在数字摄影测量工作站系统(JX4)绘制的1∶10000舌状沙丘纵断面图(图5-31)并结合实地调查发现，这种沙体是垄间存在的一系列舌状沙丘。其舌尖顺东北主风向朝西南突出，两翼逆主风向朝东北弯曲并与沙垄连接，沙丘相互平行，绝大多数互不连接，不如沙垄有整体性。沙丘翼宽140～460 m(平均261 m)，迎风坡平缓(2°～4°)，背风坡稍陡(6°～8°)，丘高1.6～4.0 m，间距70～370 m(平均170.4 m)(图5-32)。由于舌状沙丘高度小、间距大，无明显滑落面，常常使进入该区的人们不易察觉地势起伏的存在。

有的学者虽然承认羽毛状沙垄的存在，但认为羽毛状图案的"羽毛"是由暗色矿物和浅色矿物相间的波状微起伏地形(即"大沙波")组成的(刘虎俊等，2006；俄有浩等，2006)。按照目前国际风成床面形态体系分级系统，空气动力沙波和碰撞沙波高度一般为0.2～100 cm，波长在15～2000 cm，而舌状沙丘的高度和波长远大于空气动力沙波和碰撞沙波。所以，能造成遥感影像羽毛状视觉的垄间波状起伏地形不是"大沙波"，应是舌状沙丘。

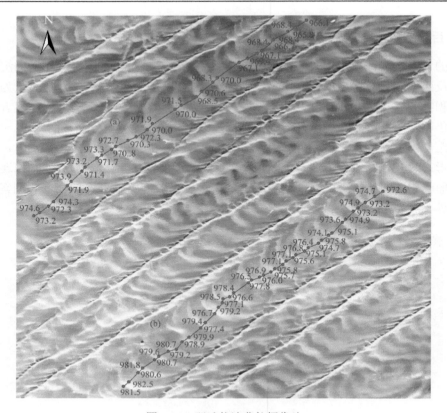

图 5-31　羽毛状沙垄航摄像片

航片中心点: 40°14'22.33"N, 92°25'12.67"E, 拍摄时间: 1972 年 10 月；(a), (b)表示舌状沙丘纵断面测线，

图中数字代表海拔高度

二、羽毛状沙丘存在的风沙环境

(一)起沙风况

中国沙区在冬半年气候受西伯利亚–蒙古高压控制，经常吹刮东北风(图 5-8)。库姆塔格沙漠羽毛状沙丘位于甘新交界东北风系的强风区，冬季东北风强劲而稳定。每年 5 月蒙古高压迅速消退，西风环流控制这个区域，越过帕米尔高原的西风急流在塔里木盆地南缘顺昆仑山前东进，在阿尔金山山前变为西南风，并且风力变弱，西南风作用的时间长，但不及东北风的风力。

根据沙漠周边气象站及沙漠内部观测点资料，库姆塔格沙漠的年平均风速呈现从东到西逐渐降低的趋势。测得羽毛状沙丘区东部雅丹地区的年平均风速最高(达到 5.8m/s)，中部哈留图泉降低到 3.9 m/s，西部小泉沟减弱至 3.7 m/s。而沙漠南部靠近山体的三角滩和多坝沟年平均风速分别为 2.9 m/s 和 3.2 m/s。相对于沙漠主体，沙漠外围区域的年平均风速都较低，如沙漠西部若羌的年平均风速为 2.6m/s，而沙漠东部敦煌的年平均风速仅为 2.0 m/s。这与沙漠地区地形坦荡、无植被，地面粗糙度小不无关系。

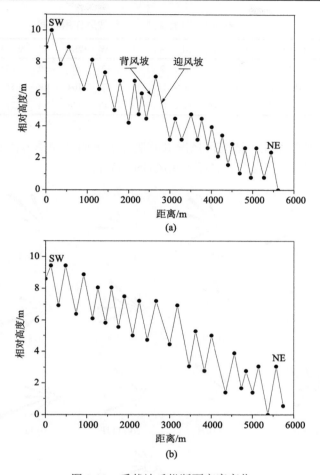

图 5-32　舌状沙丘纵断面高度变化

1. 起沙风和输沙势

库姆塔格沙漠羽毛状沙丘地面裸露无植被生长，0～50cm 沙层含水率在 0.12% 左右；在新月形沙垄顶部，0.25～0.125mm 的细沙含量平均值为 31.92%，0.25～0.5mm 的中沙含量平均值为 31.92%，平均粒径约为 0.3mm。根据前人观测资料推算，以 6.1m/s（气象站 10m 风杆）作为沙粒的起动风速。

表 5-4 给出了羽毛状沙丘区的起沙风作用时间。可以看到，如果将起沙风作用时间做东北—西南方向比较，作用时间最长的是东部雅丹地区，全年达到 3156h，占全年总时间的 36%；中部哈留图泉降低为 2286h，占全年总时间的 26.1%；最西部的小泉沟略低于中部，为 2144h，占到全年总时间的 24.5%。

羽毛状沙丘区除了不同位置之间年起沙风作用时间的差异外，同一位置不同月份的起沙风作用时间也存在很大差异。不论是羽毛状沙丘区东部的雅丹、中部的哈留图泉，还是西部的小泉沟，起沙风作用时间都是从 1 月开始逐步增加，7 月达到最大值，然后逐渐降低。7 月起沙风作用时间比 1 月多 300h 左右。

表 5-4　羽毛状沙丘区起沙风作用时间　　　　　（单位：h）

位置	N	NNE	NE	ENE	E	ESE	SE	SSE	S	SSW	SW	WSW	W	WNW	NW	NNW	SUM
东部	267	521	674	379	430	572	71	15	7	5	12	45	59	15	20	65	3156
中部	112	429	265	412	472	33	3	6	11	11	57	164	136	55	55	68	2286
西部	406	287	395	422	38	16	18	17	19	53	140	136	54	57	66	20	2144

受大气环流形势的影响，研究区风况具有明显的方向性和季节性变化，冬季(12 月至次年 2 月)盛行东风，其他季节盛行东北风(图 5-33)。

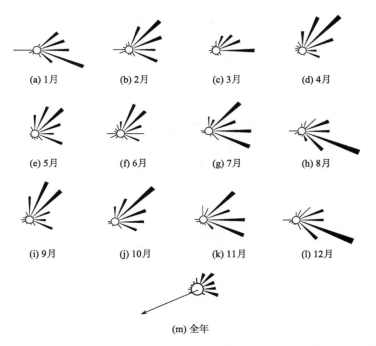

图 5-33　羽毛状沙丘区月起沙风玫瑰

从起沙风发生频率来看(图 5-33)，羽毛状沙丘区大于起沙风的风向频率大体可确定为 N-NE、ENE-ESE 和 SW-W 三组风向，这三组风向频率随新月形沙垄垄向的变化而变化。在东部雅丹，主风向为 N-NE，发生频率 46.34%，次风向为 ENE-ESE，发生频率 43.73%，风向 SW-W 发生频率仅占 3.7%；在中部哈留图泉，主风向改变为 ENE-ESE，发生频率 40.1%，次风向为 N-NE，发生频率 35.2%，而风向 SW-W 发生频率上升到 15.6%；在西部小泉沟，主风向回位至 N-NE，发生频率达到 50.8%，次风向 ENE-ESE 发生频率降至 22.2%，而风向 SW-W 发生频率上升到 16.4%。另外，在哈留图泉和小泉沟，风向 WNW-NNW 频次也较高，比重分别占 7.7%和 9.7%。三组风向的交替变化对羽毛状沙丘新月形沙垄方向的改变提供了动力条件。

2. 沙物质组成

1）粒度组成

在新月形沙垄西北坡、东南坡、垄顶和舌状沙丘迎风坡、背风坡、丘顶采集了表面沙样。采样深度：新月形沙垄 0～3 cm，舌状沙丘 0～5 cm。分析结果（表 5-5）表明，新月形沙垄极粗沙–粗沙含量为 14.41%～40.94%，中沙含量为 20.25%～34.21%，细沙–极细沙含量为 37.97%～50.80%；平均粒径在西北坡为 0.46 mm，东南坡和垄顶分别为 0.31mm 和 0.30 mm；标准偏差在沙垄两侧为 1.40 左右，垄顶 0.95。舌状沙丘极粗沙–粗沙含量 78.53%～87.57%，中沙含量为 6.80%～15.72%，细沙–极细沙含量为 4.41%～5.67%；平均粒径在迎风坡为 0.83 mm，丘顶和背风坡分别为 0.82 mm、0.66 mm；标准偏差在丘顶为 0.55，迎风坡和背风坡分别为 0.54、0.53。羽毛状沙垄表面的粒度变化表现出舌状沙丘粗于新月形沙垄、舌状沙丘迎风坡粗于背风坡，以及沙垄分选较差至中等、舌状沙丘分选较好的特点。

表 5-5　羽毛状沙垄不同部位粒级含量与特征值

取样部位		粒级百分含量/%							平均粒径（Mz）		标准离差（σ）
		细砾	极粗沙	粗沙	中沙	细沙	极细沙	粗粉沙			
		2~4 mm	1~2 mm	0.5~1 mm	0.25~0.5 mm	0.1~0.25 mm	0.05~0.1 mm	0.01~0.05mm	ϕ	d/mm	
沙垄	西北坡	0.00	18.47	22.47	20.27	28.66	9.31	0.82	1.13	0.46	1.37
	垄顶	0.00	0.09	14.32	34.21	40.67	10.13	0.57	1.75	0.30	0.95
	东南坡	0.00	5.32	24.62	20.25	29.54	18.12	2.17	1.68	0.31	1.43
舌状沙丘	迎风坡	0.24	31.56	56.01	7.79	3.90	0.51	0.00	0.27	0.83	0.54
	丘顶	0.57	28.99	57.97	6.80	3.80	1.87	0.00	0.29	0.82	0.55
	背风坡	0.13	10.73	67.80	15.72	5.13	0.49	0.00	0.61	0.66	0.53

注：据 Fork 和 Ward 分级标准。

平均粒径 $(Mz)=(\sigma16+\sigma50+\sigma84)/3$；标准离差 $(\sigma)=(\phi84-\phi16)/4+(\phi95-\phi5)/6.6$；$\phi=-\log_2 d$（$d$ 为直径/mm）。

2）矿物组成和光照反射率

在新月形沙垄西北坡、东南坡、垄顶和舌状沙丘迎风坡、背风坡采集表面沙样进行矿物组分分析。采样深度：新月形沙垄 0～3 cm，舌状沙丘 0～5 cm。样品分析由河北省地质矿产局廊坊实验室李林庆完成。测试粒径：0.031～2mm；仪器型号：D8 Advance 衍射仪；选用参数：CuKα辐射，管压 40 kV，管流 40 mA；样品扫描角度：3°～45°2θ，步长 0.02°。

分析结果（表 5-6）表明，新月形沙垄的重矿物组合有 21 种，其中，角闪石、绿帘石、不透明矿物（磁铁矿、赤褐铁矿、钛铁矿）和阳起石含量占重矿物总量的 88.83%，沙垄风成沙的重矿物组合为角闪石—绿帘石—不透明矿物—阳起石；舌状沙丘重矿物有 15 种，其中，不透明矿物、绿帘石和角闪石含量占重矿物总量的 91.21%，舌状沙丘风成沙的重矿物组合为不透明矿物—绿帘石—角闪石。暗色矿物含量分布：舌状沙丘（45.66%～47.99%）高于新月形沙垄（21.80%～32.1%）；舌状沙丘迎风坡（47.99%）高于背风坡

（45.66%）；新月形沙垄西北坡（32.10%）高于垄顶和东南坡（21.9%左右）。可见，新月形沙垄与舌状沙丘之间、舌状沙丘迎风坡与背风坡之间、新月形沙垄垄顶与两侧之间具有明显的色泽反差。

表 5-6　羽毛状沙垄的矿物成分（单位为重量百分比）

| 矿物分类 | 矿物名称 | 取样位置 | | | | |
| | | 新月形沙垄 | | | 舌状沙丘 | |
		西北坡	垄顶	东南坡	迎风坡	背风坡
暗色矿物	榍石	0.095	0.044	0.019	0.032	0.177
	磁铁矿	0.406	0.122	0.041	0.343	0.471
	赤褐铁矿	0.373	0.133	0.020	0.218	0.564
	钛铁矿	0.113	0.060	0.027	0.532	1.154
	电气石	0.012	0.001	0.001	0.001	0.006
	金红石	0.005	0.002	0.000	0.003	0.007
	角闪石	3.025	0.299	0.856	0.620	0.876
	白钛石	0.033	0.007	0.001	0.013	0.014
	绿帘石	0.831	0.565	0.156	0.668	1.867
	阳起石	0.936	0.131	0.022	0.000	0.000
	普通辉石	0.007	0.001	0.000	0.000	0.000
	黄铁矿	0.000	0.000	Δ	0.000	0.000
	锐钛矿	0.000	+	+	0.000	0.000
	黝帘石	0.000	0.033	0.000	0.000	0.000
	黑云母	0.000	0.000	0.000	0.001	0.008
	蚀变矿物	24.711	16.923	8.436	0.000	0.000
	岩屑	1.552	3.647	12.216	44.036	38.870
	碳酸盐	0.000	0.000	0.000	1.518	1.646
	合计	32.10	21.97	21.80	47.99	45.66
浅色矿物	锆石	0.040	0.012	0.003	0.026	0.034
	磷灰石	0.064	0.002	0.003	0.006	0.004
	透闪石	0.259	0.009	0.008	0.007	0.040
	石榴石	0.275	0.053	0.029	0.095	0.231
	重晶石	0.000	0.001	0.000	0.000	0.000
	透辉石	0.001	0.000	0.000	0.000	0.000
	蓝晶石	0.001	0.000	0.000	0.000	0.000
	石英	40.840	51.321	50.930	28.156	31.210
	长石	22.926	26.635	25.850	0.000	0.000
	钾长石	0.000	0.000	0.000	3.598	3.540
	斜长石	0.000	0.000	0.000	20.130	19.284
	方解石	3.497	0.000	1.383	0.000	0.000
	合计	67.90	78.03	78.20	52.01	54.34

注："+"表示5~10粒；"Δ"表示21~50粒。

根据 FieldSpec Pro 型高光谱数据采集仪对舌状沙丘进行测定，结果如下（图 5-34），舌状沙丘的光照反射率在背风坡为 8.00%～25.25%。平均 20.20%，高于迎风坡（7.60%～21.20%，平均 17.10%），其中，在波长 600～1050 nm 尤为显著，背风坡光照反射率为迎风坡的 1.2 倍。这显然是由迎风坡沙粒较粗、暗色矿物富集、对可见光的吸收作用高于背风坡引起的，这也从侧面证实了舌状沙丘高低起伏的存在。

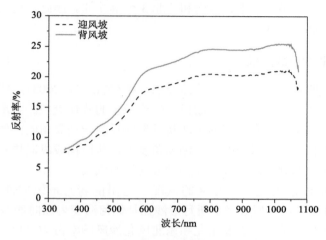

图 5-34　舌状沙丘不同部位光照反射率

由于舌状沙丘的暗色矿物含量和平均粒径高于新月形沙垄，由此推断沙垄比垄间具有更高的光照反射率。根据光谱测量结果，沙垄的光照反射率约为垄间的 2 倍（董治宝等，2008），这为航片上沙垄和垄间舌状沙丘背风坡显示亮白色、垄间地和舌状沙丘迎风坡显示暗灰色提供了依据。至于舌状沙丘迎风面出现的白色条带和斑块，其实浮于粗沙表面上的主要是由细沙组成的沙片。

可见，羽毛状沙垄不仅具有独特的新月形沙垄与舌状沙丘的组合形态，而且其不同部位的粒度、矿物和光照反射率也有明显差异：新月形沙垄细颗粒多、浅色矿物富集，反射率高，显亮白色；垄间地粗颗粒多、暗色矿物富集，反射率低，显暗灰色。舌状沙丘背风坡细颗粒多、浅色矿物富集，反射率高，显亮白色；迎风坡粗颗粒多、暗色矿物富集，反射率低，显暗灰色。正是羽毛状沙丘各部位粒度、矿物组成不同所引起的光照反射率的差异，才使得其在航片上呈现羽毛状景色。

三、羽毛状沙丘形成机理探讨

库姆塔格沙漠北侧分布的羽毛状沙丘是一种由纵向新月形沙垄与垄间舌状沙丘的组合形态，是特定风况条件下产生的动力因素的产物。

根据羽毛状沙垄区自动气象站（Huatron CAWS 600 标准型）采集的数据，应用 Fryberger 公式 $DP = V^2 \times (V - V_t) \times t$（DP 为输沙势，$V$ 为风速；V_t 为起动风速；t 为起沙风时间数）计算得出：羽毛状沙垄区年均输沙势为 422，属高风能环境；年均方向变率指数（RDP/DP）为 0.5，属中比率；合成输沙方向（RDD）为 213°，与沙垄走向呈 10°～25°

夹角。从方向变率指数看，羽毛状沙垄区起沙风况应为锐双峰，但由于该区新月形沙垄具备 3 个落沙坡，用两个斜交风解释其动力因素显然不够。根据 16 方位输沙势及其与沙垄落沙坡的关系，羽毛状沙垄的起沙风可分为三组：北北东风，与沙垄西北侧正向斜交，其输沙势占总输沙势的 25.3%；东北东风，与沙垄大致平行，占总输沙势的 12.7%；东风，与沙垄东南侧正向斜交，占总输沙势的 21.2%。三组风的输沙势占总输沙势的 59.2%，且分别对应于新月形沙垄的东南、西南和西北 3 个落沙坡。因此，这三组风是羽毛状沙垄形成发育的主要动力条件。

1. 纵向新月形沙丘的形成

新月形沙垄，即赛夫沙丘，是线状沙丘的一种（吴正等，2003）。线状沙丘是全球沙漠中最常见的类型之一，同时又是形成机理争论最多的沙丘类型。其形态形成的主风向与次主风向呈锐角相交，纵向排列的一队新月形沙丘的一个翼角向前伸展与前列的新月形沙丘迎风坡发生相连，而对应的另一侧翼角萎缩，从而构成纵向排列的起伏沙垄，相间着同一方向的向一侧倾斜的落沙坡和相对方向的迎风坡。

依据库姆塔格沙漠羽毛状沙丘区的风况，这里的新月形纵向沙垄可以较好地用 Bagnold 模型来解释，该模型解释了新月形沙丘是如何演变为纵向沙垄的（图 5-35）。根据 Bagnold 模型，最频繁的北、北东北和东北风起沙风频率占 40.11%，相当于 Bagnold 模型的软风 g，形成落沙坡朝向西南的新月形沙丘，具有西北和东南两个翼角。在强度较大但不太频繁的东北东、东和东南东风的作用下（起沙风频率占 35.34%，相当于 Bagnold 模型的沙暴风 s），新月形沙丘的东南翼向北拉长，并与相邻新月形沙丘相连接，西北翼相对收缩，形成 NE(55°)—SW(235°) 走向的纵向沙垄，沙丘走向与合成输沙方向斜交，呈 10°左右夹角。北东北风有拉长新月形沙丘西北翼的作用，但与东风和东南东风相比，其力量相当有限。因此，在纵向沙垄的西北侧保留了较为明显的新月形沙丘翼角。

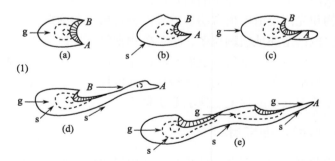

图 5-35　新月形沙丘过渡新月形纵向沙垄的过程(Bagnold，1941)

g、s 分别为 Bagnold 模型的软风、沙暴风

库姆塔格沙漠羽毛状沙丘区还分布着在风蚀雅丹影响下形成的纵向沙垄类型。每一条线状沙丘的头部都有一个或几个雅丹残丘。和新月形沙丘演变的赛夫沙丘相比，风蚀雅丹影响下形成的线状沙丘无明显翼角，沙垄间也无明显的波状起伏地形。据此，有的

学者臆测库姆塔格沙漠的羽毛状沙丘纵向沙垄下隐伏着雅丹，其最初的形成也与雅丹的存在有关，但这种推测至今没有获得证实。

2. 垄间沙埂的形成

垄间沙埂(舌状沙丘)是在新月形沙垄形成后，在沙垄间由于廊道效应和沙垄坡脚边界黏滞效应作用下，垄间低地风沙流的运动速度一般是轴部速度快，而两侧接近沙垄部位的风沙流运动速度，由于受沙垄的侧向阻滞阻力，且不平整的坡脚加重了这种阻力的影响，致使运动速度较慢，于是形成舌状沙丘。

为进一步证明舌状沙丘的形成机理，在中国科学院沙漠与沙漠化重点实验室室内沙风洞中进行了模拟实验，沙风洞是直流闭口吹气式低速风洞，洞体全长38.78m。其中，实验段16.23m，截面积$0.6m^2$；风速从2～40 m/s连续可调；紊流强度在0.4%以下。实验采用的可转动沙盘位于实验扩散段，沙盘直径2.5m，并将沙盘按库姆塔格羽毛状沙垄发育基面阿尔金山山前的倾斜平原的坡度5°倾斜。在距沙盘前5m处平铺20cm厚库姆塔格沙漠的混合沙，其平均粒径约0.25mm。为接近野外实际供沙状况，模型按实地羽毛状沙垄1/100缩小，模型高10mm，间距30cm，风速选择7.5～8 m/s，保证既能起沙，又不至于风速过大而破坏原有的沙纹。30min后，沙盘上出现清晰可见的舌状沙纹(图5-36)。

图5-36　羽毛状沙垄舌状沙纹风洞模拟实验

经过对羽毛状沙丘纵向沙垄(羽梗)表层和深层、垄间平地深层取样进行光释光测年，获得羽毛状沙丘下伏古地形的年龄为71.3±8.5ka B.P.，新月形沙垄中下部和底部的年龄分别为3.87±0.45ka B.P.和10.57±0.86ka B.P.，说明垄间沙地早在第四纪晚更新世中期就已经发育形成。结合沙层沉积结构分析，羽毛状沙丘的新月形沙垄是全新世以来形成于较为平缓的下伏古地形，其早期的堆积速度约为0.3m/ka。垄间舌状沙丘(羽毛)是在新月形沙垄形成后，垄间巷道效应产生的两侧牵引(或说是垄间的黏滞效应)的产物。

据此，我们可以大致勾绘出库姆塔格沙漠，特别是羽毛状沙丘发育的大致轮廓。羽毛状沙丘的形成晚于整个沙漠的形成年代，是沙漠大面积形成之后才发育形成的。近期的考察和分析研究(王继和等，2008)认为，库姆塔格沙漠早在早更新世初(2097.7±314.7

ka B.P.)已有风沙活动，沙漠开始形成。自中更新世(386.9±58.0ka B.P.)开始，风沙活动较为盛行，沙漠大面积扩展，到中更新世晚期(285.9±42.9ka B.P.)已大面积形成。沙漠最初从西南部开始形成，然后由西南部向北和东北方向扩展。晚更新世，青藏高原及塔里木盆地周边山地的进一步隆起，使得处于塔里木盆地罗布泊洼地东侧的库姆塔格沙漠地区气候变得更加干燥，风沙活动更为频繁。到第四纪晚更新世中后期，沙漠北部早期的湖相积层台地大面积被风蚀成梁状地貌，罗布泊以东沿阿奇克谷地至玉门关一带和罗布泊北部龙城——白龙堆地至三垅沙一带早期湖湘沉积地层受风蚀和水蚀作用形成了大面积的雅丹地貌，阻断了下风向的沙源供给。全新世以来，上述雅丹分布地区下方的沙源不断减少，具备了羽毛状沙丘形成的必要条件——不太丰富的沙源物质(屈建军等，2007)，在特定的动力风条件下形成了独特的羽毛状沙丘。

参 考 文 献

董治宝，屈建军，卢琦，等. 2008. 关于库姆塔格沙漠"羽毛状"风沙地貌的讨论. 中国沙漠，28(6)：
　　1005-1010，1214.

董治宝，苏志珠，钱广强，等. 2011. 库姆塔格沙漠风沙地貌. 北京：科学出版社.

俄有浩，苏志珠，王继和，等. 2006. 库姆塔格沙漠综合科学考察成果初报. 中国沙漠，26(5)：5.

贺大良. 1986. 金字塔沙丘形成机制初探. 干旱区地理，9(1)：16-19.

胡世雄，吴正. 1997. 敦煌鸣沙山金字塔沙丘的形成模式研究. 地理研究，16(1)：60-67.

李志忠，陈广庭. 1995. 金字塔沙丘风洞流场结构的实验研究——兼论金字塔沙丘发育模式. 中国沙漠，
　　15(3)：227-232.

廖空太. 2009. 库姆塔格沙漠羽毛状沙丘形成过程研究. 北京：中国科学院寒区旱区环境与工程研究所.

刘虎俊，王继和，廖空太，等. 2006. 库姆塔格沙漠"羽毛状沙丘"形态的示量特征. 干旱区地理，
　　29(3)：314-320.

刘虎俊，翟新伟，张国忠，等. 2006. 库姆塔格沙漠"羽毛状沙丘"形态的示量特征. 干旱区地理，29(3)：7.

屈建军，廖空太，俎瑞平，等. 2007. 库姆塔格沙漠羽毛状沙垄形成机理研究. 中国沙漠，27(3)：
　　349-355.

屈建军，凌裕泉，张伟民，等. 1992. 金字塔沙丘形成机制的初步观测与研究. 中国沙漠，12(4)：20-28.

屈建军，张伟民，彭期龙，等. 1996. 论敦煌莫高窟的若干风沙问题. 地理学报，51(5)：418，420-425.

屈建军，郑本兴，俞祁浩，等. 2004. 罗布泊东阿奇克谷地雅丹地貌与库姆塔格沙漠形成的关系. 中国沙
　　漠，24(3)：40-46，127-128.

屈建军，左国朝，张克存，等. 2005. 库姆塔格沙漠形成演化与区域新构造运动关系研究. 干旱区地理，
　　28(4)：8-12.

屈建军. 2004. 库姆塔格沙漠图. 北京：中国地图出版社.

王继和，廖空太，俄有浩，等. 2005. 库姆塔格沙漠综合科学考察的初步结果. 甘肃科技，21(10)：14-16，
　　230.

王继和，袁宏波，张锦春，等. 2008. 库姆塔格沙漠植物区系组成及地理成分. 中国沙漠，28(5)：9.

王继和. 2007. 库姆塔格沙漠综合科学考察. 兰州：甘肃科学技术出版社.

吴正. 2003. 风沙地貌与治沙工程学. 北京：科学出版社.

杨转玲. 2019. 三垄沙地区风沙运动规律与新月形沙丘动态演化研究. 北京: 中国科学院大学.

张伟民, 李孝泽, 屈建军, 等. 1998. 金字塔沙丘地表气流场及其动力学过程研究. 中国沙漠, 18(3): 25-30.

朱震达, 吴正, 刘恕, 等. 1980. 中国沙漠概论. 北京: 科学出版社.

Bagnold R A. 1941. The Physics of Blown Sand and Desert Dunes. London: Methuen.

Dong Z, Qu J, Wang X , et al. 2008. Pseudo-feathery dunes in the Kumtagh Desert. Geomorphology, 100(3-4): 328-334.

Lancaster, N. 1995. Geomorphology of Desert Dunes. New York: Routledge.

Mabbutt J A. 2010. Aeolian landforms in central Australia. Geographical Research, 6(2): 139-150.

Mckee E D, Tibbitts G C. 1964. Primary structures of a seif dune and associateddeposits in Libya. Journal of Sedimentary Research, 34(1): 5-17.

Tsoar H, Bagnold R A . 1994. The physics of blown sand and desert dunes. London: Methuen. Progress in Physical Geography, 18(1): 91-96.

Wasson R J, Hyde R. 1983. Factors determining desert dune type. Nature, 304(5924): 337-339.

第六章　沙害的形成与防治

在沙漠开发利用和沙漠化防治的实践中，各种防沙治沙方案的制定都与一个地区的风沙危害形式和危害程度有关。因此，对各种风沙危害性质的深入了解及其成因的探讨就显得特别重要和十分必要。

第一节　风沙危害的形成

一、风沙危害的性质

风蚀与积沙是风沙运动过程所形成的两种主要危害形式。风沙(夹沙气流)所造成的风蚀危害远远超过纯净气流的风蚀作用，因为风沙不仅具有较强的掏蚀作用，而且具有强烈的磨蚀作用。相对而言，风沙运动所造成的积沙危害更具有普遍的意义。积沙危害有两种类型：一是在风沙流运动过程中形成的积沙危害；二是沙丘移动，特别零散分布的低矮的新月形沙丘的整体移动所造成的危害。一般来说，风沙流所造成的积沙危害更为普遍、更为严重。从宏观方面看，风沙危害的形成可分为以下两种情况。

(一)地形起伏的大面积流沙地区

在流动沙丘地区，风沙运动状况以及可能造成的沙害形式见图 6-1。由图 6-1(a)可见，当气流或风沙流沿沙丘表面运动时，在其纵断面脊线附近，发生边界层的多次分离以及沿水平方向的绕流作用[图6-1(b)]，导致大量沙子在沙丘的背风侧堆积，并使沙丘逐步向前推移(凌裕泉，1980)。随风力、沙源条件及地表状况不同，沙害形式一般也有两种：一是高浓度过饱和的强风沙流，由于输沙量水平分布的非均一性而造成的积沙形态，形如沙舌[图6-2(a)舌状积沙危害公路]；二是沙片[图6-2(b)片状积沙危害铁路]和沙丘整体前移[图6-2(c)沙丘移动危害农田和村庄]。

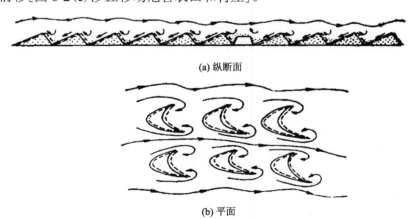

(a) 纵断面

(b) 平面

图 6-1　气流(或风沙流)流经沙丘时所引起的变化和积沙现象示意图

　　沙丘整体前移速度一般较为缓慢，不过沙害一旦形成就难以排除，而沙舌和沙片的形成则较为迅速，具有突发性特征，往往一场大风就能造成严重的沙害。

图 6-2　几种常见风沙危害
(a)舌状积沙危害公路；(b)片状积沙危害铁路；(c)沙丘移动危害农田和村庄

　　一般情况下，沙漠地区这两种沙害的威胁同时存在。为防止此种沙害，通常必须在被防护对象的上风侧设置防沙措施。对于这些地区的沙害防治，一般以固沙措施为主，固阻结合，这就是说，为防止前缘积沙危害，必须同时采取前沿阻沙措施。

(二)平坦而开阔的过境风沙流地区

　　在平坦而开阔的平沙地(包括沙质戈壁)或沙砾质戈壁地区，一般风速较大，沙源却不太丰富，相对流沙而言，这里的下垫面自身很少起沙。来自上风向的风沙流进入该地段，在无障碍阻拦的情况下，往往容易形成高浓度不饱和的过境风沙流，气流对沙物质的搬运能力和搬运高度明显增大(凌裕泉，1991)。这种情况下的风沙流具有较强的风蚀或磨蚀的能力。不过一旦遇到障碍物或地形转折点，如公路路堤或铁路路堤及其上部建筑的阻碍，均可能由于附面层的分离作用在分离区形成涡旋积沙而危害道路的运营。其防治原则以阻沙措施为主，首先在上风向设置多级阻截沙源的措施，进行分段减弱风沙流强度。或者通过建筑物断面形式的设计，缩小道路边坡的坡度或采用流线形的断面形式，让多余的沙量吹过路基。不过，应该注意在多向风地区设计时必须充分考虑到反向风的影响(朱国胜和李克云，1999；王润心，1997；耿宽宏，1981)。

　　另外，黏土光板地也属于此种类型，不过其面积很小，不具代表性。

二、沙害的成因

　　概括起来风沙危害形成的原因有四个方面，具体如下。

　　(1)风沙流运行过程中的风速急剧减弱，其中包括风速的阵性变化和风向的转变，容易造成积沙。

　　(2)床面性质的转变，如下垫面粗糙度的增大，导致气流搬运能力相应减弱，往往在不同床面交界处容易形成积沙。由于输沙率在空间分布的不均一性，积沙形态有时呈舌状，有时呈片状，与风向也有一定关系。

　　(3)由障碍物的阻截作用形成的涡旋区积沙。

　　(4)在地形的转折点，由于附面层分离作用形成分离区积沙。

实际积沙通常受到两种或两种以上因素的影响。

三、防治原理

针对上述几种沙害的成因，只要改变其中一种，或控制沙源，或增大风速，或改变地形曲率，或改变下垫面性质，有利于和不利于风沙流运行的措施均能达到防沙的目的。

第二节　沙害防治原则和措施

一、沙害防治原则

沙漠与沙漠化及其风沙危害属于灾害环境的问题，也属于一个国际化的课题。环境改造和治理涉及一个国家或一个地区的经济实力和社会制度，或者说其既有自然因素制约的作用，又有人为因素的影响，涉及诸多方面复杂的系统工程。对此问题的认识，上升到制约一个地区经济可持续发展的原则高度是不过分的。但仅就风沙危害的防治而言，其防治原则应遵循"因地制宜，因害设防；控制沙源，综合治理；就地取材，不断创新"原则。这里还存在一个认识上的问题，即使经实验证明，在流沙上设置半隐蔽草方格沙障具有防沙效果最为显著、成本低廉、施工方便而易于掌握、应用最为广泛等特点，可是总有一些人，对多年来沿用半隐蔽草方格沙障固沙抱有一种偏见，认为草方格沙障太"土"，太简单没有理论水平，不太支持采用此种措施防沙。然而，客观存在的事实就是草方格沙障极为显著的防沙效果不能被否认。其实，风沙危害就是一种潜在的灾害环境，防沙治沙就是一项极其费钱、费时费力的事，并要求我们花最少的钱能够取得最好的防护效益。我们可以把治沙的意义说得更通俗一点，防沙治沙就是花钱买安全。我们不妨把防沙与防洪抗洪相比较，千百年来，人们防洪抗洪的措施还不是多年不变地沿用草袋或麻袋，编织袋装土筑堤吗？可是从来没人说它水平低。归根结底，还是我们国力有限，"洋"材料代价高我们用不起。这里不妨举个实例说明，美国盖蒂保护所与敦煌研究院合作，保护敦煌莫高窟免受崖顶风沙危害时，设置的防沙栅栏就是采用澳大利亚生产的尼龙网为阻沙材料，并用角钢作立柱，加设水泥墩为基础。其费用虽然昂贵了一些，但它的防护性能好，使用寿命长，整洁美观不污染环境，而且是莫高窟地区的一大景观，这是有目共睹的事。在塔里木沙漠石油公路建设中也采用了尼龙网为阻沙材料，同样取得显著的防沙效果。可是，其目前在我国其他地区是难以大范围推广的，其中除经费问题，尚有人为破坏的影响。通常采用的阻沙栅栏材料多为农作物秸秆或树枝，主要起到防沙功能。

当然，我们应该同时研制和开发防沙新材料和新技术，况且随着造纸工业的迅速发展，工业与防沙出现了争原材料的严重局面，这应该引起我们足够的重视。最近我们采用尼龙网、涤纶包芯丝网及高强度抗老化的经编塑料网，在内陆沙漠和沿海海岸地区设置半隐蔽格状沙障已取得较为满意的结果。

二、防沙措施的分类

（一）工程措施原理分类

目前，我国防沙工程集中在铁路和公路建设中，试验研究也以避免这种带状建（构）筑的积沙为主要对象，其中又以铁路防沙规模大、项目多、时间长。因此，本书引用的实例也以铁路防沙较多。不过防护原理还是共同的，具有普遍意义。在长期防沙实践中已逐步形成固沙、阻沙和输沙、导沙的几种防沙措施，现分述如下。

1. 固沙措施

对于被防护体（如路基）两侧一定范围内的流沙表面，通过平铺石子、黏土和炉渣等重型覆盖物和喷洒沥青乳剂，使风和沙粒完全隔绝，保持沙面相对稳定；或设置草方格沙障，增加地表粗糙度，降低风速，减少输沙量，沙障外露部分还能阻拦部分沙源，起到固与阻的双重作用，防沙效果显著。最近采用的尼龙网等新的防沙材料，在内陆沙漠地区和沿海海岸风沙危害防治的试验研究中均取得显著的防沙效果。

2. 阻沙措施

在道路两侧适当距离，设置各种人工阻沙措施，借以减弱风沙流强度和阻拦沙丘前移，使之不停积在障碍物附近。作为道路前缘的第一道防线，这类措施因地而异：在流沙地区的固沙带前缘，设置高立式沙障，高 1m 左右，借助于沙障本身及其形成的沙堤，用以阻拦外来的沙源。在沙质或沙砾质戈壁地带，可采用多级栅栏阻沙的方法，形成阻沙堤，其还起到一定的侧向导沙作用。

3. 输沙措施

减小下垫面粗糙度和相对增大局部地段风力是提高该地段输沙能力的一种有效措施。包兰线迎水桥至孟家湾段，在路基两侧设置 20～30m 宽度的卵石平台，造成不利于沙子堆积的搬运条件。青藏线在伏沙梁地区，遇到的几条纵向沙垄长达数千米，采用固、阻措施，不易收效，于是考虑设计一段输沙桥（桥与路堤结合）。作为一种输沙工程，通过风洞模拟试验，在理论上是可行的，尚需在今后实践中加以印证。

4. 导沙措施

在特定的地区设置一些障碍，迫使风转向，将风沙流导离路基，转向无害方向沉积，如导沙堤、羽毛排等，新疆雅满苏专用线，大风时有少量风沙流进入路堑，在路堑上风方向设置导沙墙，将风沙流导离线路。严格地说，导沙不构成一种独立的防沙措施，其导沙作用是通过输沙的功能来实现的，它是一种特殊的输沙形式，不过为了叙述方便，有时也采取单独的形式加以介绍。

实践证明，在几种防沙措施中，固沙措施是防止风沙危害的最根本和最有效的措施，阻沙措施，在防治过境风沙流前沿积沙中具有不可代替的作用。输沙措施在单一风向情况下应用效果较好，当有反向风时也会带来一些负面影响，应引起足够的重视。固阻结合是一种特效的防沙措施。导沙措施是从防治风雪灾害(风吹雪)方法借鉴来的，导沙的作用并不十分明显而且应用范围具有局限性。其应用于防雪效果较好，因为积雪有物相变化，冬季导致下风处的积雪在夏季融化时增加土壤水分，有利于植被生长，是一种很有利的防护措施，可是其导致的下风侧的积沙不会产生季节的相间变化，反向风时又会造成新的沙害。

除此之外，在防沙实践也曾采用过防沙沟、防沙堤、防沙墙等不太成功的防沙措施，以后会分别加以说明和讨论。沙区群众也采用黏土整体覆盖绿洲中单个新月形沙丘等，翻耕比覆盖更好。

(二)防护材料和防沙措施分类

1. 机械设施防沙

所谓机械设施防沙，也可称为物理方法防沙，包括运用固、阻、输导方法原理，在沙面上设置防护措施，防护材料与沙物质之间不发生化学反应，不污染环境，在一定程度上具有改善环境条件的作用。此种防沙措施可用于各种环境条件，特别是极端干旱的恶劣的自然环境，同时，还可以为植物防沙措施创造有利于植物生存的环境条件。相对于其他防沙材料而言，其具有经济投入较少、见效快和施工简便等优点。

2. 化工材料喷涂

化工材料喷涂防沙措施主要采用各种工业产品或其副产品或衍生物，如乳化沥青、纸浆废液、高分子聚合物等作为固沙剂喷洒在流沙表面全面覆盖流沙，起到固定流沙表面的目的。严格来说，此种措施仍然属于一种机械设施防沙措施，因为固沙剂喷涂到沙面或滞留在表面或渗透于沙粒孔隙，形成一层外壳或保护膜，隔断了流动空气(风)与沙面的直接接触，起到了固(固结沙面)、阻(阻止沙粒进入运动状态)的作用。过去，将其称为"化学治沙"是错误的，近年获得纠正，"喷涂固沙剂固沙"这一名词已经替代化学固沙载入《中国大百科全书(地理卷)》(第三版·网络版)。喷涂固沙剂固沙最大的优点在于材料运输方便，甚至可以现场配制，喷涂固沙剂可以机械施工，方便快捷，可用于沙害的紧急处理；缺点在于，一方面经济投入高，不仅材料成本高，而且施工难度大，同时化工材料均有老化现象，其覆盖层一旦出现破裂或缺口就有全面崩溃的危险。另一方面，是固结层形成后，只固结了原有沙面，而覆盖在固结面的新来沙更容易聚集和流动，会造成新的沙害。鉴于此，喷涂固沙剂措施的研究主要处在实验室的材料筛选阶段。在沙坡头开展了小规模的现场试验，但没有进行过大规模的应用试验。国外曾采用原油喷洒覆盖流沙表面，当固结层被流沙掩埋失效后，需重新再喷涂，提高了防沙工程造价，对环境的污染也是不可低估的。

3. 植物固沙措施

植物固沙应该说是最根本或者说是较为长久的防沙措施，不仅能够固定流沙，同时可以有效地改善生态环境。不过，植物同时对环境条件要求很高或者说很苛刻，其应用也是有条件的。

第三节　固 沙 措 施

一、固沙措施的作用

固沙措施的作用有两个方面，其一是使流沙表面与风的作用完全隔绝，一般采用各种覆盖物；其二是降低近地表风速，借以削弱风沙流活动，通常采用在流沙上设置沙障。在防沙治沙的实践中，前者应用较少，后者应用较为广泛，其中以半隐蔽格状沙障防护效果最好。

固沙措施是指采用物理（或机械）、化学和植物方法，以部分覆盖和全面覆盖流沙表面的形式达到减轻沙害程度和稳定流沙表面的目的。其中，物理方法不会明显改变流沙性质，而采用条带状与方格状的草质沙障（如麦草、稻草和芦苇等）[图 6-3、图 6-4、图 6-5(a)、图 6-5(b)、图 6-5(c)]，同时还有采用黏土、卵石为材料的黏土方格沙障、卵石方格沙障[图 6-5(d)、图 6-5(e)]，以及尼龙网格状沙障[图 6-5(f)]。而化学方法主要

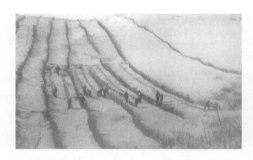
图 6-3　条带状草质沙障

图 6-4　条带和方格状草质沙障

(a) 麦草方格沙障　　　　　　(b) 芦苇方格沙障　　　　　　(c) 平铺芦苇沙障

(d) 卵石方格沙障　　　　　　(e) 黏土方格沙障　　　　　　(f) 尼龙网格状沙障

图 6-5　几种常见不同材质沙障

是采用乳化沥青、高分子聚合物以及水玻璃为防护材料，并将其喷洒于流沙表面形成一定厚度的保护层。植物固沙是最佳的防沙措施，在条件允许的情况下，通过植树种草达到固定流沙改善环境的目的。可以说，固沙措施是防止风沙危害的最根本的防护措施。其主要作用是通过改变下垫面性质来转化风沙运动条件。

防治风沙危害往往由于气候极端干旱，不具备植物固沙条件，或者虽有植物固沙的可能性，但在初期为防止风蚀或沙埋，创造植物生长的环境，都必须设置机械沙障。其中，草方格沙障的防护作用最为显著，成本低廉、施工方便和易于掌握，已成为目前工程治沙的主要方法，应用最为广泛。

（一）半隐蔽格状沙障的防护原理

1. 半隐蔽格状沙障的设置

半隐蔽格状沙障是用麦秆、稻草、芦苇、树枝天然材料和尼龙网等，在流沙上设置成方格状，部分埋入沙中用以材料的固定，大部分暴露于地面之上，故称为半隐蔽式沙障。半隐蔽式沙障不仅能固定原有沙面，且能阻挡外来沙使其在周围停积下来，起到固沙和阻沙的双重作用，防沙效果显著。

半隐蔽格状沙障的设置方法和步骤：先在沙丘上规划好线，线与主导风向垂直，然后把稻草、麦秆或其他具有柔韧性的草类均匀横铺于已定线上，就是将长 50～60cm 的麦秆平铺在沙面，用平头锹插在草中间，脚踏锹背用力下压，将草插入 15～20cm 深的沙层内，使草的两端翘起，直立于沙面，沙面上方草露高度 15～20cm，草障厚度为 5cm，再用锹拥沙使之牢固。垂直于主导风向的主带扎成后，再横对主带铺草扎成副带，即呈格状沙障，其规格有 1m×1m、1.5m×1.5m 和 2m×2m 等几种。在坡度较陡的沙丘背风坡，为了易于施工，宜先顺坡扎成副带，而后再沿横坡由上往下扎设主带。并且扎设草障过程中应注意草障厚度，即主带厚于副带，根据沙坡头流沙地区铺设草方格沙障的统计资料，需用工料如表 6-1 所示，可供参考。

表 6-1　每万平方米（1hm²）草方格沙障工料定额（宁夏中卫沙坡头）

沙障规格	需用麦草/kg	需用人工/工日
1m×1m	6000	60
1m×2m	4500	45
2m×2m	3000	30
2m×3m	2500	25

资料来源：铁道部基本建设总局，1961.《沙漠地区筑路经验》，人民铁道出版社.

2. 半隐蔽格状沙障的防护原理

1）稳定凹曲面的形成

草方格沙障的剖面见图 6-6、图 6-7。从图 6-6（a）可以看到，当气流或风沙流流经新设置的草方格沙障时，有涡旋产生，并伴有积沙现象。这是露出沙面障体的阻沙作用，结果形成沙埂，并在中心部位形成对沙面的风蚀作用。经过充分的蚀积作用，最后沙粒分选作用达到最佳状态，而逐步形成较为光滑而稳定的凹曲面，如图 6-6(b)和图 6-7 所示。这种凹曲面的平均最大深度与长度之比均保持在 1∶10～1∶8。由这些凹曲面组成的有规则的波纹状下垫面，具有一种小型浅槽的升力作用(图 6-8)，使过境风沙流可以顺利通过。

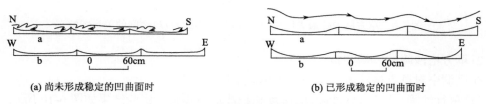

(a) 尚未形成稳定的凹曲面时　　　　　　(b) 已形成稳定的凹曲面时

图 6-6　1m×1m 草方格剖面与气流流线

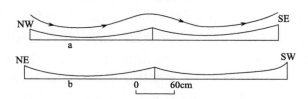

图 6-7　2m×2m 草方格剖面与气流流线

(已形成稳定的凹曲面)

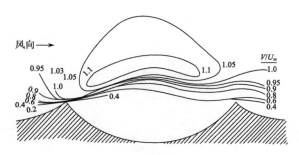

图 6-8　"升力效应"流场分布(Iversen, 1986)

　　格状沙障最大风蚀深度与方格边长比例关系还可从图 6-9 得到求证。假设障内凹曲面是一段圆弧，沙面最高点处圆弧的弦切角为干沙的休止角，实测结果证明二者十分接近，根据图 6-9，可从理论上得出草方格沙障内最大风蚀深度，即稳定凹曲面的深度(h)与方格边长(L)之间的解析关系式如下：

$$h = 0.5\,L\tan\,(v/2)\tag{6-1}$$

式中，v 为干沙的休止角，平均为 32°，实地调查，v 的平均值为 28.6°。按此角度由式(6-1)求得 1m×1m 的方格沙障的 h=12.7cm，此值与方格沙障边长比约为 1∶8，与实测结果相近，出现这种微小差别的原因是在 v 值实地调查中，v 值有偏大的趋势。也就是说，v 的实际值应接近于 28°。

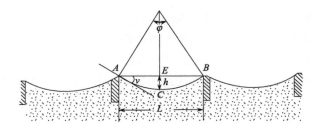

图 6-9　草方格沙障最大风蚀深度（h）与方格边长（L）之间的关系图解

2）草方格沙障的风洞实验

在风洞中对草方格沙障作用进行了单因子控制实验。

（1）单行沙障（或条带状沙障）的流场和积沙形态实验，实验结果如图 6-10 所示。

由图 6-10 可见，单行半隐蔽式沙障前后各有一低速区，而在障顶稍偏后有一加速区。低速区就是沙障前后的保护区，而障顶加速区则是障体被吹损和障后出现回流的结果。障前低速区是受障体阻滞而造成的，而障后低速区是障体对流过流体的阻滞，使透过的流体湍化导致阻力加大，因而流速降低。障顶的高速区与障后的低速区随着离开障后距离的增加，而产生动量交换，其交换的速度决定了沙障的保护区大小和回流的强弱。障体愈密闭，交换的速度愈快，保护区就愈小，回流运动就愈强，以上就是沙障的作用原理。

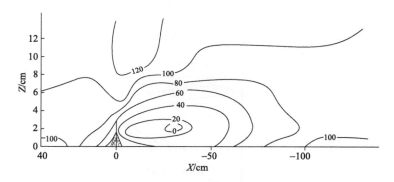

图 6-10　单行沙障纵向流场（β=0.5）

图中实线为相对速度等值线，指的是各点有工程和无工程时的平均速度之比值；β 为透风度

堆积实验：模型和指示风速同上。沙源平铺于沙障远方，以形成风沙流。吹风 1.5min，前方铺沙量 4850g。吹风结果证明，障前未造成明显堆积，障后堆积宽度 40cm，积沙量 900g。堆积宽度与障后贴地处 2m/s 等速度线与地表交点距离相近，说明前沿积沙严重。这与多行沙障实验上情况相似。至于障前没有明显堆积，是由于障前低速回流区较薄，加上木质沙埂弹性较实际沙埂大。以上分析说明，从堆积实验看沙障的作用原理是同流场测定结果一致的。

（2）多层平行沙障实验。实验结果如图 6-11、图 6-12 所示。

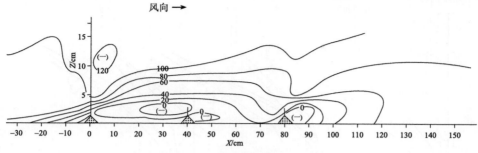

图 6-11　三行沙障流场(β=0.5)

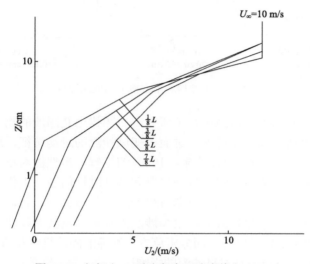

图 6-12　行间(2～3 行)各点风速廓线(L=40cm)

从图 6-11 可见，第一行前受阻减速，这和图 6-10 单行情况没有大的不同，但第一行后悬空回流区则大不一样。区域加大，强度增大，而且以后各行背后都出现回流区，且愈后愈强，当然到一定行数后，应趋于稳定。

图 6-12 说明多行沙障间的风速廓线是呈折线状的，而不是简单的一线到底。风速廓线绘于图 6-13。

方格沙障的作用，是两组互相平行的单行沙障作用的叠加。至于单行半隐蔽式沙障的作用，可用一体四区来加以概括。障体扎入活动沙面内和障体阻滞了过境风沙流，以及迫使它们向障顶抬升，从而产生障体前后贴地层的两个减速区，并且气流在穿过障体时还会在障后产生紊流区，障顶产生加速区，进而达到稳定地表、阻滞风沙流过境和造成局地小气候，促进区内植被恢复的目的(刘贤万，1991)。

3. 草方格沙障固沙的物理机制

在草方格沙障治沙实践中发现了两个重要问题：一为草方格特征尺度问题——各种规格的草方格，以 1m×1m 的草方格固沙效果较好；二为草秆特征刚性问题——沙障以麦草为原料效果最好，刚性过大或过小的其他材料效果不佳。

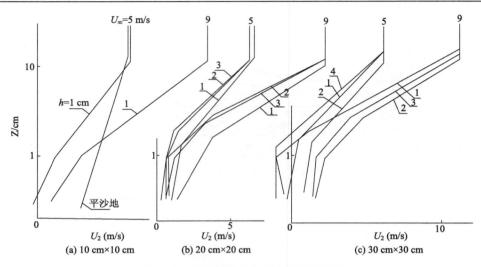

图 6-13　平沙地和草方格上的风速廓线

　　风沙物理学者都对草方格沙障进行了研究，试图找出其固沙的物理机制，并初步提出了草方格沙障可以增大地表粗糙度，进而改变风沙流的运动特征，使地表风速降低到起沙风速以下，使沙面得以稳定(凌裕泉，1980)的见解。虽然能对草方格的固沙效果进行说明，但并不能解释草方格沙障的特征尺度和特征刚性问题，人们对草方格沙障固沙更深层次的机理尚有待进一步研究。对草方格沙障的整体认识，目前还处于经验阶段，而且研究多侧重于风沙流和流场方面，很少涉及麦草运动及其对风沙流的影响。

　　下面将从流场性质、粗糙度等方面分析草方格沙障的固沙机制和特征尺度问题，根据风沙流对麦草的激振及麦草振动对风沙流的影响这一动力学耦合效应来阐述其固沙效果，进而探讨其特征尺度和特征刚性问题，也为更深层次地揭示草方格固沙机理提供思路。

　　(1)流场性质。凹曲面的形成进而构成特殊的流场性质。设凹曲面曲度函数为 $f(x)$，曲面上任一点处的沙粒不移动时，其地面剪切力 $\tau_* = \dfrac{\pi}{6}d^3\rho_s g\sin\theta + k\dfrac{\pi}{6}d^3\rho_s g\cos\theta$，式中，$d$ 为沙粒直径；k 为摩擦系数；ρ_s 为沙粒密度；g 为重力加速度。取风速变化廓线为 $U=\dfrac{U_*}{K}\ln\dfrac{z}{z_0}$，其中，$U$ 为高度 z 处的风速；$U_*=\sqrt{\dfrac{\tau}{\rho}}$ 为摩阻速度，τ 为地面剪切力，ρ 为空气密度；K 为卡门常数；z_0 为粗糙度。

　　当曲面稳定时，曲面上每一点的风速都在起动风速以下，此时 $\sqrt{\dfrac{\tau}{\rho}}\leqslant\sqrt{\dfrac{\tau_*}{\rho}}$。取曲面上每点的风速都恰好等于起动风速，则 $\tau=\tau_*$。因为 τ_* 是 $f(x)$ 的函数，如果已知流场，则可知各点的风速，进而求出 τ，由 $\tau=\tau_*$ 得出此时的 $f(x)$。由流场、风速和地面剪切力之间的关系，求出使凹面上每点沙粒的风速都恰好为起动风速的 $f(x)$，进而可优化方格沙障的形状，解释方格沙障的特征尺度。

　　(2)粗糙度。草方格沙障的设置，改变了下垫面的性质，增加了地表粗糙度，从而降低了风速，减少了输沙量。Bagnold 定义粗糙度 $z_0=d/30$(d 为表面颗粒直径)，这一公式一直被大家所采用，但其只适用于各向同性表面和分层较好的沉积物，对其他分布状况则与实际情况有较大差别，因而，Greely 和 Iversen 认为，当 d 一定时，z_0 将随颗粒间的空隙大小（L）而改变，并且存在一个 L_0，使 z_0 达到最大值 $z_{0max}=d/8$。Morris 提出，在不同间隔的粗糙单元之间存在三种流动模型——孤立流、干扰流和平滑流。间隔较大时发生孤立流，流场尾迹的相互干扰和流场的不稳定，导致粗糙度增加；间隔很小时，虽然粗糙单元之间还有一定的空隙，但空隙间的流动是稳定的，可以认为风从粗糙单元的顶端和空隙间直接滑过，此时粗糙度较小，因而存在一个粗糙单元间隔尺度，使粗糙度达到最大值。

　　基于上述观点，不同规格的草方格沙障有着不同大小的粗糙度，规格达到一定时，粗糙度最大，进而对风能损耗亦最大。粗糙度 z_0 与沙障的间隔 L 有关，并存在一个极限间隔 L_0，使 $L= L_0$ 时，$z_0=z_{0max}$，L 太大或太小都将降低粗糙度 z_0，因而草方格沙障应有一个最佳尺寸，使粗糙度最大。结合实验进行深入研究，对解决草方格特征尺度问题有着重要的作用。

　　（3）风对麦草的激振作用。草方格沙障在阻沙固沙的同时，也必然受到很大的风压（图6-14）。

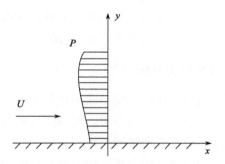

图 6-14　单株麦草所受风压示意图

　　实际上常把风分为平均风（稳定风）和脉动风（阵风脉动）来加以分析。一般，平均风的作用性质相当于静力，而脉动风的频率和强度随时间按随机规律变化，因而认为脉动风的作用性质完全是动力。

　　取单根麦草作为研究对象，麦草受到风的激振将产生响应。

　　计算风压：按桥梁设计中计算附加力的方法对麦草承受的风力进行计算，则麦草单位面积的静力风压计算公式如下：

$$P_1=KK_zP_0$$

式中，K 为风压高度变化系数；K_z 为风压体型系数；P_0 为基本风压（N/m^2），是按各地区一般空旷平坦地面，离地高 10m 处，30 年一遇的 10min 平均最大风速所确定的。

　　以宁夏中卫沙坡头为例，$P_0=0.55N/m^2$，由当地有关气象资料，查表得 $K=\left(\dfrac{y}{10}\right)^{0.32}$，$K_z=1.3$，从而，$P_1(y)=\left(\dfrac{y}{10}\right)^{0.32}\times1.3\times0.55$。

对于动力风压，由于脉动风的频率是随机的，因而先考虑脉动频率的某一特定值 ω_0，可设风压为：$P = P_1(y)\sin\omega_0 t$。

同理，可求出其他频率下风所产生的响应，通过进一步叠加分析，可求出具体的 w，这一工作还需进一步完成。将风对麦草的激振推广到草方格沙障的振动，可见风沙流经沙障时，沙障随风振动，消耗了风能，降低风速。

（4）麦草对风沙流的影响。麦草的固有频率 $f = 2\pi\sqrt{\dfrac{k}{m}}$，$k$ 为麦草刚度，m 为麦草质量。分析可知，风具有一定范围内的脉动频率，麦草被激振时，若其固有频率 f 与风的脉动频率中的某一频率接近时，麦草将主要以这一频率振动，可视为发生了共振，从而大量消耗了风能，降低风速，改变风沙流的运动状况。

草方格的固有频率与方格的大小、草秆的柔度有着重要的关系，不同大小的方格、不同草秆扎的方格都有着不同的频率。类似麦草对风沙运动的影响，若 1m×1m 方格和麦草的柔度所确定的固有频率能与风频中的一部分发生共振，且消耗的能量最大，则可说明草方格的特征尺度和特征刚度问题。

风压作用在麦草上使麦草发生振动，同时麦草的振动亦改变了周围的流场，两者之间的耦合作用最终导致风沙运动的减弱，更为重要的是，这种作用使通过草方格沙障的输沙量明显减少，从而起到防风固沙的效果（刘源，2000）。

4. 草方格沙障尺度特征的理论分析

风沙流场与草方格沙障的相互作用，使得防护区域内的流场涉及两相流动、涡的产生与破裂、流固耦合等一系列复杂的理论分析，对其进行数学描述十分困难。因此，从理论上，特别是从力学角度对草方格沙障固沙机理进行定量研究就显得十分必要。

通过对草方格固沙系统力学特征的分析，针对草方格沙障内部有涡流存在的特点，在适当假设的基础上，提出了一个单排理想涡列模型，用以模拟实际风沙流场，并利用流体力学分析方法，给出了草方格沙障固沙间距离与出露草头高度的对应关系（图6-15），这对于指导防沙实践具有十分重要的意义。

长期的治沙实践证明，防治风向比较单一的沙害多采用与主风向正交或大角度斜交的带状沙障。据此，可忽略与风向平行的草带所起的作用，将问题最终归结为探讨与风向垂直布置的多行草带所起的防护作用。

野外观测表明，当风沙流经过新设置的草方格沙障时，在其内部产生旋涡，经过足够长的时间后，障内沙面形成光滑稳定的凹曲面。这样即使当强气流经过时，沙面自身也并不起沙，从而达到固沙的目的。风洞实验也显示，草方格内部的确存在旋涡运动。实际上，如果地面水平，层流通常将很快转变为湍流，但由于稳定时刻地表凹槽与涡的存在，流动仍可近似当作层流处理。

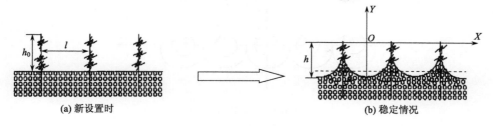

图 6-15　草方格沙障示意图

根据上述草方格固沙系统的力学特征，引入如下基本假设：

(1) 布置草方格的区域沿正负流向均延伸到无穷远处；

(2) 沙面形成过程中，经过草方格防护区域的气流的含沙量为零；

(3) 将空气可当作无黏不可压流体；

(4) 稳定时刻，障内沙面具有流线形。

包兰铁路沙坡头地段防沙体系中，草方格沙障防护带宽度在主风方向一侧一般为 150～500m。1m 左右的沙障间距与此宽度相比为小量。因此，可认为布置草方格的区域沿正负流向均延伸到无穷远处。一般来说，在一定时间内，前沿发生严重积沙甚至被沙埋的草方格带宽度为 15m/a，与总体数目相比为小量。我们在流场处理中可以忽略这种边界效应，由此得到的结果对除前沿少数几行外的绝大多数草方格还是适合的。

由于草方格沙障主要起着固沙作用，当其固沙效果良好时，可以认为气流作用下的沙粒不离开床面。当然，这是一种理想情况。同时，假设 (2) 忽略来流中运动沙粒的作用，虽然会带来一定的误差，但对探讨问题并无本质影响。依据假设 (2)，来流可以处理为净气流，这将使问题的处理大大简化。

常温常压下空气的黏性与可压缩性一般不必考虑，假设 (3) 的合理性是显而易见的。

假设 (4) 是一种理想情况，与假设 (3) 一起保证了流线沿壁面不发生分离，其结果必将导致流体对地面的拖曳力为零，而这正是固沙工程所要达到的理想目的。

由上述分析可见，假设 (1)～(4) 与草方格固沙系统的实际情况是基本符合的。其不同之处在于，这些假设是基于草方格固沙效果良好时的情形。而由于引入了这些基本假设，实际流场可以简化为无外力作用下的理想流体在半无限空间内的二维层流流动。

由风洞实验和野外观测可知，当风沙流经过草方格沙障时，其内部一般均有涡产生。而由上面给出的假设 (1)～(4)，为了描述此时的流场，在每两条相邻草带中心处 $(x,y)=(nl,0),n=0,\pm1,\pm2,\cdots\cdots$，均放置一个强度为 Γ 的理想涡旋，如图 6-16 所示，这样就形成一个单排涡列。

经过推算，最后求得涡旋强度为

$$\Gamma=-2U_\infty l \tag{6-2}$$

式中，U_∞ 为远离地面处的风速。由式 (6-2) 可知，在一定来流速度情况下，沙障内旋涡强度 Γ 与沙障间距 l 成正比。这意味着沙障间距越大，障内旋涡越强烈，进而越容易起沙。因此，在实际施工中 l 取值不能太大。

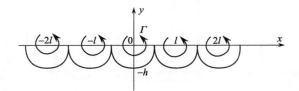

图 6-16　模型示意图

设草方格沙障的特征参数：

$$\lambda = \frac{h}{l} \tag{6-3}$$

初始时刻床面水平，这时的特征参数记为

$$\lambda_0 = \frac{h_0}{l} \tag{6-4}$$

式中，h_0 为出露草头高度。

根据假设(1)～(4)，沙面[即流线 $y=y(x)$]形成过程中，草方格内沙土质量守恒，则当密度不变时，应有

$$h_0 l = \left| \int_0^1 y(x)\mathrm{d}x \right| \tag{6-5}$$

取绝对值是注意到如图 6-16 所示的坐标系数。

由式(6-3)和式(6-4)有

$$\lambda_0 = \frac{\left| \int_0^1 y(x)\mathrm{d}x \right|}{l^2} \tag{6-6}$$

确定 λ_0 的具体步骤如下：

(1)给定 h、l、U_∞、$z_0 = -ih$；

(2)求出 $\psi_0 = \mathrm{Im} \left\{ \sum_{n=-\infty}^{n=+\infty} \left[\frac{\Gamma}{2\pi i} \ln(z_0 - nl) \right] \right\}$；

(3)对 $\forall x \in [a,b]$，利用二分法在 $(-\infty, +\infty)$ 中搜索到满足方程 $\psi_0 = \mathrm{Im} \left\{ \sum_{n=-\infty}^{n=+\infty} \left[\frac{\Gamma}{2\pi i} \ln(z - nl) \right] \right\}$ 的 y 值，得到流线方程 $y=y(x)$；

(4)将 $y=y(x)$ 代入式(6-6)，用高斯积分法做数值积分，得到相应的 λ_0。

依上述分析我们编制了相应的计算程序。计算表明，流线方程 $y=y(x)$ 仅与参数 h 与 l 的取值有关。另外，无论 h 与 l 的取值如何，只要 λ 相等，得到的流线形状就具有相似性。图 6-17 和图 6-18 分别绘出了 $l=1.0$、$h=0.28$ 与 $l=1.0$、$h=0.35$ 时的流线，它们的 λ 分别为 0.28 与 0.35。经过搜索，发现可以作用沙面，与距涡心最近的一条流线所对应的是 $\lambda=0.28$，这是指草方格沙障在固沙稳定且沙障出露草头高度为零时的一种极限情况，即 λ 具有最小值 $\lambda_{\min}=0.28$。

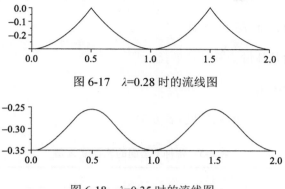

图 6-17 $\lambda=0.28$ 时的流线图

图 6-18 $\lambda=0.35$ 时的流线图

计算结果还表明，λ_0 取值仅与 λ 有关，当 $\lambda=\lambda_{\min}$ 时，与之对应的 λ_0 达到最小值。$(\lambda_0)_{\min}=0.1856$。工程实践中，防护材料(麦草、芦苇等)通常就地取材，因此可以认为出露草头高度 h_0 的取值由材料尺寸给定。这样，可得到特征参数 $\lambda_0=(\lambda_0)_{\min}$ 时，出露草头高度 $h=h_{\max}$。表 6-2 给出不同出露草头高度 h_0 时，对应的最大间距 $l_{\max}$。

表 6-2 出露草头高度与最大间距的对应关系 (单位：cm)

草头高度	最大间距	草头高度	最大间距
1.0	5.39	16.0	86.20
2.0	10.78	17.0	91.59
3.0	16.16	18.0	96.98
4.0	21.55	19.0	102.36
5.0	26.94	20.0	107.75
6.0	32.33	21.0	113.14
7.0	37.71	22.0	118.53
8.0	43.10	23.0	123.91
9.0	48.49	24.0	129.30
10.0	53.88	25.0	134.69
11.0	59.26	26.0	140.08
12.0	64.65	27.0	145.46
13.0	70.04	28.0	150.85
14.0	75.43	29.0	156.24
15.0	80.81	30.0	161.63

塔里木沙漠石油公路防沙工程，芦苇沙障的出露草头高度 $h_0=15\sim20\mathrm{cm}$，间距 $l=100\mathrm{cm}$。本节给出的间距 l 的最大值在 $81\sim108\mathrm{cm}$，二者基本一致。麦草沙障中，出露草头高度 h_0 平均为 13cm，沙障间距 l 不应超过 70cm。在固沙要求比较高的地段，沙障规格较小($l=75\mathrm{cm}$)，理论与工程实际基本吻合。这说明本节提出的理论模型和分析方法是基本可行的，可供设计、施工时参考(王振亭和郑晓静，2002)。

(二)草方格沙障的防护效益

下面将从几方面具体讨论其防护效益。

1. 草方格沙障的作用

草方格沙障增大了地表的粗糙度(表 6-3)。

表 6-3　各种下垫面的粗糙度 z_0 值

下垫面性质		z_0/cm
平坦地表(冰面)		0.001
流沙表面	无吹扬	0.007
	有吹扬	0.093
砾石		0.410
裸露硬地表		1.0
耕地		2.0
新 1m×1m 草方格沙障		1.517
旧 1m×1m 草方格沙障		1.886
旧 2m×2m 草方格沙障		2.398
植被	0～3cm 高	1.0
	4～5cm 高	2.0
	6～10cm 高	3.0
	11～20cm 高	4.0
	21～30cm 高	5.0

下垫面的粗糙度(z_0)是平均风速减小到零的某一几何高度(以厘米为单位),它是表示地表粗糙程度的一个重要标志,而且直接影响贴近地表气流和风沙流的运动状况。粗糙度的大小直接依赖于地表的微小起伏(如沙粒的大小,沙纹的高度与长度)、植被高度和密度及其生长状况等因素。在风沙流的条件下,下垫面的粗糙度还受到气流中含沙量的影响。

(1)粗糙度 z_0 与地表状况的关系。z_0 与地表微小起伏(包括人工障碍)有关,在无吹扬的流沙表面上 z_0=0.007cm,很接近天然光滑表面(泥面或冰面)的粗糙度 z_0=0.001cm。在 1m×1m 和 2m×2m 草方格沙障上,粗糙度 z_0 值变化在 1.517～2.398cm,与 4～10cm 高的植被上的粗糙度 z_0 值属于同一数量级,而且其绝对值也比较接近。就其对气流或风沙流的作用来说,二者具有同等效果。

从理论上分析,1m×1m 草方格沙障的粗糙度 z_0 值应该比 2m×2m 草方格沙障大,而且新沙障 z_0 值应比旧沙障大。可是,表 6-3 所列出的结果却相反,这主要是因为我们所观测的旧沙障中已长有 20～40cm 高、覆盖度为 20%左右的植被。

(2)粗糙度 z_0 值也随输沙量增大而增大。有吹扬时 z_0 值可达 0.093cm，差不多是无吹扬时 z_0 值的 12 倍。这是气流中含沙量的增大，导致其底层的动量减小和 z_0 值增大。此外，沙纹的移动也在一定程度上影响 z_0 值。当 2m 高处风速为 9.9m/s 时，沙纹移动速度可达 1.36cm/min。因此，有吹扬时的 z_0 值是输沙量和沙纹移动速度共同作用的结果。

2. 粗糙度对风沙流的作用

粗糙度是减弱低层风速、改变沙粒搬运形式的主要原因（表 6-4）。

表 6-4 粗糙度 z_0 对风速的减弱作用

地表性质	z_0/cm	V_*/(cm/s)	V_1/V_2		
			z=1m	z=0.5m	z=0.3m
流沙	0.007	19.6	0.92	0.86	0.82
砾石平台	0.410	32.4	0.88	0.78	0.70
新 1m×1m 草方格沙障	1.517	41.0	0.86	0.72	0.62
旧 1m×1m 草方格沙障	1.886	43.0	0.84	0.70	0.60
旧 2m×2m 草方格沙障	2.398	45.3	0.84	0.68	0.58

注：V_* 为 2m 高处风速为 5m/s 时的摩阻速度。

草方格沙障能使贴地表的风速减弱到沙粒起动风速以下，保护沙表面沙粒不起动。从表 6-4 可以看到，粗糙度对于距地面 1~2m 处的气流速度影响并不太明显。在 1m 以下，特别是 50cm 以下，随着粗糙度的增大，风速的减弱也就更为显著。对于过境的风沙流来说，沙障也改变了沙粒蠕动和跃移的运动条件，然而这两种运动，又是沙粒在气流作用下的主要运动形式。因此，通过改变下垫面粗糙度来改变风沙流的运动特征，是可以达到防止风沙危害目的的。

3. 不同下垫面上输沙率与风速的关系

从图 6-19 和表 6-5 可见，对于每一种下垫面来说，输沙量都随平均风速的增大而增大。曲线 1 是流沙上的输沙率与风速的关系。当平均风速大于起沙风的风速时，输沙率随风速增大而迅速增大，但当粗糙度增大以后，这种变化过程就大为减缓。也就是说，曲线 2、曲线 3、曲线 4 不仅本身的绝对值小，而且彼此之间的差异也是相当小的，曲线的变化趋势都是比较平缓的。当 2m 高处平均风速为 6m/s 时，其差值不超过 0.1g/(cm·min)。可是它们与流沙之差值可达 0.5~0.6g/(cm·min)。当风速继续增大时，其差值可超过 1g/(cm·min)。在 1m×1m 草方格沙障和砾石平台上，虽然粗糙度 z_0 值比 2m×2m 草方格沙障小，但由于它们外围有同样 2m×2m 草方格沙障的保护（后者靠近流沙），所以输沙量也就小得多。由此可见，草方格沙障的防护效果是相当好的。

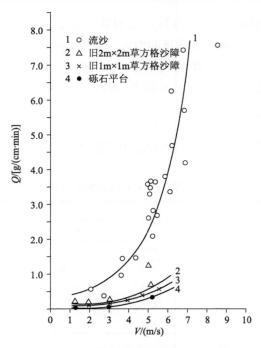

图 6-19　不同下垫面上输沙率与风速的关系

表 6-5　不同下垫面上输沙量对比观测

地表性质	V_2/(m/s)	Q/[g/(cm·min)]	z_0/cm
流沙	12.6	13.9	0.007
旧 2m×2m 草方格沙障	8.1	0.609	2.398
新 1m×1m 草方格沙障	7.9	0.007	1.517
砾石平台	8.3	0.392	0.410

4. 输沙量随高度分布的特征

　　输沙率的大小直接反映风对沙的搬动能力。风沙流的垂直结构，即输沙量随不同高度的分布规律，代表了风沙流与下垫面相互作用的结果。图 6-20 的曲线 1、曲线 2、曲线 3 分别代表流沙表面、草方格沙障和砾石平台或戈壁等下垫面上，不同风速条件下，输沙量随高度分布的特征。它们都具有随高度增大而减小的共同规律性(图 6-20)。

　　依据下垫面性质的不同，又可分为以下两种情况。

　　第一，在不同风力条件下，流沙表面输沙量的变化是随高度不同而呈指数规律减小的(图 6-20 曲线 1)。0~1cm 层内的输沙量占 0~10cm 层内总输沙量的 45%左右，随风速的增大，其相对百分比有所减小，但输沙量的绝对值还是随风速增大而增大的。1~2cm 层内，不论风速如何变化，其相对输沙量却总是稳定在 20%左右。2cm 以上层内的输沙量具有随风速增大而增大的趋势。笔者曾根据流沙表面输沙量随高度分布的规律性求得

λ[①]值，作为判别沙粒吹蚀与堆积的依据(吴正等，1960)。

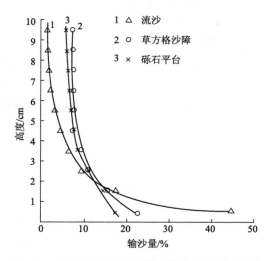

图 6-20　　不同下垫面上输沙量随高度的分布特征

　　在流沙表面，沙粒搬运同时伴有吹蚀和堆积现象，当吹蚀占优势时，就造成沙体前移或"掏蚀"，当堆积占优势时，就容易造成积沙危害。设置机械沙障，特别是草方格沙障的目的，就在于改变沙粒的搬运条件，首先使被防护地段流沙不能移动，同时减少了前方沙源。

　　第二，机械沙障的输沙量虽然也随高度减小，不过低层(0～1cm)的输沙量总小于30%。因而，使 λ 值总大于 1，经常处于吹蚀或非堆积搬运状态。在砾石平台上，这种作用更为明显。其原因有二：一是草方格沙障或砾石平台的总输沙量已大为减少；二是草方格沙障光滑稳定的凹曲面的表层机械组成的改变，即粒径小于 0.1mm 的粉细沙比例，比流沙增大一倍左右(表6-6)，加大了沙粒相互之间的附着力，所形成的稳定凹曲面具有"升力效应"；而砾石平台则由于表面坚硬，使沙粒可以弹跳到较大的高度，其为气流所搬运。其分布规律是上下层趋于均一(图6-20 曲线2、曲线3)(凌裕泉，1980；朱震达和王涛，1998)。

表 6-6　　草方格沙障中的粒度组成　　　　　　　　　　　(单位：%)

地表性质	粒径			
	0.5～1.0 mm	0.25～0.5 mm	0.10～0.25 mm	<0.1mm
流沙	—	0.4	84.8	14.8
旧 1m×1m 草方格沙障	—	1.1	75.5	23.4
旧 2m×2m 草方格沙障	—	0.8	72.8	26.4

　　① $\lambda = \dfrac{\theta_{3-10}}{\theta_{0-1}}$，$\lambda>1$ 沙粒处于搬运状态(包括吹蚀和非堆积搬运)；$\lambda=1$ 沙粒处于搬运状态(吹蚀与堆积交替进行)；$\lambda<1$ 沙粒处于堆积状态。

(三)设置草方格沙障应注意的问题

1. 草方格沙障必须成片设置

在垂直主风向上切记不可分段设置，或者说在防护带中不应留有缺口，以免形成风沙流通道。例如，在包兰铁路沙坡头地区铁路防沙中曾设置过圆形草质沙障(图6-21)，其不但费工费时，而且防沙效果也不明显，因为每个圆形草质沙障之间的空白处都是新的风沙流通道。

图6-21　圆形草质沙障

2. 防护带前沿积沙的危害

应该指出，来自上风向的流沙表面的强风沙流在到达粗糙度较大的沙障区边缘时，由于低层风速急剧的减弱，导致沙物质的沉积，在交界处逐渐形成较大的积沙带，如果不加防护，就会向沙障保护区延伸而威胁现有沙障，在沙坡头地区，在主风向上草方格沙障一年就要埋掉数米到十几米。这样的边缘积沙一旦形成风沙流通道就会造成大面积的片状积沙(图6-22)。因此，必须在沙障前方一定距离约20m处设置立式阻沙栅栏，阻截沙流，提高草方格沙障的防护效益。阻沙带不断增高，最后形成高大沙体，其是不容易向前移动的。

图6-22　(不设前沿阻沙带情景下的)前沿积沙

在风向单一的情况下，可设置条带状沙障(与主风向正交或大角度斜交)，同样能够取得较好的防护效果。农作物留茬就是农田防沙中一种行之有效的好办法。在多向风的条件下，可采用方格沙障，其材料可因地制宜、就地取材。

方格沙障的障高与障宽之比保持以 1∶10～1∶8 为好。实践证明，障高一般采用 10～20cm 即可。而且障体本身必须具有一定透风度，否则容易造成"掏蚀"或"沙埋"。

3. 草方格沙障的设置应该根据不同的地形部位进行配置

在沙丘的迎风坡草方格规格可小一些，如 1m×1m，丘间地或低凹的部位可改为 1.5m×1.5m 或 2m×2m，它们均能取得显著的效果。当然，在相同的地形条件下，1m×1m 草方格的效果较好。但这不是衡量方格沙障防护效益的唯一标准。因为，在防沙实践中，草方格沙障的设置是按方格的个数计费的，即在确定地段扎设草方格愈多，施工单位得到的劳动报酬就愈高。因此，也就存在人为因素的影响，往往草方格沙障尺寸已小于 1m×1m，0.7m×0.7m 较为多见。实验初步表明，随着草方格尺寸的减小，不仅费料，而且防护效益开始变坏。

4. 麦草腐烂与麦草格状沙障防腐措施

虽然防沙新技术和新材料的开发和应用已经获得进展，但在我国现有的条件下，试图在短期内以防沙新材料完全取代麦草等植(作)物秸秆是不现实的。因此，麦草方格沙障防腐试验仍然具有十分重要的现实意义。

草方格沙障所用的草类如麦草、稻草，主要的化学组成为纤维素、半纤维素和木质素。纤维素和半纤维素皆由碳水化合物组成，木质素为芳香族多聚物质。它们会受到光照、热湿、风蚀、氧化和微生物等作用而变质腐烂，直接影响草方格沙障的使用寿命。从使用草方格沙障地区的实际情况来看，其防风固沙寿命一般为 3～4 年，在降水量多的年份还会有所降低。在浩瀚的沙漠上，经常更换草方格，也会带来人力、物力和财力的很大耗费。

例如，包兰铁路风沙段，每年用于更换草方格沙障的用草量达 150 万 kg，全国沙区使用草方格固沙的用草量及费用则更大。而且，草料又是牲畜的饲料、农田的肥料、建材和造纸的原料，尤其在我国西北高寒地区草类资源仍然稀缺，草的供求矛盾会越来越突出。因此，开展延长草方格沙障使用寿命，增强其耐久性的研究，在科学上和经济上都具有重要意义。

在国内外，已进行过关于植物纤维物质的防腐研究，实践证明是非常必要的，虽然防腐处理投资较高，但延长了使用寿命，有的竟延长使用年限 5～6 倍。

1)麦草的细胞结构与化学组成

麦草是一种具有草质茎的植物。它由无数很细小的细胞组成，在电子显微镜下可以观察到它的细胞结构，每个细胞又是由细胞腔和细胞壁组成。

麦草的化学组成与稻草、高粱秆、玉米秆、棉秆等的化学组成类似，只是各组成的含量不同而已(表 6-7)。

表 6-7　我国几种常用草类原料的化学成分　　　　　　（单位：%）

成分及含量		麦草	稻草	高粱秆	玉米秆	棉秆
水分		10.65	9.87	9.43	9.64	12.46
灰分		6.04	15.50	4.76	4.66	9.47
纤维素		40.40	36.20	39.70	37.68	41.26
多戊糖		25.56	18.06	24.40	24.58	20.76
木质素		22.34	14.05	22.52	18.38	23.16
蛋白质		2.30	6.04	1.81	3.83	3.14
果胶		0.30	0.21	—	0.45	3.51
溶液抽出物	冷水	5.36	6.85	8.08	10.65	8.12
	热水	23.15	28.50	13.88	20.40	26.65
	乙醚	0.51	0.65	0.10	0.56	0.72
	苯-醇	—	—	—	—	—
1%氢氧化钠		44.56	47.70	25.12	45.62	40.23

从主要化学组成来看，以上几种草类与木材(树皮除外)、竹类同属木化植物，它们的主要化学组成在其细胞构造中的分布与木材等有相同之处。一般而言，细胞壁由多糖类的纤维素和半纤维素以及具有芳香性的木质素所组成。所有这些成分是麦草、木材等容易腐朽和被虫蛀的原因。细胞腔内往往储存着淀粉、树脂、单宁、脂肪酸、色素、芳香油和生物碱等。其中，单宁、树脂、生物碱等有杀菌和抑制作用，可增强抗腐力。细胞腔和细胞壁中还含有水分与空气，这两者是菌类和害虫危害活动中不可缺少的主要条件。应当注意，不同品种、不同产地、不同部位的麦草，其化学组成均有差异，为了便宜、适用和就近取材，以利推广，试验中采用的是宁夏沙坡头地区的麦草。

2)草方格沙障中麦草化学组成的变化

上面提到，麦草的某些化学成分会导致麦草腐朽。但是，这种腐朽过程只有在一定的条件下才发生。这种条件是：①受光、热、风蚀、雨淋、氧化等自然作用，某些化学成分分解、溶解、流失或挥发，从而促使麦草腐烂。②受微生物的噬食作用，将麦草细胞内的内含物作为养料；某些真菌能分泌各种各样的酶，使淀粉、葡萄糖、脂肪等分解，甚至能与冷热水和有机溶剂的纤维素作用，生成其最适宜的养料——葡萄糖，从而导致细胞组织的破坏。

沙坡头地区是典型的半荒漠地带，沙面导热性弱、热容量小，昼夜温度变化幅度很大，日温差可达 40℃，年温差悬殊，一般为 60℃左右。该地日照时间长，常年多风。在这种气候条件下，草方格沙障中麦草的化学组成逐年在变化，其变化情况如表 6-8 所示。

表 6-8　麦草腐朽过程中化学组成的变化　　　　　　（单位：%）

分析项目	历经时间与含量				
	当年	一年后	两年后	四年后	五年后
水分	5.63	6.45	5.86	5.98	6.13
灰分		6.98	5.24	6.26	6.96

续表

分析项目	历经时间与含量				
	当年	一年后	两年后	四年后	五年后
苯-醇抽出物	2.64	3.82	2.43	1.91	2.01
1%NaOH 抽出物	43.33	39.80	38.55	37.65	35.80
乙醚抽出物	1.00	1.06	0.23	0.24	0.23
纤维素	45.81	44.32	49.16	51.71	50.15
木质素		17.32	17.61	16.80	17.15
多戊糖		23.52	23.64	20.15	20.71

从表 6-8 可以看出，随着年限久远，麦草中苯-醇抽出物、1% NaOH 抽出物、乙醚抽出物的含量越来越少，纤维素含量逐步增加，木质素含量基本变化不大。这是因为苯-醇、乙醚、碱所能溶解的脂肪酸、树脂、植物的甾醇、不挥发的碳氢化合物、无机盐、糖、植物碱、环多醇、淀粉和植物黏胶等物质在当地的大气环境中受到破坏分解，变成低分子物质，易被雨水淋溶。所剩下的则是草类植物细胞壁的主要组分——纤维素和难于分解的木质素。纤维素是不溶于冷水、热水和有机溶剂，性质稳定的多糖；木质素是芳香族多聚物质，化学结构比纤维素复杂得多，这些组成成分里易分解的丧失快，难于分解的丧失慢，以致相对含量提高或基本保持不变。

3) 草方格沙障中微生物活动特性

沙坡头地区虽然气候干燥，平均湿度在 50% 以下，沙土中含水量仅为 2%～3%，土壤贫瘠，有机质含量最高为 0.5%～0.6%，但在沙层中，仍然有一定数量的微生物生存，它们的活动特性具有我国北方土壤中微生物分布的特征，即细菌最多，放线菌次之，真菌最少。细菌以无色无孢菌为主，放线菌以白色有气生菌丝和无色无气生菌丝为主，真菌以青霉和曲霉为主。这些细菌、放线菌、真菌都具有能分解纤维素的能力。草方格沙障中的麦草为这些微生物提供了良好的碳源和能源。反过来，微生物作用又造成了麦草的腐朽。为此，我们进一步研究了微生物在沙障麦草腐朽过程中活动分布(表 6-9)和纤维素的分解作用(表 6-10)。

表 6-9　1979～1983 年草方格沙障中麦草不同部位的微生物活动分布

样品号	草方格扎制时间	草沙障寿命累计/月	微生物三大类群的活动分布/(个/g 干草)					
			细菌		放线菌		真菌	
			裸露部分	沙埋部分	裸露部分	沙埋部分	裸露部分	沙埋部分
83-1	1979.10	49	128583473	182314097	84321	2864064	147562	221803
83-2	1980.11	36	112355555	560794941	0	4224000	140800	225474
83-3	1981.9	26	129243005	219176136	0	4091030	249267	149933
83-4	1982.10	13	96835059	303137792	55407	621983	341789	208042
83-5	1983.5	6	216985452	212056737	63408	3361702	298018	3595744

注：表中数据由中国科学院兰州沙漠研究所微生物组陈祝春、李定淑分析。

表 6-9 说明微生物三大类群在不同年限扎制的沙障和不同麦草部位的活动分布。从其数量变化来看，除个别真菌外，一般麦草裸露部分的细菌、真菌和放线菌比沙埋部分少，沙埋部分的细菌和放线菌比真菌多。这种分布主要是沙土中和麦草本身的微生物活动及其生活条件的影响造成的。

表 6-10　1979～1983 年草方格沙障中麦草不同部位的纤维素分解菌、纤维素分解作用及氨化作用

样品号	草方格扎制时间	草沙障寿命累计/月	纤维素分解菌/(个/g 干草)		纤维素分解作用						氨化作用/(N·mg/g 干草)	
					10^{-2}		10^{-3}		10^{-4}			
			裸露	沙埋	裸露	沙埋	裸露	沙埋	裸露	沙埋	裸露	沙埋
83-1	1979.10	49	10.539	12.202	+++	+++	++	+++	—	++	21.9224	21.2101
83-2	1980.11	36	8.533	27.461	+++	+++	+++	++	+	+	22.8266	25.5284
83-3	1981.9	26	9.941	52.830	—	+++				++	21.3570	20.7753
83-4	1982.10	13	1.424	15.013	+	++	—	—	—	—	22.5355	23.4852
83-5	1983.5	6	704	35.460	+++	+++	+	+	+	+	23.4069	23.4574
83-6	原料草	0	33.032		—						21.5590	

表 6-10 说明了纤维素分解菌、纤维素分解作用及氨化作用在不同年限沙障、不同麦草部位的活动情况。从其数量变化分析，纤维素分解菌的活动分布也和表 6-9 所示规律一样，裸露部分比沙埋部分少。而纤维素分解作用，从统计规律来看，裸露部分与沙埋部分相同的概率为 60%；前者比后者小的概率为 33%；多的概率仅为 7%。从总的概率分布分析，得出沙埋部分的纤维素分解作用稍强于裸露部分。从氨化作用来看，不同沙障年限、不同麦草部位是有所变化的，但其变化幅度并不大。

多年的实践还证实，草方格沙障裸露部分比沙埋部分腐烂严重。而从对微生物活动特性的分析看出，不论是细菌、放线菌、真菌，还是纤维素分解菌的纤维素分解作用，沙埋部分均比裸露部分多和强。这种现象说明草方格沙障的腐烂并不是微生物这一单因素的作用所致，而是由前面提到的几种情况中各因素交叉作用所造成的。沙坡头地区干燥少雨，沙土贫瘠，微生物得不到充分发育，繁殖缓慢，因而导致微生物对方格沙障麦草的腐蚀作用不如光、热、氧化、风蚀作用强。但是，只要空气相对湿度在 60% 以上、沙土肥力得到改善，微生物的作用是不能低估的。

4）防腐试验

为了提高麦草的耐久性，以延长麦草使用寿命，必须采取防腐措施，以增加麦草的抗腐性、抗蚀性、抗蛀性和其他抵抗破坏的能力。一般适应木化纤维的防腐方法有物理法和化学法，还可两者结合采用。物理防腐法主要针对致腐条件加以控制，造成不利于微生物生活、繁殖以及自然分解的条件，达到防腐目的。化学防腐法主要是利用某些化学药剂的防腐特性，用它处理使用材料；或使用材料具有毒性，来杀菌、杀虫，从而防止菌虫的发生和危害；或在使用材料表面成膜，借助于膜的隔离保护作用，既可以封闭细菌，导致缺氧、缺水，使细菌的生长、繁殖和吞噬作用受到抑制而消亡，又可以防止或减少曝晒、氧化、风蚀和淋溶等自然分解作用，从而延长使用材料的使用寿命。鉴于

沙障麦草变质腐烂的内因和外因，我们采用化学防腐法进行了麦草防腐研究。

A. 化学防腐剂的选择原则

化学防腐法的有效性在于科学地使用防腐剂、杀菌剂和保护剂。目前，防腐剂、杀菌剂和保护剂的种类很多，一般可分为油质、油溶和水溶三类。它们的适用性，对于木材，人们研究得较多，使用较普遍，防腐效果明显。而对于麦草，尚有待于研究。根据沙障麦草防腐的需要，防腐剂应具有以下特性。

(1)对危害麦草的各种菌虫具有足够的毒性。但对人畜没有毒害或低毒害，对环境不污染。

(2)保护时间长。对于毒性防腐剂，要求药性持久；对于膜防腐剂，要求具有较好的抗老化性能。做到这一点需要防腐剂在水淋时不被冲失，在阳光曝晒下不变质失效和保存期较长。

(3)浸润性好，能较易渗入麦草表层，甚至内部，形成有效、持久的保护层。同时要求不能破坏麦草细胞组织而降低其物理力学性能。

(4)防腐剂来源丰富，价格较低廉。

综上所述，选择防腐剂以"有效、耐久、无害、经济"为原则。根据此原则，考虑到麦草本身和使用环境的需要，以选用水溶防腐剂为宜。

B. 麦草防腐剂筛选试验

将不同配方的防腐剂，用不同处理方法处理麦草后，置于露天经受长期的自然环境考验。经过大量筛选试验后，选出了12种有明显的防腐效果的配方，试验观测效果见表6-11。

表 6-11　麦草防腐试验结果

防腐剂编号	主要成分	处理方法	试验日期	观察现象描述
C-1	铜盐、鞣酸	喷涂	1982.7	经过2~3年，麦草色泽和强度均好，有小草生长
C-2	铜盐、PVA	喷涂	1982.7	经过2~3年，麦草色泽和强度均好，有小草生长
C-4	苯酚、PVA	喷涂	1982.7	经过2年，麦草颜色变灰；3年后强度仍较好
C-5	五氯酚钠	喷涂	1982.7	经过2年，麦草颜色变灰；3年后强度仍较好
P-1	硼酸盐	喷涂	1982.7	经过3个月，麦草颜色变灰；经过3年强度一般，有小草生长
P-2	氟化物	喷涂	1982.7	经过2年，麦草颜色变灰；经过3年，强度稍好，有小草生长
C-6	甲醛	喷涂	1982.7	经过2年，麦草颜色变灰；经过3年强度好
P-3	PVA	喷涂	1982.7	经过2年，麦草颜色浅黄；经过3年强度好
H-1	锌盐	喷涂	1982.8	经过2年，麦草颜色浅黄；经过3年强度好
H-3	煤焦油	喷涂	1982.11	经过2年，麦草颜色好；经过3年强度好
H-4	涂料1#	浸涂	1982.11	经过2年，麦草颜色好；经过3年强度好
H-5	涂料2#	浸涂	1982.11	经过2年，麦草颜色好；经过3年强度好

C. 野外麦草方格沙障防腐试验

为了更好地确定上述12种防腐剂的防腐、杀菌和保护效果，于1983年5月至1984

年 10 月先后在沙坡头铁路北沿人工植被区进行了集中性小区试验，共处理麦草方格 0.24hm²，对处理麦草方格和对照方格进行了色泽、风蚀现象、草方格高度、麦草强度等项目观测。此期间，该地降水量 330mm，是 20 世纪后半叶降水量最高的年份。在这样湿润的条件下，麦草的腐烂比以往快，有些未经防腐保护处理的草方格仅一年就进行了更新，而经处理的草方格虽然有的颜色已经变灰，但大部分未倒伏，麦草强度仍较好（表 6-12）。

表 6-12　麦草方格沙障防腐保护试验

防腐剂编号	主要成分	处理方法	麦草高度/cm				麦草强度/(g/cm²)				色泽及外观		
			新	一年后	两年后	三年后	新	八个月后	一年后	两年后	一年后	两年后	三年后
H-1	锌盐	浸涂	27	27	27	27	20	10.6	8.0	6.7	稍黄未倒	灰未倒	灰未倒
H-2	锌盐、PVA	浸涂	20	20	18	18	20	10.6	8.0	7.3	同上		
C-3	铜盐	浸涂	30	29	22	21	20	10.6	8.0	6.7	稍绿未倒	稍灰未倒	稍灰未倒
C-1	铜盐、鞣酸	浸涂	20	20	20	18	20	14.0	8.0	6.7	稍灰未倒	稍灰未倒	稍灰未倒
C-2	铜盐、PVA	浸涂	16	16	15	15	20	10.6	10.0	8.0	稍绿未倒	稍灰未倒	稍灰未倒
P-2	氟化物	浸涂	16	14	14	14	20	—	—	5.3	稍灰未倒	稍灰未倒	稍灰未倒
C-4	苯酚、PVA	浸涂	15	12	9	8	20	12.7	9.3	4.7	灰稍倒	灰倒伏	灰严重
H-4	涂料1#	浸涂	17	17	13	10	20	—	10.0	3.3	稍黄未倒	灰倒伏	灰严重
H-5	涂料2#	浸涂	14	14	11	10	20	—	6.7	3.3	稍黄未倒	灰倒伏	灰严重
C-7	甲醛、PVA	浸涂	20	20	18	17	20	18.0	10.0	7.3	稍黄未倒	灰倒伏	灰严重
C-5	五氯酚钠	浸涂	20	19	17	17	20	17.3	—	7.3	稍黄未倒	稍黄未倒	稍黄未倒
P-3	PVA	浸涂	28	27	23	22	20	21.3	—	8.0	稍黄未倒	稍黄未倒	稍黄未倒
对照			18	18	16	9	20	12.7	11.3	3.3	灰未倒	灰严重 倒伏严重	

注：麦草强度由甘肃省轻工业研究所造纸室分析。

小区试验表明，防腐保护效果较好的有 9 种。从麦草强度变化来看，新麦草一年后下降了 49%，两年后下降了 84%；经过处理的麦草第一年下降了 50%～60%，两年后下降了 60%～73%。可见，经过防腐处理的麦草，两年后强度下降速度减慢。试验结果还可以看出，未倒伏麦草的最低强度为 5.3g/cm^2，而倒伏麦草的最高强度为 4.7g/cm^2（胡英娣等，1991）。

（四）草方格沙障机械化的突破——机器制作瓶刷式草带沙障的诞生

草方格沙障引入我国以来，都是人工扎制，费时费工，扎制草方格固沙成为沙区人民的一项沉重负担。许多有识之士想用机器替代人力，实现扎草方格机械化，都因解决不了在高低不平的地面上，如何保持工作面与地面的平衡而一筹莫展。我们在机械制作草带上想主意，借助机械编草绳原理，发明了编草带专用机械，实现了编制草方格沙带机械化。然后，将机器制作的瓶刷式草带按所需规格摆放在沙面上，加以固定，形成机器制作草方格沙障，并在宁夏中卫治沙林场现场试验，取得良好效果（图 6-23，图 6-24）。

图 6-23　草带机器制作

图 6-24　机制草带草方格

据宁夏电视台报道，机器制作草带铺设草方格技术不但让扎草沙障告别了繁重的体力劳动，而且实现了机械化，提高了劳动生产率。据中卫治沙林场计算，过去人工扎制草方格需两人合作，每天扎制草方格 3.3 亩[①]；如今用机器制作草带扎制，折合每两人每天可以扎制 6 亩以上。采用这种机制草带扎制草方格 500 亩，可以节约成本 10%；扎制 1000 亩可节省成本 20%，并且提高了草方格沙障的使用年限。

---

① 1 亩≈666.7m^2。

二、蜂巢式 HDPE（高密度聚乙烯）固沙障

自从 1965 年苏联治沙专家彼得洛夫院士将麦草沙障引入我国防沙工程，在腾格里沙漠包兰铁路沙坡头实验路段试用成功后，几十年来其在我国广大沙区广泛运用。目前，国内扎制固沙沙障所采用的材料多为芦苇、麦草等，而这些材料都存在易老化、运输及施工困难等缺点。另外，国内大部分地区已经实现机械化收割，机收的同时实施"秸秆还田"，麦秸被粉碎，达不到扎制草方格所需的长度，还存在防沙工程与造纸业争夺麦草、芦苇资源的困境。因此，选用新技术新材料替代传统的草沙障已经成为防沙治沙中亟待解决的重要问题。

为了解决上述问题，笔者通过采用 HDPE 新材料制成蜂巢式固沙障来替代传统的草方格，HDPE 材料具有无污染、耐老化、成本低、施工便捷和可重复使用等优点，特别适宜一些风沙灾害比较严重的交通线、城镇防沙和国防工程防沙。这里，我们通过对其防风沙效应进行系统地风洞模拟实验和野外验证，旨在为防沙工程的优化设计及其实际应用提供理论依据和技术支撑。

（一）蜂巢式 HDPE 固沙障材料性能及布设方法

蜂巢式固沙障制作材料选用熔融指数较小、分子量分布较窄，耐候性（weather fastness）和抗腐蚀性好的 HDPE 为主要原料，选用国际先进的 HALS–3 受阻胺光稳定剂为抗老化助剂，配以紫外线吸收剂、抗氧化剂等配料制作，使其能适应沙漠地区高温（75℃）和低温（–35℃）环境，达到抗老化时间≥10 年的要求。采用三针经平衬纬编链成网技术形成蜂窝式固沙障，这种沙障与其他格状沙障相比有无污染、耐老化、成本低、可重复使用和便于施工等优点。在选定的布设区域，先按 1m×1m 格点打桩，木桩为 3cm×3cm×50cm 和 4cm×4cm×70cm 的锥形桩，植入地表以下 35～50cm。如图 6-25 所示，将尼龙网缠绕在木桩上，并将底部和沙面埋平不漏缝隙即可。

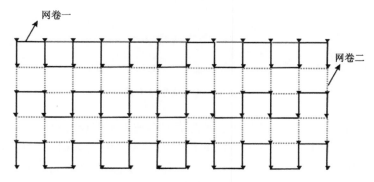

图 6-25　HDPE 蜂巢式固沙障布设示意图

(二)蜂巢式 HDPE 固沙障防沙效果实验测定和现场试验

1. 实验室测定

1)实验设计

本次实验是在中国科学院寒区旱区环境与工程研究所沙漠与沙漠化重点实验室野外环境风洞中进行的。风洞实验段长 21m,横断面 1.2m×1.2m。实验分别选取 8 m/s、12 m/s、16 m/s、20 m/s 四组指示风速。实验过程中,将风速廓线仪安置在距离实验段前端 12m 处的洞体中央,采样点为距沙床面 1.0 cm、1.5 cm、3.0 cm、6.0 cm、12.0 cm、20.0 cm、35.0 cm、50.0cm 8 个不同高度,采样时间间隔 2s;采用平口式积沙仪量测输沙量的垂直分布:积沙仪安置在风速廓线仪后 2m 处,风沙流入口断面为 0.5cm×1.0cm,高 60cm。为防止风速廓线仪对积沙量的影响,将风速廓线仪与积沙仪安置在同一水平位置。实验材料选取孔隙度(p)为 35%、40%、45%和55%的四种 HDPE 固沙网,将其设置在实验流动沙面上,出露高度为 10cm,沿风洞实验段轴向间隔 1m。为了研究气流稳定状态下,蜂巢式 HDPE 固沙障孔隙度对风沙流结构与风速廓线的影响,在流沙表面共设置 7 个网格,障前不留存流沙。每完成一组风速实验,重新布置沙面,确保沙源充足。实验采用沙样为腾格里沙漠天然混合沙。更换实验材料时,积沙仪、风速廓线仪和尼龙网格的安放位置固定不变,只改变其孔隙度,具体实验布设见图 6-26。

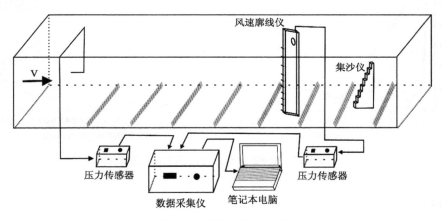

图 6-26　实验布设示意图

2)不同孔隙度的风沙流结构

由图 6-27 可见,当风速为 12 m/s 时,四种孔隙度沙障随高度的输沙率趋势一致。在孔隙度为 35%、40%、45%的三种 HDPE 固沙障底部,单宽输沙率相对较孔隙度为 55%的材料小得多。但当风速为 16 m/s 时,35%和 40%两种固沙障底部单宽输沙率分别为 15.47 g/(cm·min) 和 15.20 g/(cm·min),而 45%和 55%的固沙障底部单宽输沙率分别为 23.71 g/(cm·min) 和 32.30 g/(cm·min),几乎是前者的两倍。在沙障顶部,孔隙度为 35%、45%、55%的三种 HDPE 固沙障单宽输沙率明显高于 40%的固沙障。特别是当风速为 20 m/s 时,随着沙障高度的增加,35%、45%、55%三种材料的沙障输沙率显著增加。35%

的固沙障顶部(10 cm)输沙率高达 246.54 g/(cm·min)。其原因在于，如果孔隙度太大，沙粒会透过沙障底层向下传输；孔隙度太小，对控制过境风沙流效果不好，容易造成气流抬升，增大高层气流输沙量，近地表容易引起风蚀。孔隙度为 40%的 HDPE 固沙障既能阻止地表起沙，又能减弱高层输沙量的增大，具有固沙作用。因此，孔隙度为 40%的 HDPE 固沙障固沙效果相对较好。

　　流场测量更清楚地显示出，孔隙度为 40%的固沙障与传统的草方格固沙障流场特征一致(图 6-28)，可替代传统的草方格固沙障。

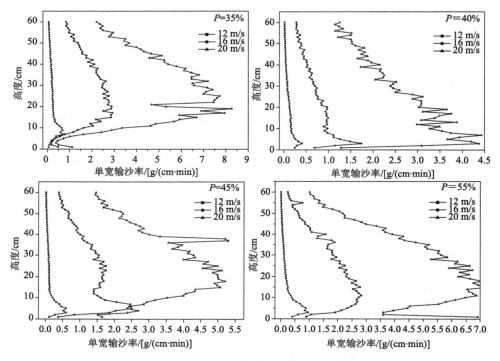

图 6-27　HDPE 蜂巢式固沙障单宽输沙率

2. 野外实验

　　野外实验选在中国科学院沙坡头沙漠研究实验站进行。将孔隙度 40%HDPE 固沙障按 1m×1m 尺寸布置在流沙区，形成高度 20cm 的蜂巢式沙障。在流沙和沙障内同时测量风速梯度和输沙率。使用的是分辨率较高的数码照相机(Kodak DC-290 330)，采用万象立体摄影技术，近景立体摄影方式观测障内地表变化。获取的影像在数字摄影测量系统中，选定一个 1m×1m 的方格网(JX-4C)做站上立体影像处理和量测，量测精度为±1mm。

　　1)蜂巢式 HDPE 沙障内凹曲面的形成

　　2002 年 2 月 8 日第一次摄影代表障内地面的原始状况。之后分别在 2002 年 2 月 22 日、2002 年 4 月 8 日和 2002 年 8 月 1 日进行了摄影测量(图 6-29)。图中反映出，2 月

8~22日障内积沙量很小，2月22日~4月8日积沙量剧增，4月8日~8月1日近4个月期间的积沙情况变化又很小，说明方格网的积沙已达到比较稳定的状态。2月22日起，方格网内的沙面逐渐显现下凹形态，下凹的深度(h)与凹面玄长(方格对角线长度，S)的比值4月8日为13.6/100、8月1日为13.2/100，与沙坡头稳定草方格沙障数字摄影测定的数值(图6-30)十分接近。

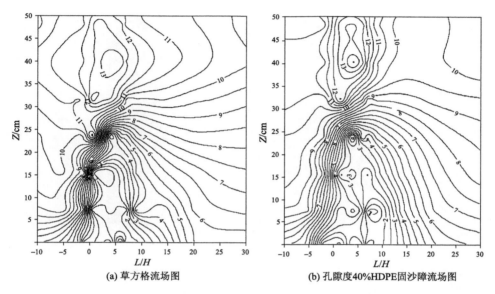

(a) 草方格流场图　　　　　　　　(b) 孔隙度40%HDPE固沙障流场图

图6-28　草方格流场图和孔隙度40%HDPE固沙障流场对照图

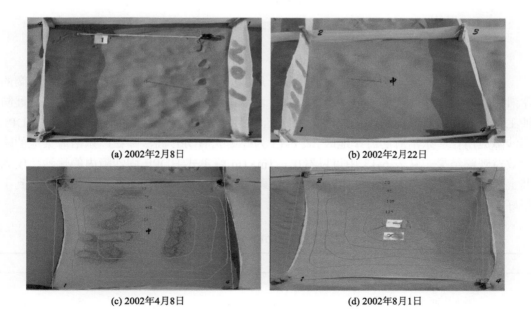

(a) 2002年2月8日　　　　　　　　(b) 2002年2月22日

(c) 2002年4月8日　　　　　　　　(d) 2002年8月1日

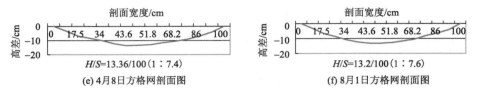

$H/S=13.36/100$（1：7.4）

(e) 4月8日方格网剖面图

$H/S=13.2/100$（1：7.6）

(f) 8月1日方格网剖面图

图6-29 HDPE固沙障凹曲面形成过程的数字摄影（1 m×1m）

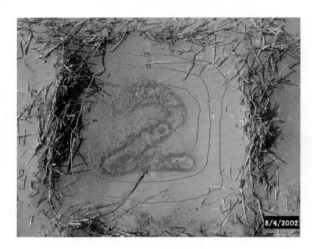

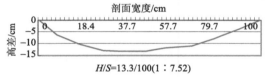

$H/S=13.3/100$（1：7.52）

图6-30 沙坡头稳定草方格沙障凹曲面的数字摄影（1m×1m）

2) 蜂巢式 HDPE 固沙障的推广应用

（1）我国有 3000 多千米的沙质海岸线，风沙灾害频繁发生。沙质海岸一般有宽阔的岸滩区域，海岸沙滩在旱季风沙活动激烈，雨季又经常受到海浪的侵袭。在这里开展防沙工程，必须采取既能防治风蚀，又能防止海浪侵袭的特殊方法。本节把蜂巢式 HDPE 固沙障应用在广东沿海的海岸地区。表 6-13 为蜂巢式 HDPE 固沙障在广东沿海某地的防沙效益观测结果。从表 6-13 中可以看出，1m×1m 蜂巢式 HDPE 固沙障内的输沙率仅为其上风向流沙处的 0.45%，说明 1m×1m 蜂巢式 HDPE 固沙障在海岸防沙工程中收到了很好的效果。

表6-13 广东沿海地区 HDPE 蜂巢式固沙障防护效益

测试项目	流沙	格状沙障（1m×1m）
地面以上 1.5m 处的风速/(m/s)	7.1	6.6
地面 0.2m 处的风速/(m/s)	4.3	3.4
地面 0.2m 的输沙量/[g/(cm·min)]	1.1	0.005
输沙量比值	100	0.45

（2）临（河）哈（密）铁路穿行乌兰布和沙漠、亚玛雷克沙漠和巴丹吉林沙漠，是目前我国穿行沙漠、戈壁线路最长，真正意义上的沙漠铁路，沿线气候条件恶劣，干旱缺水，植被难以生长。在这条铁路的一些路段应用推行了蜂巢式 HDPE 固沙障防治铁路沙害（图 6-31），取得了骄人的成果。

图 6-31　临哈铁路某段的蜂巢式 HDPE 固沙障防沙带

（三）结论

研究结果表明：

（1）蜂巢式 HDPE 固沙障增大了下垫面的粗糙度，明显降低了底层风速，进而减弱了输沙强度，使流沙表面得以稳定。

（2）蜂巢式 HDPE 固沙障对外来风沙流有阻拦作用，对原有沙面有固定作用。在格状边框内，气流的涡旋作用，使格内原始沙面充分蚀积最后达到平衡状态，即稳定的凹曲面形成。这种有规则排列的凹曲面，对不饱和风沙流具有一种升力效应，进而形成沙物质的非堆积搬运条件。这是格状沙障作用的关键。

（3）实验证明，选用孔隙度 40%、高 20cm 的 HDPE 固沙障的防沙效果都是显著的。因此，蜂巢式 HDPE 固沙障完全可以代替目前的麦草、芦苇等原料，具有很大应用价值和推广前景。

三、黏土沙障卵石方格等沙障的实践

沙漠地区，广大群众在采用草方格沙障固沙的同时，还因地制宜，就地取材，用黏土埂形成条带状和方格状沙障，同样收到显著的防沙效果。

（一）黏土沙障

1. 黏土沙障的设置

这种方法是在有黏土资源的沙区，在黏土压埋沙丘(河南兰考群众谓之"贴膏药")固沙经验的基础上，不断改进而形成的防沙措施。利用黏土全面覆盖沙丘固沙，不但费时费工，且雨水难以渗入封闭沙层，而且很容易受到雨水的冲刷和破坏。另外，黏土封闭沙丘影响沙丘水分状况，不利于固沙植物生长。黏土沙障是由黏土堆成高 20～30cm、底宽 40～50cm、顶宽 10cm 的小土埂。黏土可成行铺设，或铺设成格状，土埂间隔可较草方格沙障略大，采用 1m×2m 或 2m×3m，最大间隔不超过 4m，一般为 2～3m。因其防沙作用类似于半隐蔽麦草格状沙障，故称之为黏土沙障。铺设时，就地挖掘黏土或黏壤土，在沙丘迎风坡面上，横对主风向(大致沿着沙丘等高线)铺设一道道的小土埂，土埂彼此平行，必要时适当加设几道纵向小土埂，即成黏土行列式沙障；在成行铺设的基础上，再平行于主风向铺设一道道小土埂，便成黏土格状沙障(图 6-32)。总的来说，沙丘上部土埂间距应适当缩小，下部应适当增大，土埂要高低基本一致，土块彼此之间较为密实，不能断条缺口，以免发生掏蚀现象。铺设黏土沙障，就地取材，具有设置简便、省工耐用、固沙作用明显、保水性能好及有利于固沙植物生长等优点。

图 6-32　新设置的黏土格状沙障

黏土沙障在甘肃民勤沙区最先采用。经实地观测，设置黏土沙障可使障内 20cm 高度上的风速削弱 20%左右；可使 0～50cm 深度沙层的含水量(对比流沙)提高 25%以上，干沙层厚度减少一半；同时，还可增加流沙的肥力和提高其抗蚀能力，为栽种植物创造有利条件。

一般每亩带状沙障用工量 6～8 个工日，格状沙障近 10 个工日。每亩黏土用量分别为 10m³ 或 15m³，比设置柴草沙障经济、耐久。黏土沙障一般可维持 4～5 年及以上。可见，黏土沙障是一种比较经济有效的固沙方法，凡附近有黏土资源的地区均可推广。

2. 关于黏土沙障防护原理的讨论

　　黏土沙障的防护作用已经为人们所公认，其防护原理和机制却未进行过系统的理论和实验研究。有人认为，黏土格状沙障的防护作用原理与麦草格状沙障完全一样，就其防护过程和效果来看，主要有两点理由是成立的。首先，由于黏土内聚力的作用，其流体起动风速远大于沙丘沙。用黏土做埂而形成沙障，无论铺设成带状或格状沙障，经一个风季后，埂间中部沙面因受风蚀而下凹，埂基稍有积沙。埂距愈大，埂间沙面风蚀就愈深，通过风沙流的充分蚀积作用，最后形成如同草方格沙障后期的稳定凹曲面，这是格状沙障防沙功能的关键所在。不过，最大风蚀深度通常不超过埂距的 1/10，一般约为埂距的 1/12。另外，从黏土沙障的断面(图 6-33)可以明显地看到，黏土沙障的表层，在风力和降水长时间的作用下，已经形成一定厚度的黏土保护层，直接保护了下层的流沙与气流(风沙流)相隔离。应该说，最后真正起到防风固沙作用的是这层黏土保护层。

图 6-33　(民勤地区)条带状黏土沙障的断面

　　有些地区，采用盐土做埂而形成的盐土方格沙障的作用原理与黏土方格沙障是相似的。其不同点在于盐土格状沙障的土埂中起决定性作用的因素是含盐量，盐分固结了的沙面不易被风蚀(图 6-34)，其防沙效果也很显著。

图 6-34　吉兰太地区的盐土格状沙障

此外，我国东部干草原地带沙区公路养护中，用草砖(草皮块)垒筑成格状沙障固定沙丘，其防护效果也较好。例如，内蒙古锡(锡林浩特)宝(宝昌)公路 90km 处原沙害严重，后来养路工人在靠近公路的流动沙丘上，用 10cm×15cm×25cm 大小的草砖，以两层或三层垒成方格沙障，其规格为 1.0m×1.5m，使流沙得以固定，消除了公路沙害。但这种草砖是挖掘草场(草甸草原)表皮层获得的，严重破坏了草场地面稳定，引起了草场风蚀和水土流失，是被严厉禁止的。

有人采用卵石做埂形成卵石方格沙障，这种沙障仅停留在实验阶段，未能广泛应用。

(二)黏土全面覆盖流沙表面和翻土改沙的防沙措施

20 世纪 60 年代，随着"县委书记的榜样——焦裕禄"同志先进事迹深入人心，对沙丘"贴膏药、扎针"的治沙方法也为人们所了解。所谓"贴膏药"，即采用黏土全面覆盖流沙(沙丘)表面，达到固沙目的。

1. 土埋沙丘

绿洲边缘和内部的零星沙丘移动迅速，对农田危害极大，河西走廊等绿洲地区一般就地挖掘黏土，全面覆盖沙丘，使风与沙面隔绝，以制止沙丘移动。因为这些地区的沙源不充足，风沙流是处于不饱和状态的风沙流，唯一的沙源就是零星分布的小沙丘。

土埋沙丘有以下两种方法。

(1)碎土块压沙：在流动沙丘上，由沙丘上部向下摊铺黏土碎块，覆土厚度一般为 5～10cm，沙丘上部覆土较厚，下部覆土较薄。如果沙丘呈新月形，覆土通常先把丘顶向背风坡方向摊平，将背风坡变缓，使覆土不至滑下。乌兰布和沙漠北部垦区，在新垦条田周围的半固定沙丘和零星流沙地上，也有取黏土压沙的，覆土厚度一般为 3～5cm。在年降水量为 100～150mm 的地区，碎土压沙后可播上油蒿、籽蒿等沙生植物，或借助于沙生植物自身的种子繁殖方式进行植物生长繁殖，大约 3～5 年，沙丘就可被植物所固定。

(2)泥漫沙丘：从丘顶往下敷一层 3～5cm 厚的湿土，以形成一层保护壳。这一方法多用于年降水量不足 100mm，沙丘上难以生长沙生植物的地区，以加强抗御风蚀的能力。

土埋沙丘每亩用 15～20 个工，一般可维持 3～5 年。若遭受强风吹蚀或暴雨冲刷而局部出现破口，应及时修补，以防风力掏蚀破坏覆盖层。在雨水稀少地区，土埋沙丘影响雨水渗入沙层(表 6-14)，对植物生长不利。

表 6-14　民勤地区土埋沙丘对 1～100 cm 沙层平均含水量的影响　(单位：%)

测定月份	流动沙丘		土埋沙丘	
	绝对值	比值	绝对值	比值
5	1.84	100	1.49	81.0
6	2.32	100	1.06	45.7
7	1.90	100	0.83	43.7
8	1.70	100	1.50	88.2

应用此种防沙措施有很大的局限性。除了降雨对覆盖层的破坏作用之外，高浓度过饱和的风沙流将会迅速掩埋覆盖层而形成新的风沙危害。这也是该防沙措施最大的缺陷，一旦实施就需要不断进行补救。

2. 翻土或掺土改沙

乌兰布和沙漠北部垦区为古黄河冲积平原，黏土和黏壤土厚度一般在 1m 上下。在广阔的土质平地上堆积着低矮的沙丘，多为高 1～3m 的纵向沙垄和高 1～2m 的灌丛沙堆，流沙呈斑块状分布，在引黄河水自流灌溉的有利条件下，适宜农业开发利用。实践证明，开垦无沙丘覆盖的土质平地(光板地)，由于土壤地质黏重，物理性质差，干时坚硬龟裂和形成坚硬的坷垃，湿时泥泞，呈黏糊状，透水性和透气性差，还容易发生土壤次生盐渍化(碱化)。因此，开垦分布面积较大的覆沙地，通过深翻，上层沙与下层黏土掺和，既可提高土壤的透水、透气、保水、保肥性能，同时还可以控制新垦荒地的土壤风蚀。

(三)防沙原理在沙区农业生产中的应用

1. 不同作物带状间作

在基本农田上，横对主风向带状间隔种植玉米、高粱、向日葵等作物，作物秸秆无论是在生长期，还是在收割期均具有较好的防护作用。

2. 作物的播种方向与防沙

从防沙的原理来看，作物的播种方向应与主风向正向相交为好，可以有效地降低风速，防止土壤风蚀和土肥流失，起到防风固沙的作用。可是从作物生长角度考虑，即要考虑作物的通风和光照，其播种方向应与主风向平行较好。为了解决上述矛盾，即要求播种方向与主风向斜交为宜。

3. 作物留槎的防风固沙作用

在广大的沙漠地区，作物生长旺盛的季节，也是风沙活动强度较弱的时期，而风沙活动频繁的季节，却是农业生产的休闲期，裸露的农田最容易受到风沙危害。因此，作物留槎是农田防风固沙和防止土壤风蚀最有效的措施之一(表 6-15)。由表 6-15 可以明显地看到，留槎对风速的减弱作用，特别是地面 10cm 内，风速仅为对照地的一半左右。

表 6-15　农田作物留槎对风速的减弱作用(宁夏盐池)

地表性质	高度							Z_0
	200cm	100 cm	50 cm	30 cm	20 cm	10 cm	5 cm	/cm
尚未出苗的冬麦地	5.0	4.5	3.9	3.6	3.3	2.8	2.3	0.182
(松沙地)	(100)	(90)	(78)	(72)	(66)	(56)	(46)	
谷槎地	4.9	4.2	3.5	3.1	2.5	1.8	1.1	1.740
(沙土)	(100)	(87)	(72)	(63)	(51)	(36)	(23)	

注：表内数字系各个高度的风速(m/s)，括号内数字系 2m 以下各高度风速(V_i)对 2m 高风速(V)之比值(%)。

参 考 文 献

陈广庭, 董治宝. 1996. 沙漠公路防沙工程//中国石油天然气总公司塔里木石油勘探开发指挥部. 塔里木沙漠石油公路. 北京: 石油工业出版社: 550-567.

耿宽宏. 1986. 中国沙区的气候. 北京: 科学出版社.

耿宽宏. 1981. 戈壁地区铁路防沙林带的防护效应. 地理学报, 4: 89-95.

韩庆杰, 郝才元, 张宏杰, 等. 2021. 临哈铁路典型防沙工程区阻风效率与积沙量特征. 中国沙漠, 41(1): 37-46.

胡英娣. 1988. 方格沙障麦草致腐因素与防腐方法的研究. 干旱区资源与环境, 2(1): 82-91.

胡英娣. 1997. 几种化学固沙材料抗风蚀的风洞实验研究. 中国沙漠, 17(1): 4.

凌裕泉. 1980. 草方格沙障的防护效益//流沙治理研究. 银川: 宁夏人民出版社.

凌裕泉. 1991. 铁路沙害防治的风沙物理学原理//流沙治理研究(二). 银川: 宁夏人民出版社: 297-308.

刘贤万. 1991. 草方格沙障的风洞实验//流沙治理研究(二). 银川: 宁夏人民出版社: 326-334.

屈建军, 凌裕泉, 刘宝军, 等. 2019. 我国风沙防治工程研究现状及发展趋势. 地球科学进展, 34(3): 225-230.

屈建军, 喻文波, 秦晓波. 2014. HDPE 功能性固沙障防风效应试验. 中国沙漠, 34(5): 1185-1193.

王润心. 1997. 玉门地区铁路防沙体系建设的研究. 中国沙漠, 17(4): 95-99.

王涛, 等. 2011. 中国风沙治理工程. 北京: 科学出版社.

王振亭, 郑晓静. 2002. 草方格沙障尺寸分析的简单模型. 中国沙漠, 22(3): 28-31.

朱国胜, 李克云. 1999. 乌吉铁路沿线沙害分析及综合治理途径. 中国沙漠, 19(1): 57-60.

朱震达, 王涛. 1998. 治沙工程学. 北京: 中国环境科学出版社.

第七章 防护体系的配置与宽度及其防护效益

第一节 防护体系的配置

一、防护体系的配置原则

所谓防护体系的配置，就是根据风沙流场的性质和特征，以及风沙危害的方式和强度，所采用的各种防沙措施组合体的总称。各种防沙措施均具有自身的特性和功能，同时，这些措施也存在某些局限性。因此，在防沙实践中，必须有机组合综合使用，才能收到更好的防护效果。其配置原则首先应该符合风沙运动的物理学原理。例如，在大面积的流沙动沙丘表面，固沙措施是主要的，但是如果外部沙源充足，不断地侵入固沙带，往往造成前沿严重积沙，使固沙措施失效，直至最后失去防沙作用。为了防止前沿积沙就必须在固沙带的前缘设置高立式的阻沙栅栏，形成大面积流沙地区防沙体系的配置，即"以固为主，固阻结合"的防护体系。又如，沙砾质戈壁地区设置固沙措施是十分困难的，因为下垫面性质与流沙存在明显的差别。也就是说，在沙砾质戈壁只能采用以阻沙措施为主体的配置原则，必要时结合输导沙措施，其中下垫面性质是矛盾的主要方面。不过沙砾质戈壁风沙流性质和沙源条件也与流沙存在巨大的差别。如果考虑到被防护工程设施自身的特点及其对防沙的具体要求，将导致防护体系配置的多样性和复杂性。

防护体系的配置原则应该是"因地制宜，因害设防；控制沙源，综合治理；就地取材，不断创新"。考虑到生态环境的综合治理，应该尽可能坚持以工程措施为主，工程措施和生物措施相结合的配置原则。

另外，由于自然环境条件的多变性，防护体系的配置必然会出现多样性，不可能用一种固定的模式所取代。即使对于同一地区的防护体系配置来说，也会因不同地段和不同地形部位而产生不同程度的差异。

二、防护体系的配置方案

我们首先考虑的因素，或者说是决定采取哪几种防沙措施的主导因素是下垫面性质。因为下垫面性质是环境因素及自然营力长期作用塑造地形的产物，与之对应的风力条件和沙源分布是相对稳定的。根据下垫面性质可将通常采用的防护体系配置方案分为以下三种。

1. 大面积流动沙丘地区的防护体系配置——以固为主，固阻结合，兼备输导

该种类型地区沙源充足，风沙流性质为高浓度饱和或过饱和的风沙流，90%的沙物质在贴近沙面 20cm 高层内被搬运。根据多年防沙实践经验，其防护体系的配置应以固沙为主，固阻结合。固沙措施以半隐蔽格状沙障为主，规格为 1m×1m、1.5m×1.5m、2m×2m，只要配置合理，其防沙效果将很显著。防护材料可选用麦草、芦苇、黏土和高强度抗老化的尼龙网或塑料网。实验证明，0.5m×0.5m 的格状沙障不但费工费料，而且防沙效果不明显，极易被沙埋而失去作用。有条件时，个别地段可辅之以喷涂固沙剂或铺设黏土和砾石平台，不仅固沙还可在局部起到输沙作用。高立式阻沙栅栏一般采用树枝、芦苇、玉米秸或尼龙网和塑料网，高度为 1m 左右。选此高度的理由是易于施工，有利于加固，每年维修一次。这种防护体系是经过多年防沙治沙实践，不断总结经验，不断改进和完善，逐步发展而形成的适用于大面积流沙表面的防沙措施配置方案，它不仅在生产上实用有效，而且在理论上也是合乎风沙物理学原理的。具体地说，前沿阻沙带有效控制沙源；固沙带降低风速，控制了风的搬运能力并稳定了沙面，并且改变了下垫面性质，有效地控制了风沙运动的转换条件，并且为后期实施植物固沙创造了稳定的床面立地条件。有条件时，还可采用沙柳和黄柳等耐沙埋植物的枝条作半隐蔽格状沙障材料，形成"活沙障"。用新鲜树枝枝条扎制格状活沙障，方格尺寸可采用 3m×3m、4m×4m，甚至 5m×5m 规格。在内蒙古伊金霍洛旗神府东胜矿巴图塔井田已经开展了此项试验研究（图 7-1）。这种防护体系设置长度范围应该与防护对象（如铁路或公路）一致，全面防护，切忌不合理的分段或分片防护。

图 7-1　内蒙古海勃湾治沙站(柽柳)活沙障试验

　　每一种防沙措施，每一种防护体系配置都要随环境条件发生变化，这就是"因地制宜，因害设防"原则的体现。这时不妨举一个例子，将以固为主、固阻结合的体系配置应用于海岸沙滩风沙危害的防治。在无海潮侵袭的条件下，干沙滩上的格状沙障很快形成稳定的凹曲面[图 7-2(a)和图 7-2(b)]，防护效果非常明显。可是随着大潮的到来，海浪的冲刷致使边缘格状沙障被破坏（图 7-3），同时海浪挟带大量的泥沙沉积在格状沙障上，落潮之后由于强的阳光照射和年平均风速高达 7.8m/s 的海风吹刮，大面积的格状沙障被埋没。从这个试验中，我们认为固沙措施效果是显著的，问题出在沙源的剧增和强风搬运造成的影响。举此例主要说明风沙流场性质和沙源分布特征是防沙实践中必须充分考虑的最重要因素。

(a) 新设置的涤纶包心丝半隐蔽格状沙障   (b) 稳定凹曲面已形成

图 7-2 涤纶包心丝半隐蔽格状沙障用于海滩防沙

图 7-3 格状沙障被浪潮冲破

2. 沙砾质戈壁或砾质戈壁地区的防护体系配置——以阻为主，阻与输导相结合

沙砾质戈壁或砾质戈壁地区风沙流场的特征是下垫面性质相对稳定，没有大面积流动沙丘移动的直接威胁，但地表坚硬光滑而开阔，相对来说，风力较强。风沙流性质属高浓度不饱和的过境风沙流，沙物质搬运层高度比流沙表面高得多，风沙流对地表产生强烈的风蚀与磨蚀作用，一般情况下不会造成积沙危害，可是当风沙流运行中遇到障碍物，或明显的地形起伏就很容易造成积沙危害。

对于这种下垫面上的风沙危害防治，只能采取以阻沙措施为主、兼用输导沙措施的配置。其目的在于控制或减轻上风向的沙源，或改变风沙流的运行方向，以减少过境主要防护区域风沙流的含沙量。阻沙带距离防护区不应小于 100m。以往，铁路防沙中曾采用挖沟筑堤的办法阻沙，此类方法具有一定局限性。戈壁地表为砾石或碎石层覆盖，其下伏地层中常常夹有沙丘沙透镜体，在这里挖沟，机械设备势必严重破坏相对稳定的地表砾石或碎石层，将下伏沙丘沙翻至地表，这里是指翻出的沙丘沙会被风力所搬运。特别是在强风区，外来风沙流的夹合并新翻地表的沙会迅速填满防沙沟体。例如，20 世纪 60 年代敦煌莫高窟崖顶防沙实践中曾采用此类方法，在垂直主风向上开挖长 900m、宽 1.5m 和深 1.5m 的防沙沟，一年就被积沙所掩埋，不但防沙效果方面都不能令人满意，且白白耗费了人力和资金。另外，这种防沙沟堤多半靠近防护区，堤前堤后或沟内的积沙很容易成为新的沙源，威胁主要防护体。

在我们的建议下，在距被防护区 150～200m 处起，设置 2～4 道阻沙栅栏，间距为 40m、30m、20m 和 10m。栅栏阻沙带至防护区的 50～100m 作为输沙带。栅栏高度分别为 1m、0.7m、0.4 m 和 0.2m，栅栏透风度分别为 50%、30%和 10%三组。用这样的防护体系替代防沙堤和防沙沟，取得了良好的防沙效果。

3. 黏土光板地和粗质平沙地防护体系的配置——以阻为主，阻固输相结合

黏土光板地和粗质平沙地可能有两种情况：一是沙源较远而且不太丰富；二是沙源较近，但零散分布，很不均一，如沙漠边缘和沙漠腹地的丘间平地零散分布的低矮新月形沙丘地区。

这些地区的共同特点是地势起伏不大或无起伏，地形平坦开阔，风力较强；沙源不太丰富，沙粒较粗，黏土较细，粒级分布为两个极端型；风沙流以非堆积搬运的形式过境。

此种下垫面性质介于戈壁和流沙之间，风沙流性质仍属于不饱和过境风沙流，但在风沙运行过程中对地表的风蚀作用不可低估。因此，风沙流浓度有增大的可能，所形成的风沙危害具有风蚀和积沙的两重性。防护体系的配置应以阻沙措施为主，兼用固沙和输沙措施，特别是风沙流运行的下风侧至被防护区之间 50～100m 应采取固沙措施或输沙措施。其阻沙带的设置与沙砾质戈壁和砾质戈壁相同。

第二节　防护体系宽度及其防护效益

一、防护体系宽度的真实含义

在风沙危害防治的研究和防沙治沙工程实践中，防护带的宽度是长期以来人们关心和不断探讨的现实问题。说到防护宽度，人们自然会想到沙漠地区的每一项建设工程都需要进行沙害防治，采用什么方法防护？防护措施的设置宽度或范围有多大，不仅涉及防沙效益，更涉及资金的投入和施工周期及其后期维护等诸多方面。这个问题几乎是每一项沙漠工程都必须认真对待和切实解决的问题。通常人们所指的防护宽度不外乎是防护措施的设置宽度，此宽度与防沙效益似乎没什么必然的内在联系。因为，固沙措施的设置宽度或大或小均能起到防沙作用，并非越宽越好。单从防沙效益考虑，当然防护宽度越宽越保险，但从经济角度计算，则是越窄越节省。有人试图从理论上证明 10 行草方格沙障就能起到防沙作用，但在防沙实践中没有一个人敢于冒险把防护宽度定为 10m。当然，在包兰铁路建设初期，沙坡头地区的防沙设计方案中把防沙宽度定为 5500m 也是没有理论根据的；也有人试图建立一个数学公式，以便精确计算一个地区的防护宽度，由于缺乏必要的理论依据，在实践中也难以应用。那么防护宽度的真实含义是什么，应该如何确定？可以说防护宽度既是一个实际应用的问题，也是一个理论问题。因为风沙危害的形成与防治都离不开风沙运动的基本规律。或者说，在一个风沙流场相同的地区，由于沙源的分布特征和下垫面性质不同，其沙害形成与防沙措施也不尽相同。况且防沙是一项综合的系统工程，各种防沙措施的功能及其相互配置(防护体系)作用也不一样，试图用一种固定的数学模式套用于各种下垫面上的防护体系宽度，不仅不现实也不可能，而且也有悖于风沙运动的基本规律。不如举个极为普通的例子来看防护宽度的真正含义，如从甲地到乙地距离为100km，如果步行需要10h，若乘汽车(时速为60km/h)就只需要1.5h。也就是说目的是不变的，但由于解决问题的方法不同，收效就会有很大的差异，这个时间可以比作防护宽度。防沙治沙也是一个道理，如果在流沙地区用单一的格状沙障固沙，每年由于前沿积沙就要埋掉大约15m(徐峻龄等，1982；凌裕泉，1991)，若不采用其他措施10年时间就可埋掉150m。也就是说，150m的防护宽度只能用10年。沙坡头地区在1980年以前主要依靠每年修补格状沙障的办法来维持原有防护宽度，1980年以后采用高立式阻沙栅栏进行前沿阻沙，使整个防护体系的防护作用更加稳定。试验研究表明，1m高的栅栏阻沙带具有较好控制沙源的作用。其有效保护范围可定为50m(凌裕泉等，1984)。如果将50m宽的阻沙带再设置为半隐蔽格状沙障固沙带，其防护作用就更加明显和可靠。我们把此种阻固结合的防沙措施称为流沙地区防护体系的基本防护宽度。在此50m之后至被防护体之间再设置50m格状沙障，其作用是防止输沙量水平分布的非均一性和灾害性天气如特大风速的破坏作用。其可理解为辅助防护宽度，辅助防护宽度可大于50m，也可小于50m。这就要求根据一个地区多年自计风向风速，计算出该地区的最大可能合成输沙强度与合成输沙方向以及沙障使用年限来确定。由此可见，对一个地区风沙流场性质和特征了解的意义何等重要。

考虑到由固沙带向下风方向仍可能有极少量的飞沙通过，为保证下风向被保护工程(铁路或公路)的安全。通常可在固沙带与被防护工程之间设置30~50m宽的输沙带(如砾石平台等)。把二者加在一起，其防护总宽度约为150m。

如果把上述关系表达为下列等式，即

$$L_D = S + M + B \tag{7-1}$$

式中，L_D为防护体系设计宽度(m)；S为流沙地区基本防护宽度(50m)；M为依赖于最大可能合成输沙强度和合成输沙方向与沙障使用年限的附加固沙带宽度(m)；B为输沙带砾石平台宽度(30~50m)。

另外，两种下垫面防护体系配置均以阻为主，阻输结合。其指导思想是明确的，就是要有效地控制沙源或减轻风沙危害程度。

栅栏阻沙试验研究表明，1道阻沙栅栏的阻沙能力为80%左右，如果设置2道阻沙栅栏可有效控制风沙流输沙量的95%左右。所以，在被防护体上风向200m处开始设置3~4道阻沙栅栏，有效地控制98%的风沙流是可能的，其防护宽度约为100m。也就是说，剩下2%左右的余沙，通过100m宽输沙下垫面的输导，是可以保证被防护体安全的。对于黏土光板地，也可采用类似固沙措施，其防护宽度可以适当减小(凌裕泉等，1984；凌裕泉，1991)。

由此可见，防护体系宽度取决于一个地区的风沙流场性质与特征和防护体系的结构配置，而基本防护宽度和结构配置取决于下垫面性质和风沙流运动特征。

其实防护体系宽度一词的含义也有不确切之处。例如，敦煌莫高窟崖顶风沙危害防治的防护体系不是带状，而是"A"形。为什么呢？主要原因在于该地区的风沙流场性质：①该地区是一个多风区，年平均风速为 3.8m/s，又是一个多向风地区，三组风向均匀分布，其输沙能力也相近的；②风沙运动性质属非饱和过境风沙流；③下垫面为沙砾质戈壁。以上风沙流和下垫面性质决定了防护体系既不可能采用单一结构的大面积固沙措施，也不能采用单一结构的栅栏阻沙办法。因此，防护宽度就失去了存在的意义。

根据最大可能合成输沙量与输沙方向的计算，设计了"A"形结构配置的尼龙网栅栏体系，其既能在主风向上阻拦流沙，又能在次主风向输导部分积沙（凌裕泉等，1993，1996）。

二、防护体系的建立与防护宽度的确定

一般来说，工程防沙措施适用于工矿交通建筑物，其措施配置多为"线状"或"点状"分布，现举几个实例以说明其在实践中的应用。就全国沙害防治规模、持续时间、防护体的完整性等方面看，沙坡头地区的防沙试验研究最有代表性。

（一）流沙地区铁路防护体系

实例1 包兰铁路沙坡头地段防沙体系的建立与防护效益。

包兰铁路是中国第一条长距离穿行大面积流沙的铁路干线，研究这段铁路沙害治理体系的最佳结构配置，对于改进和提高包兰铁路乃至其他沙漠铁路防护体系的建设具有重要的指导意义。

这是一个典型的"以固为主、固阻结合，兼有输导作用"的防护体系（凌裕泉，1991）。

1. 对现有防护体系结构配置的分析

（1）防护体系宽度：沙漠地区铁路防护宽度是人们多年来一直关心并期待解决的问题。包兰铁路修建初期，国内外专家们认为沙坡头路段穿越大面积流动沙丘地带，应加大铁路两侧的防护宽度。最初设置的防护带总宽度为 5500m，北侧为 5000m，南侧为 500m。经过实践，发现实地防沙并不需要如此大的宽度，因而在 1964 年的修改方案中改为北侧 500m、南侧 200m。表 7-1 提供了迎水桥到孟家湾 15km 线路的现有防护体系实际宽度的资料。后经实地调查，路北主风方向一侧的防护带宽度为 235～583m，其中有草方格沙障或无灌溉条件下的植物固沙带宽度 150～480m，多数在 150～200m。在沙坡头站试验区（$K_{707～708+500}$），由于进行前沿阻沙试验，防护带宽度已增至 700m 左右。南侧下风向的总宽度只有 28～300m。其原因在于，通过沙漠地区的铁路建设初期，人们对当地的自然条件了解不够，特别是对风况与风沙活动规律认识不足，生搬硬套了外国经验。苏联阿什哈巴德地区，多年平均风速为 6.6m/s，最大风速为 40m/s，其铁路防护的设计宽度为 3000～5000m。而沙坡头地区多年平均风速为 2.9m/s，最大风速为 19m/s，就这两项风速指标看，前者是后者的两倍多，设计方案的铁路防护宽度却后者大于前者，这是有悖于风沙运动基本规律的。实际上，从风沙活动规律来看，即使在阿什哈巴德风况的条件下，防护带宽度也不需要 3000～5000m。对此问题，我们还要进一步地讨论。

表 7-1　迎水桥至盂家湾(K$_{701\sim715}$)15km 线路两侧防护带宽度(据石庆辉调查资料)

里程	路北(主风向)					路南(次主风向)				
	固沙带		林带宽度	平台宽	总宽度	平台宽	林带宽度	固沙带		总宽度
	宽度/m	盖度/%	/m	度/m	/m	度/m	/m	宽度/m	盖度/%	/m
K$_{701}$	192	15.0	69	33	294	27.6	50	193	—	270.6
K$_{702}$	150	15.0	55	33	238	23.6	50	178	—	251.6
K$_{703}$	150	15.0	55	46	251	22.5	70	50	—	142.5
K$_{704}$	150	20.0	57	28	235	28.0	50	165	—	243.0
K$_{705}$	180	20.0	57	20	257	22	35	120	—	177
K$_{706}$	170	11.2	67	30	267	15	82	140	—	237
K$_{707}$	340	22.0	85	26	451	20	84	83	—	187
K$_{708}$	480	22.0	68	35	583	18	48	—	—	66
K$_{709}$	186	11.9	53	32	271	16	12	—	11.9	28
K$_{710}$	210	11.9	83	24	317	20		300	11.9	320
K$_{711}$	278	22.0	63	20	361	20		310	20.0	330
K$_{712}$	377	17.0	57	20	454	14		271	30.0	285
K$_{713}$	244	5.0	91	18	353	12		179	10.0	191
K$_{714}$	242	7.0	90	17	349	16		85	—	101
K$_{715}$	268	11.0	17	19	354	17		115	16.0	132
平均	241.1	15.1	67.7	26.7	335.5	19.5	53.4	168.4	16.6	197.5

考虑到沙坡头地区流动沙丘类型主要为格状沙丘,格状沙丘的主梁以来回摆动前移的方式缓慢移动,最大可能合成输沙强度为 0.527m^3/(m·a),也就是说最大可能年平均移速为 0.527m/a(沙丘主体高度为 7~20m),移动方向与主风向一致(西北移向东南),主梁脊线前摆量平均为 2~3m/a,可以说沙丘主梁的移动对铁路危害不大。风沙危害的主要威胁是风沙流以及在风沙流作用下格状沙丘的副梁,其以大尺度"沙舌"方式迅速前移,最大可能平均移动速度为 1.78m/a,直接危害防护带,继之威胁线路安全(图 7-4)。

(2)现有防护体系的结构配置及其演变过程:经过多年的修改完善,该段线路现有的防护体系主要包括四个带;第一带,前沿阻沙带。利用不同材料做成高度为 1m 左右的立式栅栏,初设栅栏时,两侧采用 1~4 行的草方格沙障,防止栅栏根部被"掏蚀";第二带,无灌溉条件 1m×1m 草方格沙障与植物措施保护下的固沙带,是防护体系的主体;第三带,灌溉条件下的乔灌木林带;第四带,砾石平台缓冲输沙带(图 7-5 和图 7-6)。具有这样完整四带防护体系的路段只有 2km 左右,具有二至四带次完整体系的段落约有 9km,一般的只由固沙带和砾石平台两带组成。

图 7-4　格状沙丘的副梁——迅速前移的"沙舌"

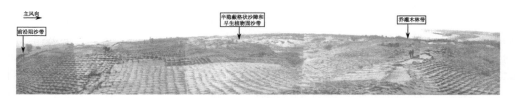

图 7-5　沙坡头($K_{707\sim708-500}$)路段防护体系

图 7-6　铁路两侧输沙砾石平台

　　包兰铁路建设初期，为保证施工的需要，在线路两侧设置了高立式栅栏(图 7-7)，在阻挡外来流沙中起到有效的防护作用。铁路建成初期的防沙体系配置如图 7-8 所示。
　　阻沙栅栏被置于固沙带的下风向，靠近铁路一侧，由于栅栏遭到风力和人畜的破坏及失于维修，于是形成防的缺口，风沙流长驱直入，危害线路，有的地段因积沙过多而沙埋栅栏，有的地段沙害造成停车和脱轨事故。通过实践，人们认识到作为防护体系的一个组成部分，把立式栅栏置于靠近线路的部位是不适宜的，于是就在拆除栅栏的同时也否定了它应有的作用(图 7-9)。为解决前沿积沙，曾在防护带外围采用过立式栅栏阻沙，并起到了一定的作用。但却因设置部位不当和分段不连续设防以及管理不善，在风力和人畜的破坏之下很快失去了作用，因此栅栏的防护作用又一次遭到否定。随着实践的深入、认识的提高，在沙坡头地区，单纯依靠机械沙障，维修量大而烦琐，在非灌溉条件下进行植物固沙的试验研究又收效甚微，于是在该地区提取黄河水灌溉造林由设想变为现实。灌溉造林的成功特别是喷灌技术的应用，使得该段线路两侧绿树成荫，面貌一新，环境条件也得到相应的改善。如果考虑到铁路防沙，并结合沙漠治理和农业及林业开发，提水灌溉的确是切实可行的良策。但是逐级提水工程以及庞大的灌溉系统的巨额投资和繁杂的机械维修管理，又给铁路防沙带来一系列新的麻烦与困难。不仅如此，防护带的前沿积沙并没有因此而减弱。至此，不得不回过头来重新开展防护带的前沿阻沙试验，研究结果表明，利用栅栏等工程措施进行前沿阻沙是符合风沙物理学原理的。

图 7-7 沙漠铁路施工期间的防护措施

图 7-8 铁路建成初期的防沙体系配置

2. 从现有防护带的防风沙效益看其结构配置的合理性

铁路两侧（主要是北侧）防护带的作用主要是防止风沙流活动及其危害，为此我们于1983年在沙坡头地区，从迎水桥至红卫车站一段长达数十公里的线路上，选定了一些典型剖面（由流沙至铁路），对现有防护体系的防风沙效益进行剖面对比观测。观测项目包括 2m 和 0.2m 两个高度的风速梯度，0～20cm 高度输沙率。

图 7-9　不合理的阻沙栅栏被破坏和拆除

下面根据防护体系的完整程度和植物生长状况，主要分为三种类型加以讨论。

类型 I：包括前沿阻沙带、在草方格沙障保护下的无灌溉植物固沙带、灌溉条件下的乔灌木林带和砾石平台缓冲输沙带四个部分组成的完整防护体系。选定 $K_{707\sim708+500}$ 的沙丘移动断面（SM-II）作为观测剖面，结果见表 7-2。剖面长 836m，高差为 33.6m，共设 9 个观测点，由 12 人参加观测，两人指挥，观测是在大于该地常见风速的条件下进行的，观测期间风速、风向（西北风）较为稳定。测点分布于沙丘主梁迎风坡中上部或副梁顶部，测点附近较为平缓开阔。由表 7-2 可以清楚地看到，2m 高度风速除了在栅栏阻沙带前后有突出变化外，由防护体系前沿流沙经固沙带至砾石平台变化的总趋势是逐渐减小。个别测点（No.6 测点）因所处地形部位的相对高差的影响而有例外，当然其中也包含防护体系的作用，在林带中的 No.8 测点和平台上的 No.9 测点表现最为明显。0.2m 高度风速则因下垫面性质的改变，随着地表粗糙度的增大而减小。

表 7-2　沙坡头 $K_{707\sim708+500}$ 间剖面（SM-II）风速梯度和输沙率观测资料

项目	流沙	栅前 2m	栅后 0.2m	栅后 12m	固沙带（草方格沙障等）			林带	砾石平台
	No.1	No.2	No.3	No.4	No.5	No.6	No.7	No.8	No.9
$V_2/$ (m/s)	8.1	7.2	8.4	8.3	6.9	8.3	7.1	5.2	4.8
$V_{0.2}/$ (m/s)	6.6	5.6	4.1	4.7	4.7	4.3	4.0	2.6	3.4
$q/$ [g/(cm·min)]	4.615	3.256	0.259	0.139	0.017	0.013	0.005	0.005	0.010
$Z_0/$cm	0.001	0.006	2.188	1.000	0.457	0.550	1.000	1.995	0.079
$q:q_{流}/$%	100%	37.6	5.6	3.0	0.37	0.28	0.11	0.08	0.22

注：V_2 和 $V_{0.2}$ 分别为 2m 和 0.2m 高处风速多次平均值；集沙高度 0～20cm（始终）；观测时间为 1983 年 4 月 13 日。

输沙率沿剖面的分布特征充分显示了防护带及防护体系的防沙效益。流动沙丘的输沙量（或输沙率）为 4.615g/(cm·min)。防护体系的设置，79.2%被阻拦于栅栏前后；经固沙带到砾石平台的全部沙量（各测点的沙量之和）仅占流沙的 1.1%；大约有 20%的沙量沿着栅栏走向被搬运。这与上述栅栏阻沙试验结果（阻沙效率为 70%～80%）是一致的（凌裕泉等，1984；凌裕泉，1991）。

另外，从风沙流的结构特征值沿剖面分布规律（表 7-3）可以明显地看到过境沙量在防护体系中的搬运过程及其空间分布特征。流沙上，主要沙量(97.6%)集中于离地面 15cm 以内；靠近栅栏开始变化，0～10cm 高度内的输沙量占 92.4%；栅栏之后至平台间，不仅输沙率的绝对值明显减小，而且有 37%～54%的沙量分布在 10cm 以上高度，在底层形成不饱和风沙流，为非堆积搬运提供有利条件。也就是说，固沙带不仅直接保护了流沙表面不起沙，而且对外来的少量过境沙有一种特殊的非堆积搬运的功能。

表 7-3　沙坡头 $K_{707\sim708+500}$ 间剖面(SM-Ⅱ)风沙流结构特征

集沙高度	流沙	栅前 2m	栅后 0.2m	栅后 0.2m	固沙带(草方格沙障等)			林带	砾石平台
	No.1	No.2	No.3	No.4	No.5	No.6	No.7	No.8	No.9
18～20 cm/%	0.2	0.5	4.8	8.3	7.5	10.0	10.0	6.3	2.5
16～18 cm/%	0.2	0.7	4.8	7.6	7.5	12.0	10.0	6.3	2.5
14～16 cm/%	0.4	1.2	6.1	7.2	7.5	12.0	10.0	6.3	2.5
12～14 cm/%	0.6	1.9	8.6	6.3	7.5	10.0	10.0	6.3	2.5
10～12 cm/%	1.2	3.2	12.7	6.3	2.5	10.0	10.0	12.5	2.5
8～10 cm/%	2.6	5.6	8.7	9.4	7.5	6.0	10.0	12.5	4.9
6～8 cm/%	5.9	9.2	9.5	9.9	7.5	6.0	10.0	12.5	4.9
4～6 cm/%	14.1	16.2	12.7	12.8	12.9	6.0	10.0	12.5	9.8
2～4 cm/%	34.2	26.6	12.3	15.5	17.9	10.0	10.0	12.5	9.8
0～2 cm/%	40.8	34.8	19.8	16.9	14.9	20.0	10.0	12.5	56.1
q/[g/(cm·min)]	4.615	3.256	0.259	0.139	0.017	0.013	0.005	0.004	0.010[*]

*沙样中混入粉状杂质，失去代表性，仅供参考。观测时间为 1983 年 4 月 13 日。

　　类型Ⅱ：防护体系仅由固沙带和砾石平台组成(表 7-4)。由于设有前沿阻沙带，从流沙进入防护体系的输沙量几乎全部集中于固沙带的边缘，形成前沿积沙威胁。观测表明，气流或风沙流进入固沙带后，在距交界 20m 范围内 0.2m 高度风速减小，而后趋于平稳，这种减弱作用随着气流速度的增大而加强，这就是说，固沙带的防护作用随着风速的增大而更为显著。风沙流所搬运的沙量则在固沙带前 10m(更集中于前 5m)范围内堆积形成前沿积沙，在进入固沙带的 5m 处输沙量只有流沙的 27%。固沙带的防护作用也是相当明显的，情况与类型Ⅰ基本相同。不过有一点是值得注意的，就是在固沙带的末端 No.6 测点，原计划引水灌溉造林，但引水工程未跟上，新置的草方格沙障遭到破坏，导致该点风速和输沙量(就地起沙)急剧增大，并扩大到平台。

表 7-4　孟家湾 K_{715} 剖面风速梯度与输沙率观测资料(1983 年 4 月 2 日)

项　目	流沙	固沙带(1m×1m 草方格沙障)					砾石平台
	No.1	No.2	No.3	No.4	No.5	No.6	No.7
V_2/(m/s)	11.1	8.7	9.5	7.2	7.4	9.5	9.0
$V_{0.2}$/(m/s)	8.4	4.4	3.7	4.3	3.5	6.3	7.2
q/[g/(cm·min)]	12.959	—	0.028	0.031	—	2.192	0.307
Z_0/cm	0.014	1.906	4.571	0.603	2.512	0.200	0.003
$q:q_{流沙}$/%	100	—	0.22	0.24	—	16.9	2.37

类型Ⅲ：采用单一的乔木林带防止零星沙丘移动，结果造成林带前沿积沙的实例（表7-5）。由表 7-5 可见，因单一乔木林带树冠较高，下部树干对风沙流的防护作用并不明显，输沙量的减弱作用是缓慢的，有效防护范围小而且紧靠铁路，林前设置竹质栅栏，目的在于防止林带的前沿积沙，但由于栅栏孔隙度大，走向与主风向交角较小，效果并不明显。这就是说，在流沙地区采用单一的阻沙措施是不合理的。

表 7-5　迎水桥东 $K_{696+500}$ 剖面风速梯度和输沙率对比观测资料（1983 年 4 月 3 日）

测点项目	流沙 No.1	竹栅栏后沙体 No.2	林前积沙体 No.3	林带（1m×1m）		路肩
				No.4	No.5	No.6
V_2/(m/s)	10.0	7.7	10.1	6.4	5.2	7.0
$V_{0.2}$/(m/s)	7.9	4.9	7.3	5.0	3.5	5.2
q/[g/(cm·min)]	11.682	4.588	—	0.795	0.011	0.050
Z_0/cm	0.004	0.355	0.050	0.009	0.182	0.028
q：$q_{流沙}$/%	100	39.3		6.8	0.09	0.43

3. 从风沙物理学角度看固、阻和输导措施的作用

风沙运动是风力作用下的沙质地表运动和沙物质的搬运过程，其中风是动力，松散地表是物质基础，下垫面是运动条件，三者构成风沙运动的总体。因此，防止风沙危害，只要改变其中任何一个因素都能收到较好的效果。

由此可见，风沙危害的防治要遵循风沙物理学原理——风沙运动的规律性，同时兼顾防护措施的综合有效性和经济合理性，即合理配置问题。例如，固定流沙表面是防治风沙活动的关键，但是固沙范围是有限的，所谓大面积固定流沙表面也是相对而言，不可能全部覆盖流沙。因为，固沙措施只能起到它所固定地段的防护作用，而对于防护范围之外，特别是来自主风向的前沿积沙危害无能为力，并且随着积沙范围的扩大，固沙带就有被埋掉的危险。另外，少量过境沙在其下风处长期积累，很容易对铁路造成危害。因此，就存在着固沙带的前沿阻沙和下风向输沙的问题。

阻沙措施固然能起到直接保护固沙带的作用，而且它是防护体系一个必不可少的组成部分，但必须与固沙措施配合使用，其设置部位只能在固沙带前沿，不能靠近铁路两侧。在沙坡头地区，栅栏设置部位不当的重要原因，就在于机械地搬用了栅栏阻雪的经验用于铁路防沙。在风向单一的流沙地区，可采用几组栅栏进行多级阻沙，虽然也能取得一定效果，但不理想。在我国沙漠，尤其是在平沙地、戈壁滩或半固定沙地，常在铁路两侧修筑挡风墙或采取挖沟筑堤的办法阻沙。这一防沙对策同样会导致铁路两侧大量集沙，威胁线路安全（图 7-10）。

如果条件允许，可选用耐沙埋灌木，如黄柳等进行植物阻沙，形成阻沙的"活栅栏"，这样就能收到更好的防护效果。在固沙带前沿切不可用单一乔木阻沙。

图 7-10　旧枕木挡风墙对线路的危害

输导措施与阻沙措施一样从属于固沙措施。其作用包括两个方面，一是将输导措施置于固沙带的下风处，把来自固沙带的少量过境沙以非堆积搬运的形式，输导至铁路下风侧，在风向较为单一时，其作用就更为显著。铁路两侧的砾石平台就起到此种作用。在戈壁滩、平沙地上，沙源不太丰富，风沙流浓度不大，但风速较大，建立以阻沙措施为主的防护体系又很困难时，可在线路一侧设置下导风工程，防止边界层分离而产生的积沙危害。二是在风向单一，又与铁路线路呈较小角度相交的地区采用侧向导板组合置于固沙带，尤其是阻沙带之前的上风处，用以改变风沙流的运动方向，减轻风沙流的直接危害。

广义地说，铁路沙害治理体系中的输导措施还包括铁路路基本体的防护作用。例如，不易被沙埋的路基断面形式，整体道床和轨枕板等防护原理以及具体措施的应用。

4. 机械措施与植物措施在防护体系中的作用

机械措施，或称工程措施，就是用机械沙障降低地表风速、稳定流沙表面、控制风沙流活动的措施。在沙漠铁路建设中，机械措施应该说是一种临时性防护措施，也是为植物固沙提供生长条件的先行措施，对于不具备植物固沙条件地区来说，它又是一种较为长久的防风固沙措施。其不足之处是成本高、施工量大而频繁。

植物固沙措施是一种较为长久的带有根本性的防护措施，若能成功，则可使流沙逐步变成半固定和固定沙丘或沙地，在一定程度上具有改变环境条件的作用。但植物固沙受到自然条件的严格控制，研究结果表明，只要多年平均降水量在 100mm 以上的地区，植物固沙都是可能的。在干旱地区，局部依靠灌溉实施植物固沙也是可行的。经验证明，流沙上如果没有机械防护措施，无论是栽植或是直播都难以成功。因为强烈的风蚀对苗木生长和种子发芽威胁极大，在无灌溉的情景下，植物的成活生长始终都离不开机械措施的护佑。植被群落的演替在某种程度上会减弱植被的防护作用。无论是机械措施还是植物措施都是有条件的防护措施，二者之间是相辅相成的关系。

5. 对防护体系宽度的讨论

保证铁路正常运营是铁路防沙的根本目的，也是确定防护体系宽度的先决条件，而防护体系的防护效益又是确定防护宽度的基础。下面根据铁路运营特点、风沙活动规律以及现有防护体系的宽度和效益的实测资料，讨论铁路沙害治理体系的有效防护宽度。

研究表明、包兰铁路沙坡头地格状沙丘主梁移动缓慢，风沙危害主要来自迅速移动的沙丘副梁，最大可能平均移速为 0.527m/a。根据沙丘移动速度计算防护宽度时，铁路设计有效使用年限一般为 100 年，如果按此标准计算，沙丘主梁在 100 年内将移动 52.7m。这就是说，若不采取任何防护措施，100 年后铁路北侧 52.7m 处的沙丘就会移至铁路附近。因此，铁路沙害治理体系的宽度下限不能小于 52.7m。根据现有防护体系的配置特点，砾石平台约占 30m，前沿阻沙带约占 30m，如果把上述 52.7m 作为固沙带的宽度，那么三者之和为 128.6m，取为 150m。以此作为沙坡头地区铁路防护体系的有效宽度是符合风沙物理学原理的。若按流沙—前沿阻沙带—固沙带—砾石平台缓冲输沙带这种结构配置，就能保证在防护体系全部配置机械措施的情况下，最后进入平台的过境沙量不超过流沙输沙量的 5‰；在配置植物固沙的情况下，最后进入平台的过境沙量约为流沙输沙量的 0.5‰。上述宽度只是该地铁路主风向一侧的平均情况，并不是一个固定不变的常数，应该随着线路走向（与主风向的交角）与弯曲程度，以及沙丘的起伏程度有所增减。例如，前沿阻沙带的设置不能受此宽度的限制，而置于沙丘脊线上或落沙坡及丘间地。总之，有效防护宽度的确定应根据风沙活动规律因地制宜、因害设防。

防护宽度完全取决于当地沙丘的总体移动速度，或取决于当地最大可能合成输沙强度与合成输沙方向，根据沙坡头的经验，铁路北侧有效防护宽度为 150m。我们认为在沙丘移动速度不超过 1m/a 的情况下，即使在极端干旱地区，防护带的宽度取 150～200m 已足够（凌裕泉，1991）。

(二)流沙地区的沙漠公路防沙

实例 2 塔里木沙漠石油公路沙害的防治。

塔里木沙漠公路南北纵贯塔克拉玛干沙漠，线路穿越流动沙丘地段达 466km，是目前穿越流动性沙漠最长的沥青混凝土等级公路，被收入吉尼斯纪录。塔里木沙漠公路防沙工程也是我国乃至世界规模最大的治沙工程。塔里木沙漠公路初建为了向塔中运输石油勘探设备和物资，初称塔里木沙漠石油公路(简称塔中沙漠公路)，如何修建该公路防沙治沙体系作为"八五"科技攻关的重点，经过反复研讨，确立了"以机械防沙保证公路畅通为基础，生物固沙建立生态平衡为目标，化学固沙为辅助措施"的防沙治沙路线；"第一步建立阻沙栅栏、平铺草方格固沙的机械防沙体系，第二步试验生物固沙，解决长久防沙问题"的两步走战略。第一步机械防沙工程借鉴包兰铁路横穿腾格里沙漠东南缘沙坡头地段的成熟经验，结合塔里木沙漠石油公路的实际，采用了芦苇和尼龙网栅栏工程阻沙(图 7-11)；碾压芦苇方格沙障固沙和加密草方格护(边)坡(图 7-12)。

栅栏工程设置在离公路一定距离处的防沙带最外侧，在肖塘至塔中的 219km 距离内，两侧设置总长度为 470km 的机械固沙体系。防沙体一般分三带：前沿阻沙栅栏—(空留积沙带)—草方格固沙带—草方格护坡带。前沿阻沙栅栏(图 7-13)采用三种材料：芦苇疏透型栅栏，孔隙度 35%，露出地表 1m；芦苇束紧密型栅栏，孔隙度小于 10%，露出地表 1.3m；尼龙网疏透型栅栏，孔隙度 64%左右，露出地表 0.8m。栅栏下扎制两行

(2m)草方格，为的是保护新扎栅栏免遭风的掏蚀。这三种栅栏都不同程度地达到改变流场、阻沙的目的，均能使绝大部分外来积沙停积于栅栏两侧。在其走向与当地合成主风方向交角不大时，选用孔隙度较大的栅栏为佳。由于阻沙栅栏设置在不同的沙丘地貌部位，因而其积沙效果差异很大，在复合型沙垄顶部的栅栏有20%左右掩埋了顶部，而复合体之间的丘间地上栅栏有60%左右积沙较少或无积沙，这种情况主要是由各地貌部位气流本身输沙强度的差异所造成的。栅栏后空留10～15m积沙带。

图7-11　空中俯视初建塔里木沙漠石油公路　　图7-12　塔里木沙漠石油公路基本防沙体系

图7-13　塔里木沙漠石油公路防沙带的三种阻沙栅栏

从左到右依次为芦苇疏透型栅栏、芦苇束紧密型栅栏、尼龙网疏透型栅栏

芦苇方格沙障在塔里木沙漠公路沿线是采用压碾改性(加大韧性)的芦苇作方格扎设(图7-14)，其外露地表的高度在15～20cm。在公路沿线1m×1m的芦苇方格沙障已形成表面稳定的凹曲面，其深度一般在10～15cm，其间有呈浅灰白色的粉尘沉积，并保留虫孔，反映风蚀程度已减轻，性能较良好，具有较广泛的适应性，是目前公路沿线防止沙害最主要的措施。至于规格较小的沙障(如0.75 m×0.75m)，宜施设在固沙强度大且固沙要求高的地段，如高深路基边坡等。总的来说，在沙漠腹地应缩小沙丘迎风坡中上部的沙障规格，而在较开旷的丘间平地可适度加大，如1.5 m×1.5m规格的方格沙障可配置在风沙活动程度较弱且固沙要求又不太高的地段。至于公路沿线部分地段设置的带状沙障，因其走向与主风向平行，出现风蚀与浅槽，严重的地段风蚀导致芦苇裸露、倒伏，造成沙障的破坏，因而今后设置时应使其走向垂直于主合成风方向。

图 7-14　塔里木沙漠石油公路沿线芦苇方格沙障与防沙栅栏

综合塔里木沙漠石油公路沙丘地段所采取治沙措施的效益，以试验路段为例，可以归纳为下列诸点。

（1）栅栏阻沙作用：拦截外来沙源已趋向于明显，栅栏的掩埋阻沙率已达 38.58%。

（2）方格沙障固定流沙的作用：设置草方格沙障的沙面比裸露流沙面的粗糙度增大 11～217 倍，达到降低近地表风速的目的。在方格沙障内已出现粉尘薄土层堆积，说明设置方格沙障后，近地面风速降低，不足以吹扬起地表的沙物质，沙面趋向于稳定，只有降尘沉积，而无强烈的风蚀。

通过对上述实例的分析，可见根据一个地区风沙环境的特征和对风沙活动规律的分析，遵循风沙物理学的原理所设计的工程防沙体系，不仅对防治沙害保证线路畅通有着生产实践上的意义，而且对丰富风沙环境整治的研究也有着重要的科学意义（朱震达等，1998）。

（三）沙砾质戈壁地区风沙危害的防护体系

实例 3　兰新铁路玉门—垦场区段铁路防护体系的结构与配置原则。

1. 风沙流性质和危害

戈壁地面组成物质为砾石，沙子处在砾石的掩盖下，地表少见浮沙。危害铁路的沙主要来自干河床和低洼地的局部积沙，或者风蚀残丘。戈壁地表具有坚硬、沙物质不丰富等特点，其风沙流性质与流沙地区有着显著的差异，表现在以下方面：

（1）起动风速大。据实测，在流沙上 2m 高处风速为 5m/s 时可见起沙，而戈壁上则要更大风速，如在卅里井 2m 高处起沙风速 6m/s，在向阳湖达到 7m/s 才见起沙。

（2）风沙流活动的高度较大。砾石戈壁床面坚硬，使跃移的沙粒强烈地向较高处弹跳，增加了上层气流中的含沙量，促使风沙流在较高的空间运行。这种现象由障碍物被风沙磨蚀的高度显示出来。例如，在卅里井，测竿被蚀高度上升到 1.2m；在旺东和向阳湖，墙壁被风蚀高度平均 1.8m，最高达到 2.1m，其风沙流活动的高度远远超过流沙地区。相比之下，流沙地区障碍物被磨蚀的高度一般不超过 0.5m。

（3）风沙流一般处于不饱和状态，具有非堆积搬运的特征。这种性质决定了沙粒飞行距离较远，在空中停留时间长，和地面碰撞次数减少，因而气流补给沙粒动量的损耗也减少，其也使气流在一定风力下保持着更大输沙能力，但戈壁面少见浮沙，供沙不充分，难以满足其输沙能力。因此，在戈壁地区如果没有地形剧变和人为障碍的影响，风沙流所过之处少见积沙。

在戈壁上修建铁路后，路基及其上部的钢轨、枕木等构件就成了风沙流运行的障碍，导致积沙。虽然，戈壁上几乎到处可见风沙流的活动，但通过戈壁的铁路并非都有沙害。有沙害的地段往往是主风向上风侧邻近较集中的沙源，有较高浓度的风沙流侵袭。在有沙害地段，各处沙害的程度也不相同。

结合玉门地区的具体情况，最严重地段是接近沙源的区段，其次是在曲线路段。铁路沙害由边坡积沙引起，常为主风来沙，反向风上道。积沙呈现"西风来沙，东风沙上道""小风留在道，大风顺线跑"的特征。此种现象表明，风蚀和积沙过程与风速之间的依赖关系是设计防沙措施时必须认真考虑到的因素。

戈壁风沙流地区铁路沙害的显著特点一是渐重性，二是隐蔽性。铁路积沙是逐渐堆起来的，沙害也逐渐形成并加重。戈壁面平时很少看见积沙，给人以"平安无事"的假象，但一出现起沙风，沙害就显现出来，这种特点和通过沙丘起伏地区的铁路沙害情况相反。其积沙因铁路兴建而产生，危害具隐蔽性、突发性、难以预料性，因而其防治具有被动性和紧迫性。因此，防止戈壁风沙流地区的铁路沙害也是戈壁地区铁路选线设计中应该解决的一个重要问题。

很多地段修筑铁路，因人为活动破坏了植被和原有地表层的稳定性，其成为风沙流活动形成沙害的促进因素。戈壁风沙流侵袭路段，道床不同程度地积沙，一旦积沙超过轨面，特别是弯道处，容易造成列车导轮出轨，1966 年 4 月 22 日 53 次旅客列车在玉门段 $K_{884+417}$ 处机车脱线，就是线路积沙造成的。道床经常积沙，降低了道床弹性，改变了道床质量，产生了道床板结，造成拱道、铁轨低接头和垂直磨损及"飞边"现象，水泥枕扣件胶垫磨损等危害。风季沿线风沙弥漫，迫使列车缓行，车内沙尘污染空气影响健康。线路积沙不仅影响线路质量，而且给维修和巡道工作带来困难。风沙流还可造成道岔、车体、养路机械等机械设备进沙，从而造成搬运困难和设备失灵，影响工作的正常进行。此外，桥涵积沙可导致涵洞孔径不足，甚至完全堵塞，影响排洪；雨季积水可能使路基下沉，甚至洪水冲毁路堤，造成运输中断。在玉门卅里井—沙坪区间，因流沙阻塞涵洞，1979 年 8 月一次山洪冲毁长约 5km 路堤，中断行车达 7 天之久，直接经济损失数百万元。

由此可见，戈壁风沙流地区铁路的沙害程度也是很严重的，必须加以治理。

2. 防护措施的配置

1）工程防沙措施的应用

玉门段在营造防沙林带之前，沙害日趋严重。除远处入侵的风沙流外，线路及其两侧的积沙直接成为侵袭道床的沙源。同时，玉门地区气候干旱、土壤贫瘠，营造的防沙林带生长缓慢，起到防护作用需要时日，何况防沙林带外缘也必然有积沙现象。在这种情景下，结合防沙林带的营造，不得不采取一些辅助的工程措施防治初建时的沙害。

(1)压沙，即在路堤、路堑边坡上或路堤边坡至坡脚以下 10～30m 宽的范围之内，用沙砾石、黄胶泥土或卵石覆盖地面压沙，防止风蚀和近地起沙上道。经多年实践证明，在防护范围以内，流沙上道程度可减轻 40%～50%。

(2)黏土泥浆抹面，即有红黏土的地方，用红黏土加水浸软后掺入 50%～70%的卵石作骨料，拌成糊浆状，涂抹路堤、路堑边坡面和积沙面，厚度 10～15cm，其对于防止风蚀很有效。

(3)挖防沙沟，即在线路主风向一侧或两侧距线路 50m 以外平行于线路就地挖沟，将挖出的沙石堆积在沟外迎风面一边，使之形成防沙堤。沟堤一旦积满流沙，即用砾石黏土覆盖沙面，并另开新沟，再筑堤。这是解决戈壁风沙流地区道床积沙的一种临时性的有效措施。防沙沟的条数、断面形状和尺度取决于风力强度和地形、来沙量以及防护作用年限等因素。在卅里井地区造林以前，采用梯形断面，主次风向各挖一条深 1.5m、宽 3m 的大沟；在低窝铺地区，采用 1.5m×1.5m 矩形断面挖沟，主风向 3～5 条，风口外挖沟 7～10 条，次风向 1～2 条。在黑山湖地区，结合采用沟带状形式挖沟与造林相结合的方法，即在线路主风一侧距线路 50m 挖第一带沟，条数为 7～10 条，沟距为 3m，向外留出空带 50m，再挖第二条带沟，条数为 10～15 条，沟的大小均为 1m×1m。开沟积沙，既能减轻线路沙害，又能为以后在积沙沟内造林创造条件。防沙沟一般 2～3 年才能积满流沙，在积满沙前可减轻线路积沙 40%～70%。

(4)设置草方格沙障，在垦场二道沟区间，1969～1978 年曾多次在风蚀残丘前沿地段设置了麦草、骆驼刺、芨芨草等材料的方格沙障，设置长度为 2000m、宽度为 500m，在造林之前有效地防止了风沙对铁路的侵袭。

(5)设置防沙栅栏，玉门工务段为防止道床积沙，曾在线路一侧或两侧设置过废枕木栅栏、柽柳枝编笆栅栏和柽柳枝、灌木枝栅栏(图 7-15)。实践证明，设置高立式栅栏作为应急措施是有效的，但不能靠近线路设置，否则栅栏积沙成垄，直接威胁行车安全。一般说来，在戈壁风，沙流地区，起码距离路基 30～50m 以外设置第一道栅栏，接着再设置第 2～第 3 道栅栏。栅栏一旦积满流沙，应注意及时维护或拔起重设。研究与实践均证明，采取上述工程措施及设置沙障是必要的，作用是显著的。

图 7-15　玉门铁路旁的废枕木栅栏

2) 防沙林带的结构与配置

根据该地区风沙流危害状况及防护要求,在线路主风向一侧设置 2~3 条林带,带间距一般为 40~50m。迎风侧外侧林带宽 30~55m,内侧林带宽 15~60m;迎风内侧林带距线路 40~60m。林带营造采用乔灌混交,形成紧密结构。在线路另一侧设置 1~2 条林带,林带宽 20~55m,距线路 5~35m。林带仍采用乔灌混交,以防止非主风向风对铁路的危害。林带数的设置依据各区段的风沙流危害现状和灌溉配套的保障而定。林带对铁路起着"林外截沙源,路内消积沙"的防护作用。为了充分发挥这个作用,林带离铁路的距离在 30m 以外为宜。

3) 综合防护措施

由于各段沙害状况不一,风沙流对铁路的危害也不尽相同,综合防治措施也不相同。在沙害严重地段,采用工程措施与生物措施相结合的治理办法,即沙障、林带、积沙沟、空留带等相结合的"四带一体"综合防治措施,具体如下:

(1) 前沿阻沙带,由两道高立式沙障、两条积沙沟堤及草方格沙障组成。主要用于迎风侧阻截风沙流,使流沙大量沉积,并使其落入沟中进行压埋处理。

(2) 灌草带,为栽植各种灌木、撒播草籽,结合封育形成的灌草混合带,进一步阻挡通过前沿阻沙带的风沙流。

(3) 乔灌混交带,进一步净化空气,减少道床污染。

(4) 留空带,其一可减少工程量,降低耗资;其二可为将来发展留有空地。例如,经过数十年后,林木老化,需进行逐带更新时,可在现有留空带植树,待其成形后,将原有林带更新伐除,形成良性循环,也要在适当时候进行开发利用,增加经济收入,以期达到经费自给。

3. 主要经验

(1) 采用工程措施与生物措施相结合的综合防治措施,从根本上防治戈壁风沙流对铁路的危害。

(2) 高立式沙障、积沙沟堤、防沙林带等在戈壁风沙流防护中具有同等重要的意义。

(3) 营造防护林体系时必须选用适宜的植物种,"客土造林"的造林方式和乔、灌、草相结合的配置是提高铁路防护林效益的关键。

(4) 在戈壁风沙流严重危害铁路区段,建立综合防治工程具有明显的经济效益、社会效益和生态效益(铁道部兰州铁路玉门工务段等,1992)。

参 考 文 献

陈广庭, 董治宝. 1996. 沙漠公路防沙工程//中国石油天然气总公司塔里木石油勘探开发指挥部. 塔里木沙漠石油公路. 北京: 石油工业出版社: 550-567.

胡孟春, 屈建军, 赵爱国, 等. 2004. 沙坡头铁路防护体系防护效益系统仿真研究. 应用基础与工程科学学报, 12(2): 140-147.

胡孟春, 赵爱国, 李农. 2002. 沙坡头铁路防护体系阻沙效益风洞实验研究. 中国沙漠, 21(6): 76-79.

凌裕泉, 金炯, 邹本功, 等. 1984. 栅栏在防止前沿积沙中的作用——以沙坡头地区为例. 中国沙漠, 4(3): 20-29, 59.

凌裕泉, 屈建军, 胡玫. 1993. 沙面结皮形成与微环境变化. 应用生态学报, 4(4): 393-398.

凌裕泉, 屈建军. 1996. 莫高窟崖顶防沙工程的效益分析. 中国沙漠, 16(1): 6.

屈建军, 凌裕泉, 井哲帆, 等. 2007. 包兰铁路沙坡头段风沙运动规律及其与防护体系的相互作用. 中国沙漠, 27(4): 529-533.

屈建军, 凌裕泉, 俎瑞平, 等. 2005. 半隐蔽格状沙障的综合防护效益观测研究. 中国沙漠, 25(3): 329-335.

徐峻龄, 裴章勤, 王仁化. 1982. 半隐蔽式麦草方格沙障防护带宽度的探讨. 中国沙漠, 2(3): 20-27.

张春来, 邹学勇, 程宏, 等. 2006. 包兰铁路沙坡头段防护体系近地面流场特征. 应用基础与工程科学学报, 14(3): 353-360.

朱震达. 1998. 中国土地荒漠化的概念、成因与防治. 第四纪研究, 2: 11.

Dong Z, Liu X, Wang X. 2002. Wind initiation thresholds of the moistened sands. Geophysical Research Letters, 29(12): 25-1-25-4.

Ravi S, d'Odorico P, Over T M, et al. 2004. On the effect of air humidity on soil susceptibility to wind erosion: the case of air‐dry soils. Geophysical Research Letters, 31(9): 501.

Wiggs G F S, Baird A J, Atherton R J. 2004. The dynamic effects of moisture on the entrainment and transport of sand by wind. Geomorphology, 59(1-4): 13-30.

第八章　风沙环境的综合治理

第一节　风沙环境综合治理的意义

一、风沙环境综合治理的必要性与可行性

沙害治理的实质就是防止风沙流及沙丘移动的危害，它是风沙环境治理最重要的环节，而各种防沙措施的防护作用又严格地受到风沙环境的制约。从经济投入的角度看，在风沙环境没有得到有效治理之前，各种防沙措施需要经常性地维护与更新；其防护作用，只能依靠连续不断的经济投入来维持。沙丘是我国风沙环境的主体。所谓风沙环境的综合治理是指通过人工措施(包括植物措施和工程措施)，控制周边更大范围的沙源，以减轻风沙活动与风沙危害的强度，其中植物固沙起到了不可替代的重要作用。植物固沙措施，主要包括：①恢复天然植被或建立人工植被以固定流沙；②营造大型防风阻沙林带，以阻截外侧流沙对绿洲、交通沿线、城镇居民点及其他经济设施的侵袭；③营造防护林网，以控制耕地风蚀和牧场退化；④封育保护天然植被，以防止固定、半固定沙丘和沙质草原的沙漠化危害。然而，植物固沙措施严格地受到自然条件的制约，只能有前提条件的实施。

具有一定覆盖度的植被，对风沙流或输沙量的减弱作用十分明显。风沙环境的综合治理，从恢复和扩大天然植被入手才是合理的和经济有效的。无论是内陆沙漠地区(包括干旱和极端干旱地区)或是海滨沙丘地区，总有一些天然植被生长，但仅靠这些稀疏的植被不能有效地防止风沙危害，有必要采取人工措施增大天然植被的覆盖度，减弱或抑制风沙活动。适时、适地地采用飞机播种方式增加天然植被的覆盖度是十分必要的。同时，飞播的经济投入与防沙林带、林网建设相比要小得多，时间上也快得多和实用得多。当然，必要时还需要防风阻沙林带和防沙林网的配合，形成防护体系。

我国幅员辽阔，风沙环境从北到南和从西到东具有明显的地带性或区域性特征。

(1)干旱地带(包括极端干旱地带)是流动沙丘的主要分布地区。沙丘多大面积分布于内陆盆地的沙质荒漠之中，其是我国沙丘分布面积最广、最为集中的地区。

(2)半干旱地带是我国固定和半固定沙丘分布的主要地区，沙地多呈片状镶嵌在草原之中。流动沙丘多系固定、半固定沙丘，受人为活动干扰，如过度放牧、农垦、樵柴等常造成沙丘活化。半干旱草原的南部农牧交错带，由于过度农业开垦活动，雨养农田流动沙丘呈斑点状分布，这也是这一地带沙丘形成分布的特征。

(3)半湿润及湿润地带是我国沙丘分布面积较小的一个地区。这里的沙地分布分为两类：一是在河流泛淤平原上，斑点状地块分布着一些零星的沙岗地。这些沙岗地由古沙质河流故道和决口扇发展而来，因其面积较小，所处的自然条件较为优越，采取措施容易得到治理，且大部分已经获得治理与开发。二是沿滨海成阶地或海成沙堤(沙洲)的沙

质沉积受风力吹扬，聚集形成的海岸沙丘。其分布位置大部分是在一些河流入海口的旁侧，这与河流泥沙搬运到河口，由波浪和海流作用堆积在滨岸地段有关。

（4）高寒地带的流沙分布于青藏高原。高海拔和寒冻环境里岩石物理风化强烈，产生的岩石碎屑丰富，多风、多大风的环境使得沙丘多呈斑点状散布在一些河流沿岸的河谷平原上及高原湖盆滩地上(朱震达等，1998)。高原气候寒冷、多风和风力强劲，地形坦荡又缺乏植被覆盖，使得沙丘移动速度快，多山足爬坡沙丘是这里沙丘的特色。

从四种类型的风沙环境特征来看，与人类生存和生产关系更为密切的地区是半干旱地带；从治理的紧迫性和治理难易程度来看，同样是半干旱地带。因为，此种地带风沙环境的综合治理更具有普遍意义和现实意义。

二、稀疏天然植被对输沙率的影响

内陆沙漠和海滨沙丘地均生长着不同类型稀疏的天然植被(图 8-1)，虽然大多数情况下其不足以防止风沙危害，但对风沙流活动和风成地貌形态的形成与演变都具有一定的影响。例如，塔里木河下游地区河流长期断流，自然条件极端恶劣，风沙活动频繁，生态环境极其脆弱。原有的天然胡杨林和灌丛沙生植物已严重地退化处于枯死状态。尽管如此，残留的天然植被对输沙率的减弱作用仍很明显(表 8-1)。植被的防护作用仍对于保障库(尔勒)若(羌)公路的正常运营贡献巨大。

图 8-1　腾格里沙漠地区的稀疏天然植被

表 8-1　天然植被的防护作用

下垫面性质	v_2/(m/s)	q/[g/(cm·min]	z_0/cm
流沙(对照地)	9.7	4.400	0.010
林前灌丛沙地	6.9	0.143	0.363
林中空地	3.5	0.034	—
林后芦苇滩	9.2	0.346	0.347

注：v_2 为 2m 高度风速；q 为地面以上 0～20cm 输沙率。

最近几年，国家投巨资通过孔雀河补水将博斯腾湖水引入塔里木河下游，使得该地区的风沙环境获得治理。

由此可见，尽管天然植被稀疏，但其在风沙环境综合治理中的作用仍是十分显著的。

为了达到防治沙害的要求，需要讨论天然植被的有效临界密度问题。为此，通过对三种不同植物类型下的 10 组植株密度的防沙效果进行风洞模拟研究，结果表明当平均输沙率减少到对照地流沙表面的 50%左右时，其相应的植株密度为：呈紧密结构半球状植株（ρ_1）密度为 6 株/m²；呈漏斗形上密下疏者（ρ_2）为 7 株/m² 和呈线状具有弯曲弹性的植株（ρ_3）介于 6～10 株/m²。在各种植株密度的影响下，输沙率与有效起沙风呈正比关系，即

$$q=a\times (V_L-V_t)^b$$

此项研究的目的在于获得低密度天然植被在规则分布和零散分布的条件下，对风沙流或输沙率影响的定量实验结果。这些结果不仅具有重要的理论意义，而且在人工造林（包括飞机播种）补充天然植被不足等方面更具有十分重要的现实意义（凌裕泉等，2003；Wasson and Nanninge,1986；Buckley,1987）。李滨生等（1984）根据榆林地区飞播方式结果，也证实了每平方米有苗 7.6 株的情况下，沙地已固定。

1. 输沙率与风速的关系

在影响输沙率的诸要素中，风速是最重要的。实验资料表明，3 个植物种在不同植株密度和配置时，对输沙率的减弱作用都是十分明显的。而且输沙率与有效起沙风之间都具有正比关系，即 $q=a\times (V_L-V_t)^b$。

为了更为直观地显示这种关系，我们选取纵坐标为 $q^{1/b}$、横坐标为有效起沙风 V_L-V_t 的线性尺度。在此坐标系中，输沙率与有效起沙风的线性尺度之间呈现较好的直线相关的关系。如图 8-2～图 8-4 所示。它们分别表示 3 个植物种在不同植株密度时，对输沙率

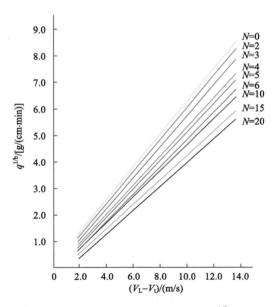

图 8-2　植物种 P_1 在不同密度（$N\times 7$）和配置时 $q^{1/b}$ 与 V_L-V_t 的关系

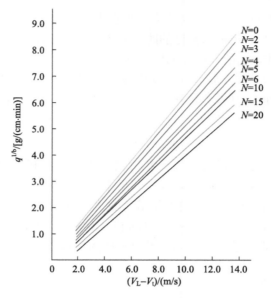

图 8-3　植物种 P_2 在不同密度$(N \times 7)$和配置时 $q^{1/b}$ 与 V_L-V_t 的关系

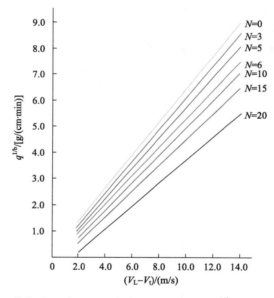

图 8-4　植物种 P_3 在不同密度$(N \times 7)$和配置时 $q^{1/b}$ 与 V_L-V_t 的关系

的减弱作用，风速愈大此种减弱作用愈明显。其中，$N=0$ 的一条直线代表流沙表面的 q 与 $V_L - V_t$ 的关系。三个图的共同特点是有机地综合了植物种与植株密度的作用以及植株配置的影响，并阐述了这种依赖关系随风速变化的规律。同时，这些图又可以作为有实用价值的列线图。例如，在已知植物种或植株密度的条件下，可以预先求出相应风速时的可能输沙率或输沙量；或者根据预定的输沙率，求得不同植物种的临界植株密度等。也可以说，只要合理地改变风速条件，就可以有效地控制输沙量，达到防止风沙危害的目的。

2. 输沙率与植株密度

输沙率有随着植株密度增大而减小的规律性，图 8-1～图 8-3 中都有明显地显示，尤其在图 8-2 中 N=15 株/m²×7 和 N=20 株/m²×7 的情境下表现最为突出。为了更好地反映这种变化规律，已将有关资料列于表 8-2。表 8-2，百分数为 5 个风速的平均值。植株密度对输沙率的减弱作用表现为两个方面：一是随着植株密度的增大直接降低了风速，进一步影响输沙率，这种作用是主要的；二是植株密度直接影响沙粒跃移运动，其作用强度是随着植物种的不同而变化的。实际上，植株密度就是植被盖度问题，三个植物种的单株盖度变化范围是 0.49%～1.0%。例如，对于 P_1 而言，单株盖度为 0.49%；当 N=6 株/m² 时，其覆盖面积为 6×0.49%=2.94%，即每 1 m² 的流沙表面有 2.94%面积受到植株保护。在自然条件下，大多数的稀疏天然植被还是成片分布的。

表 8-2　不同植物种在不同植株密度时对输沙率的减弱作用（不同风速的平均值%）

植物种类	0	1	2	3	4	5	6	7	10	15	20	$\sum/n$
P_1	100	95.16	82.69	75.82	67.55	57.67	51.31	48.11	44.63	30.11	25.36	53.69
P_2	100	—	89.89	79.83	70.09	57.85	—	51.24	36.33	14.24	7.96	50.93
P_3	100	—	92.05	86.36	77.99	76.40	58.46	—	46.99	34.75	18.97	61.50
风速范围					7.0；9.3；12.1；14.4；16.1　m/s							

因此，我们在风洞中选取沿主风向 1m 宽、7m 长的沙床作为模拟实验场地是足够的。于是，上述植被覆盖总面积应该是 2.94%×7=20.58%。在通常情况下，具有此种植被盖度的流沙地区，已属于半固定沙地（表 8-3）。由表 8-2 可见，处于此种植被盖度的植株密度对输沙率的减弱作用已达到流沙表面的 50%左右。因此，我们把此种植株密度定义为具有防沙作用的临界植株密度。它对于稀疏天然植被的补植来说是一个非常有用的科学依据。

表 8-3　沙地活动性分类及其特征

沙地活动程度	黏土粒级含量/%	植被盖度/%	植被特征	风沙活动的类型与特征
流动沙地 （新月形沙丘）	<5	<15	天然植物，低凹地带有单棵树木或稀草	沙丘做前进式、往复前进式或往复运动
半流动沙地 （长草不多的沙丘）	5～15	15～35	有灌木和草本植物，低凹地带有草皮层	在固定沙地之间活动的新月形沙丘和沙丘链，可能做前进式、往复前进式或往复运动
固定沙地 （长草较多的沙丘）	>15	>35	有连续的植被和草皮，沙丘脊部裸露或为稀疏植物所覆盖	风沙流

引自 ЗаКццров.Р.С. 1980。

3. 输沙率与植物种的关系

实践证明，各种防风固沙措施的防护效益只与其高度和自身的结构形式有关，而与防护材料性质无明显的关系。

　　由图 8-2～图 8-4 与表 8-2 可以明显地看到，3 个植物种对输沙率的减弱作用是很明显的。10 个植株密度和 5 个实验风速作用的输沙率的总减弱率 P_1 为 53.69%、P_2 为 50.93% 和 P_3 为 61.50%。可见，三者之中 P_2 防沙功能最佳，其输沙率的总减弱率为 50.93%，近于一半；差者为 P_3（61.5%），约减弱了 40%；P_1 介于两者之间。当 N=10 株/m^2×7、N=15 株/m^2×7 和 N=20 株/m^2×7 时，P_2 对输沙率的减弱作用更为显著，分别为 36.33%、14.24% 和 7.96%。其原因为，该种植物有利于降低近地面风速而不利于涡旋形成。P_1 为紧密型半球状植株，容易在其周围和上空形成涡旋而造成对沙面的严重风蚀。而 P_3 具有明显的弹性弯曲特性，较强的风速能降低其防护效益。在这里，我们只是客观地描述各植物种的防沙功能，不过分地评价其优劣。因为，它们都是适应其特殊生态环境的乡土植物种，而且都具有一定的防沙功能。

4. 植株分布形式对输沙量的影响

　　输沙率的减小不仅与植物种和植株密度有关，还受到植株配置形式的影响，见表 8-4 和表 8-5、图 8-5 和图 8-6。由表 8-4 可见，在七大段沙床上，每段的 10 个植株分布形式是相同的，不过分为 5 种配置方案进行，即单列分布（1×1，1×2，3×3，…，10×9，10×10 为第 10 列）、对角线分布（1×1,2×2,3×3，…，9×9,10×10）和两列分布（7×2，7×4，7×6，7×8，7×10 为第 7 列；10×1，10×3，10×5，10×7，10×9 为第 10 列），以此类推。表 8-4 资料

表 8-4　相同植株密度（10×7）不同植物种（P_2 和 P_3）不同配置时输沙率的减弱率 q_i/q（%）

V_L	P_2	P_3	P_2	P_3	P_2	P_3	P_2	P_3	P_2	P_3	q /[g/(cm·min)]
7.0m/s	15.91	27.71	12.05	10.64	7.58	8.89	11.45	8.84	9.49	10.94	1.992
9.3m/s	33.71	43.30	25.32	21.34	16.13	26.89	25.88	22.57	15.49	27.34	10.494
12.1m/s	40.37	50.12	28.37	33.20	22.11	36.54	28.06	30.43	19.30	40.06	35.550
14.4m/s	43.15	58.09	37.86	38.88	27.42	43.89	34.38	39.41	26.98	42.83	66.906
16.1m/s	45.56	55.69	39.83	40.24	28.59	44.30	39.89	39.41	27.07	45.04	96.756
平均	35.74	46.98	28.69	28.86	20.37	32.10	27.93	28.13	19.67	33.24	42.34

表 8-5　植株规则分布与随机分布（P_2 和 P_3　N=10×7，N=20×7）对输沙率的影响 q_i/q（%）

V_L	P_2	P_3	P_2	P_3	P_2	P_3	P_2	P_3	q /[g/(cm·min)]
7.0m/s	3.87	12.70	4.47	15.86	0.65	1.41	0.65	3.16	1.992
9.3 m/s	9.88	33.75	14.33	40.03	5.46	14.26	7.20	19.25	10.494
12.1 m/s	15.19	34.84	15.92	41.68	8.32	20.93	10.27	28.31	35.550
14.4 m/s	19.97	44.12	20.82	47.42	12.81	25.66	15.23	34.16	66.906
16.1 m/s	22.52	48.32	22.79	52.34	12.58	32.59	14.12	36.77	96.756
平均	14.29	34.75	15.67	39.47	7.96	18.97	9.49	24.33	42.34

表明，植株对角线分布和两列分布的树行防护效果均比单列分布好。因为低密度植株的多列分布对风沙具有多级减弱作用，而高密度植株单列分布容易造成较为严重的风蚀与积沙。

同时，由表 8-5 可以明显地看到，对于同一植物种和相同植株密度来说，植株规则分布的防护作用优于植株的随机分布。因此，要改善稀疏天然植被的防护效益，应着眼于补充必要的植株，并调整植株分布形式使之规则化和多列化。图 8-5 和图 8-6 提供了植被对风沙流的作用与其流场分布特征、风蚀和积沙的关系，即在平面图中植株两侧各有一个加速区，在剖面图中植株上方有一个加速区，植株后有一个回流积沙区。

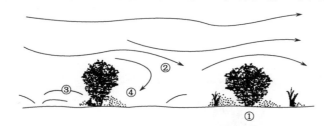

图 8-5　植被对风沙流作用的示意图
① 下风和背风沉积区；② 回流区；③ 迎风侵蚀区；④ 回流和背风沉积区

5. 风沙流结构特征的变化

不同植物种的稀疏天然植被，随着植株密度的增大风沙流强度也随之减弱，并且输沙量随高度变化的分布规律与风沙流结构特征也相应发生变化。这种变化的显著特征就是使高浓度饱和风沙流转变为不饱和风沙流，此种风沙流既不会造成严重风蚀，也不会形成严重积沙。

6. 主要结果

(1) 在沙漠和沙漠化治理的研究和实践中，通常采用机械措施与植物固沙措施相结合的办法防止沙丘移动和土壤风蚀。植物固沙措施中，多采用单行或多行(或网格状)的乔灌木(草)相结合的防风固沙林网。在许多情况下，干旱内陆沙漠和海滨沙丘地区长着的稀疏天然植被却不足以防止风沙危害，又不可能设置系统的防沙措施，只要补充适当的乡土植物种的植株就能达到防沙的要求。因此，确定植物防沙的有效临界植株密度就显得特别重要。

(2) 研究结果表明，当平均输沙率减弱到流沙表面的 50%左右时，各植物种的有效临界植株密度分别为：呈紧密结构的半球状植株密度为 6 株/ m^2×7；呈漏斗形上密下疏者为 7 株/ m^2×7 和呈线状具有弹性弯曲特性的植株介于(6~10 株/ m^2)×7。

(3) 三个植物种在不同植株密度时的输沙率均与有效起沙风呈正比关系，即 $q=a×(V_L-V_t)^b$，V_t=5.0m/s。输沙率随植株密度增大而有序地减小；三个植物种在 10 个植株密度和 5 组风速条件下，平均输沙率分别减弱到流沙表面的 53.69%、50.93%和61.50%。低密度植被的植株分布形式的作用是多列分布优于高密度的单列分布，植株的规则分布优于随机分布，在人工造林或飞机播种时，应引起足够的重视。

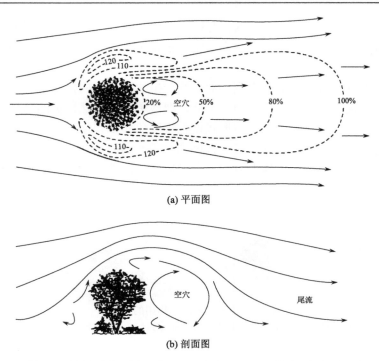

(a) 平面图

(b) 剖面图

图 8-6　单株灌木周围风速(%)和流线图(Ash and Wasson,1983)

第二节　飞机播种在治理风沙环境中的作用

一、飞机播种的优越性

在沙漠地区进行飞机播种造林种草具有成本低、功效高、见效快、种苗均匀且成活高等特点。

我国从 20 世纪 50 年代末期开始，先后在古尔班通古特沙漠精河地区、乌兰布和沙漠磴口地区、腾格里沙漠巴彦浩特地区、毛乌素沙地和科尔沁沙地进行了飞播固沙植物固沙试验，旨在探索适宜飞播的沙区、可用于飞播的植物种和飞播技术。经过多次试播，80 年代在毛乌素沙地和腾格里沙漠东缘局部地区取得了突破性的进展，截至 20 世纪末，两地飞播固沙植物所控制的流沙面积达 20 万 hm² 以上，成效瞩目。

毛乌素沙地远离人烟的大片流动沙丘，依靠人力进行人工植物固沙组织工作极其繁重、投资大。在这种情况下，飞播固沙植物为解决这一难题开拓了广阔的前景(图 8-7)。从 20 世纪 80 年代开始，毛乌素沙地每年飞播面积达 1 万～3 万 hm²，飞播已成为固定该沙区偏远大面积密集流动沙丘一个强有力的成效卓著的现代化手段。

毛乌素沙地飞播固沙植物之所以取得成效，在于这里存在着有利的自然条件，经过多年试播，制定了得以充分利用这些有利自然条件的成套飞播技术。

图 8-7　毛乌素沙地乌审旗飞播扬柴固沙效果

丘顶光秃，迎风坡植被稀疏，背风坡植被稠密是初期飞播地的特点，后期采取加重种子重量方法，避免种子被吹，获得较好效果。（拍摄于 2001 年 8 月）

二、影响飞播的主要因素

(一)播区的选择

播区的选择是关系到飞播成败的重要因素之一。流沙地貌，特别是沙丘类型、高度、密度和部位等对飞播成效起决定性作用。不同类型沙丘，飞播效果不同(表 8-6)。即使同类型的沙丘，因高度、密度不同，飞播效果也各异。

缓起伏和低矮型沙丘有苗面积率高于中高和高大沙丘地段。其原因是前者地形平坦、沙丘低矮、丘间地开阔、风蚀沙埋较轻，而后者沙丘高大密集、无明显丘间地、风沙活动强烈，并且后者不仅落沙坡、丘顶无苗，迎风坡苗木也很少能存活。

表 8-6　不同沙丘类型的飞播效果

沙丘类型	沙丘高度/m	沙丘密度	样园数	有苗样园数	有苗面积率/%	占飞播面积/%	备注
高大型沙丘	>10	0.8 以上	6	1	16.7	5.4	
高中型沙丘	5～10	0.5～0.8	11	3	27.3	10.0	伊克尔播区 1991 年 8 月采用等距样园法调查
低矮型沙丘	<5	0.5 以下	34	15	44.1	30.6	
缓起伏沙丘			32	24	75.0	28.8	
平沙地			28	13	46.4	25.2	
总计			11	56	50.5	100	

同一沙丘部位不同，飞播效果差异明显。1989 年对头道湖播区中高格状沙丘调查（表 8-7），结果表明，沙丘下部至上部，飞播效果越来越差。飞播当年有苗面积率最高的部位为丘间低地，其次为迎风坡下部、背风坡下部，丘顶无苗。

表 8-7　沙丘不同部位的飞播效果

沙丘部位	占播区面积百分比/%	有苗面积率/%	备注
丘间低地	25.5	65.9	
迎风坡下部	12.7	33.3	
迎风坡中、上部	23.0	9.1	(1)调查方法：线路等距样园法。
沙丘顶部	13.3	0	(2)当年播区成苗面积率为35.6%
背风坡中、上部	6.1	20.0	
背风坡下部	9.7	23.5	
付梁	7.9	15.4	

根据上述分析看出，一般在平缓、低矮沙丘段和丘间地，迎背风坡下部等部位出苗及保存率较高，其他部位效果较差。因此，准确选择飞播地段是提高飞播成效的关键。

(二)植物种的选择

在流沙地区飞机播种植物种的选择必须适应流沙地的特点，即干旱、风沙流动，土壤贫瘠和植被稀疏的实际情况，选择抗干旱、抗风蚀、耐沙埋、易发芽、生长迅速(幼根生长速度能超过干沙层增加速度)、自然繁殖能力强、有较高经济价值的树种和草种。同时，作为牧草植物，还要求具备营养价值较高、适口性较好、植株地上部分生物量较大的特点。在所有参试植物种中，花棒、沙拐枣、蒙古沙拐枣、梭梭、踏郎、籽蒿是适宜目前飞播造林治沙的植物种。

(三)播期的选择

播期的选择依赖于降水、风速等气候因素。风作为沙粒起动的动力，是种子自然覆沙的必要条件。降水则是满足种子发芽出苗的基本条件。飞播后，种子落在干燥的沙面上，遇有适宜的温度、降水，适度的覆沙发芽出苗。播区降水量一般在 100～200mm。降水量的多少、降水时间的分配和降水强度对飞播起着重要作用。若播种后当年各场降水量达到一定量，飞播后第 1 场降水的低限一般在 10mm 左右，其后的降水应大于 5mm，降水间隔期半个月就可以基本上满足飞播成苗和保苗之需。风对飞播的影响有正、反两个方面。稍大于起沙风速的风可完成种子的自然覆沙，而风速太大又使种子产生位移和幼苗遭风蚀沙埋，影响飞播成效。播期一般在 5 月上旬至 7 月上旬。

(四)播种方式

混播较单播有很大的优点。混播不仅可根据不同植物对不同生境的要求，占据不同空间，充分利用地力，提高整个播区的苗木保存率，形成较为稳定的植物群落，而且可避免单一植物种发生病虫害。在立地条件好、天然植被恢复较快的地段，由于伴生于单一植物群落中的天然苗对飞播苗起到了保护促进作用，单播后的效果也很理想。

目前混播有两种方式：一种是大小粒种子混合装仓，另一种是先播大粒种子后播小粒种子达到混播的目的。前者可减少架次，但落种不匀；后者落种较为均匀。

确定适宜的播量应考虑播区的立地条件、种子品质、幼苗群体效应等因子的影响。在保证种子质量的前提下，立地条件不同播量也不同。目前，各种植物种的亩播量应为：花棒200～250g+籽蒿100～200g，沙拐枣250g+籽蒿100～200g。

（五）播区的封禁保护

飞播成败除与播区立地条件、播量、播期及植物种有关外，还必须对播区采取封禁保护措施，严防人畜破坏，确保飞播苗木及更新苗正常生长，促进天然植被的恢复和发展，使播区植被覆盖度迅速提高，达到固定流沙的目的。

三、飞机播种的作用

（一）增大风沙环境的天然植被的覆盖率

流动沙丘飞播播种造林成效的高低要视其播后固沙效益和经济效益的大小来综合评价。飞播试验8年来，飞播苗木面积保存率达50.5%～83.3%，植被覆盖度由播前的0.1%～5%提高到现在的12.8%～50.4%（除头道湖播区，图8-8）。飞播苗的保存和自然繁殖，加之天然植被的恢复和发展，使播区显示出明显的固沙效益、经济效益和社会效益（聂光源等，1993；吴精忠，1985；李滨生等，1984）。

（二）减轻风沙活动及其危害强度

固沙效益是衡量治沙的一个重要标志，主要表现为流沙地表形态以及地表物质的变化。飞播增加了植被盖度，削弱了风力，增加了地表粗糙度。从表8-8看出，当植被盖度为5%～10%时，风速降低17.5%。当植被盖度达30%～40%时，风速降低45%。当植被盖度为30%～40%时，地面粗糙度提高至裸地的约35倍。当植被盖度增加时，输沙量降低，且降低幅度很大。当植被盖度达5%～10%时，输沙量可降至裸地的1/7（表8-9）。

表8-8　飞播后的地表粗糙度及风力削弱情况

植被盖度	V_2/(m/s)	$V_{0.3}$/(m/s)	$V_{0.3}/V_2$	粗糙度/m	备注
<5%（裸地）	5.7	4.0	0.702	0.00167	对照区
5%～10%	5.2	3.3	0.634	0.00650	
30%～40%	5.2	2.2	0.423	0.05823	

注：V_2为2m高的风速，$V_{0.3}$为0.3m高的风速，下同。

图 8-8　腾格里沙漠东缘采用飞播植物固沙已改变了流沙的景观

表 8-9　不同盖度水平籽蒿飞播地输沙量变化

V_2	植被盖度/%	输沙量/[g/(cm·min)]	输沙削弱量/%	备注
5.8m/s	<5（对照）	0.138	85.5	
	5～10	0.020		
5.7 m/s	<5（对照）	0.226	86.7	
	10～30	0.030		
5.4 m/s	<5（对照）	1.276	97.6	
	30～40	0.030		

（三）促进风沙环境的生态向良性发展过程

植物防风固沙作用改善了播区生态环境，飞播后，花棒、沙拐枣、籽蒿经过几年的自然生长发育，长势良好，播后 5 年，最高株高分别可达 300cm、260cm、180cm，最大冠幅分别达 240×420cm、230×380cm、220×340cm。播种灌木在播后几年大都形成较大的灌木、半灌木群丛，并开花结实，繁衍后代。播区已由播前单一的植物群落逐步形成现在以飞播植物为主的植物群落，而且有新的非飞播植物种侵入，包括白草、小黄蒿、虫实、沙米、砂珍棘豆、雾冰藜、骆驼蒿、狗尾草、小画眉、针茅、百花蒿、沙芥等，一年生植物大量出现，逐渐形成该区沙地稳定的灌草植物群落。播区生态环境的巨大变化，使播区成为许多野生动物生存栖息繁衍之地。

同时，飞播治沙为土壤发育创造了有利条件，主要表现在：流沙地表逐渐形成结皮，厚度为 0.1～1.0cm；土壤机械组成发生变化，细粒物质逐步积累；土壤有机质含量增大，由原来的 0.07%提高到 0.18%。

植物对流沙的固阻作用，使原来的平缓沙丘基本固定。低矮沙丘高度降低，丘顶趋于平缓，从而改变了沙丘形态，流动沙丘逐步向半固定和固定沙丘演度。

（四）经济效益和社会效益

1. 经济效益

经济效益的大小是飞播成效的重要标志。飞播后，随着植物的生长，植株结实量不断增加，可采收种子作为直接效益。伊克尔播区播后 4 年，每年可采收种子 1.4 万 kg，每千克种子按较低价格 3.0 元计，仅种子每年可收入 4 万多元。

飞播增加了单位面积地上部分生物量。飞播 3 年后，地上部分生物量由播前的 1～2.5kg/hm²（干重）增加到现在的 21.5～120kg/hm²（干重）。播区内林多草多，提高了草场利用率，为畜牧业稳步发展创造了物质基础，将成为牲畜防灾度荒的重要基地。

飞播造林 8 年总面积达 28 万 hm²，成本 5 元/hm²，按保存面积计 10 元左右。而人工造林 40 年来，累计综合成本高达 189 元/hm²，是飞播保存面积成本的近 20 倍。

2. 社会效益

飞播造林治沙的巨大社会效益体现在飞播的成功与人们对飞播治沙认识的提高方面。群众把飞播造林治沙和恢复草场植被紧密联系在一起，协助管护飞播区，自觉遵守播区的封禁制度。飞播治沙也得到了国内外专家的关注。自 1985 年以来，先后有 40 个国家 80 多人次进行了参观考察，并给予了较高的评价。

研究结果表明，在贺兰山西侧年降水量 100～200mm 的乌兰布和沙漠和腾格里沙漠东南缘，只要播期、植物种选择合适，并通过封禁保护，在播区立地条件相对较好的流沙区是可以进行飞播造林治沙的。

飞播造林治沙所采取的主要技术措施可简要概括如下：

(1)适宜的飞播地应选择水文条件相对较好的地方，比如干沙层浅的缓起伏和低矮型流动沙丘、宽阔的丘间地以及沙丘高度在 5～10m 且沙丘密度 0.5 以下的中高流动沙丘为宜。

(2)花棒、沙拐枣、籽蒿等是该地区目前飞播造林治沙的主要植物种。

(3)本地区适宜的播期应选择在 6 月下旬至 7 月初。

(4)目前各植物种的每公顷播量为：花棒 200～250g+籽蒿 100～200g、沙拐枣 250g+籽蒿 100～200g。

(5)播区实行封禁是巩固飞播成果、加速植被恢复和固定流沙的有效措施。

综上所述，飞播造林治沙在人口稀少、劳动力缺乏、交通不便的流沙地区是一项行之有效的沙漠治理方法，并具有广阔的前景。近 10 年的飞播试验获取了一整套适于该地区特定环境——干旱荒漠区（年降水量 100～200mm）条件下飞播造林治沙的实用技术，其成果可选择相似地区推广应用(聂光源等，1993；吴精忠等，1985；李滨生等，1984)。

第三节　封沙育草的作用

中华人民共和国成立以来，我国风沙地区各族人民在与沙尘暴和风沙作斗争的过程中，在绿洲地区建立的由封育草带、大型防风阻沙林带、固沙植被和护田林网所组成的防护体系方面取得了显著成效，积累了丰富的经验。

一、封沙育草，保护天然沙生植被的必要性

从社会学或人类经济活动的角度来看，沙尘暴灾害和风沙灾害也是自然因素和人为因素共同诱发的。我国西北荒漠地区，除高大密集的流动沙丘以外，或多或少都生长有植被。内陆河流域、湖盆洼地及绿洲地区由于水土条件优越，原来生长有大面积的天然胡杨（*Populus eupharatica* Oliv.）林、梭梭柴[*Haloxylon ammodendron*（C.A.Mey.）Beg.]林、柽柳（*Tamarix* spp.）、白刺（*Niraria* spp.）等灌丛、小灌木及多种草本植物，后来由于长期过牧和樵采，荒漠植被和绿洲控制区域植被遭到严重破坏，甚至趋于消失，地面裸露，固定沙丘活化，流沙面积不断扩大，以至荒漠草场日渐缩小，风沙对绿洲的危害愈来愈大。但是，凡过去曾生长有植被或现在还残留有天然稀疏植被的地方，可划为沙漠化土地或荒漠化土地，其仍然具有恢复天然植被的潜在可能性。

从 20 世纪 50 年代以来，我国西北绿洲地区在大力营造防风阻沙林带、护田林网及建立人工固沙植被的同时，把"封沙育草，保护天然植被"作为防沙治沙的重要措施之一，并且取得了卓越的成效。现在一般都在老绿洲迎风一侧与沙漠、戈壁、风蚀地等毗连的地带，封育沙生植被宽超过 2km，甚至达 10～20km，植被覆盖度由原有的 10%～15%恢复到 40%～50%及以上，与人工植被结合成为一道保护绿洲的绿色屏障。

但是，由于种种原因，过去放松对荒漠林和天然沙生植被的经常性管护工作，以致林区几度遭到破坏，其中以 20 世纪 60～70 年代破坏最为严重。有时新辟绿洲在垦荒的同时，往往不注意保护垦区周围和内部非垦地段的沙生植被，打柴现象较为普遍；工矿交通建设一般就地乱砍乱掏天然植被，以解决燃料问题。据监测，到 70 年代末期，贺兰山以西由于植被破坏所形成的进展性沙漠化土地面积达 80574km²，以致出现那种边治理、边破坏、治理赶不上破坏的不正常现象。这不仅影响了绿洲防护林体系建设工程的进程，而且还促进了风沙和沙尘暴对农业和工矿交通的危害。

20 世纪 80 年代以来，"三北"防护林体系建设工程已把封育天然植被和适度放牧利用天然植被工作放在应有的地位，防沙、治沙并举，滥垦、滥采、滥挖的所谓"三滥"现象，一般有所遏制，并且取得显著成效。截至 1998 年，通过封育和管扩而使天然植被有所恢复的面积达 1 万 km²以上，其中甘肃与新疆两省（区）为 6700km²，同时，每年列为封育管护的面积在不断增加（朱震达等，1998）。

二、封沙育草的可能性与作用

实践证明，紧贴绿洲边缘营造防风阻沙林带，如果不在外侧封育天然沙生植被，那么防风阻沙林带将不断被侵入的风沙所埋压，从而使生态条件趋于恶化，树木生长衰退趋于枯死，同时这些栽培性的中生乔灌木，一般不能自行繁衍，只能靠人工更新，而且通常要占用耕地和宜垦荒地。而位于绿洲边缘和内部的沙丘和沙地上的天然灌木、小灌木，由于长期适应环境的结果则相对比较稳定，可自行更新蔓延，所以封沙育草，保护天然植被是绿洲防沙治沙工程的基本环节之一。

关于绿洲封沙育草的可能性、效果和作用，就我国现有的经验可概括如下：

(1) 与绿洲毗邻的沙漠、风蚀地、戈壁地段除个别情况以外，沙丘和缓平沙地多半覆盖在过去曾经耕作过的土地或土壤上面，其特点为沙丘比较低矮，丘间低地宽阔；缓起伏沙地起伏不大，有的平沙地上风成沙很薄。丘间低地和风成沙下伏土层较厚，地下水位通常埋深 2～3m，最深也只有 6～7m，必要时，可适当利用农田余水并结合丘间造林进行补给性的灌溉。因此，绿洲周围及整个绿洲控制区的沙丘、缓平沙地、风蚀地以及戈壁滩的生态条件对天然植被的恢复、滋生、蔓延极为有利。在或多或少残留一些土著植物的情况下，只要适当加以封育，禁止樵采和挖掘药材，控制放牧，天然植被就能繁殖起来。

由于这些植物天然下种、根蘖萌生等繁殖能力强，虽屡遭人为破坏，残株很少，但一经封育，特别是在结合营造防风阻沙带引水灌溉丘间低地的情况下，一般经过 3～5年之后，植被覆盖度可恢复到 40%～50% 及以上，即能起到固定流沙、控制流沙和阻截外来风沙的作用。

(2) 观测表明，绿洲控制区通过封沙育草所形成的固定半固定地段，2m 高程的风速比流动沙丘区和裸露的风蚀地相对降低 50% 左右。在甘肃河西走廊民勤绿洲西侧，在流动新月形沙丘的低凹地段，风沙流挟带通过的沙量达 $14m^3/(m·a)$，而封沙育草区所通过的沙量为 $0.7m^3$，仅占流沙区过沙量的 1/20，并且还被下方白刺、柽柳等灌丛所拦截而沉积下来，不侵入绿洲；在封沙育草带外侧，通过的沙量平均为 $11m^3/(m·a)$，在下风向约 300m 处植被覆盖度为 60% 的封沙育草地段上，过沙量只有 $0.5m^3/(m·a)$，占 1/22。一株柽柳逐渐拦截流沙所形成的沙堆高 5m、直径 4.5m，固住和控制的风成沙达 $2500m^3$；一个高 2m、直径达 10m 的白刺沙堆，固住的流沙达 $2300m^3$。植被覆盖度为 70% 的缓起伏封沙育草区，固定和控制的流沙达 105 万～225 万 m^3/km^2。

由此可见，绿洲周围和内部的封沙育草带和地段，一旦天然植被恢复起来，既能阻沙又能积沙，即使一时植被覆盖度不够，外来风沙流或就地形成的风沙流，也会被下风向沙生植被层层阻拦，加之近地层风速大为降低，侵入绿洲或沙边的防风阻沙林带的余沙就有限了。正因为如此，东起乌兰布和沙漠、腾格里沙漠，西至塔克拉玛干沙漠、古尔班通古特沙漠，凡绿洲四周建有大型防风阻沙的林带，其外侧紧接着总有一条封沙育草带，不仅绿洲不再受到流动沙丘或风沙流的袭击，而且绿洲边缘的防风阻沙林带、片林和丛林也很少出现沙埋现象。

1993 年 "5·5" 的黑风暴基本上没有使封沙育草带和大型防风阻沙林带所防护的绿洲受到流沙的袭击。甘肃省玉门市花海绿洲北侧有柽柳沙堆 $400km^2$，沿绿洲边沿封育管护较好，柽柳丛覆盖度多为 40%～50%，沙面枯枝落叶层厚度一般在 10cm 以上，这次黑风暴对该绿洲没有危害。这次黑风暴对甘肃省河西走廊、内蒙古阿拉善盟和宁夏部分地区危害最严重的多为老绿洲防护体系不完善的风口地段和新垦绿洲。以甘肃省景泰-古浪新垦绿洲为例，在开垦过程中，因不注意保护北缘腾格里沙漠边缘和垦区内部的固定半固定沙丘的天然植被，樵采过牧现象严重，同时在绿洲林网建设尚处于初期阶段的情况下，开垦了一些灌丛沙堆，以至在 "5·5" 黑风暴中，毗连沙源的农田和渠系都遭到沙埋，开垦的沙质耕地吹出犁底层，平均风蚀深度按 10cm 计，连同种子、作物幼苗所吹失的沙量，达 1000m³/hm²。因此，无论老绿洲或新垦绿洲，必须长期封育管理四周和内部沙丘的天然植被，严禁樵采和过牧。

(3)在封沙育草地段，通过降尘、植物枯枝落叶、植物分泌物、苔藓地衣等的作用，沙面逐渐形成结皮，流沙成土过程加强，日益变得紧实，抗风蚀能力大为增强，即使适度放牧，沙面结皮有所破坏，也有抗风蚀能力。封育年限较长的固定沙丘地段，沙层水分状况恶化，灌丛也许趋于退化枯死，但一般伴随着草木植被繁生，不会重新活化起沙。

三、封沙育草区的管理和利用

我国西北灌溉绿洲的生态环境之所以恶化，在很大程度上与樵采、过牧及滥垦而大肆破坏绿洲周围和内部的天然植被有关。对此，史籍有所记载。清乾隆十四年(公元 1749年)和以后修纂的《民勤县志》提到："红柳(柽柳)境外产者多，材小作薪，桦(花棒)野产，材小作薪"；"沿边墩台五十里，每五里设立一墩，每墩各有暗门，听采樵车牛出入。时守门兵丁不过调查数目，皆不可云隘口。今沿边墙垣(长城)倾塌者十之七八，沙淤者十之二三，听命之便，随处皆通"；"今飞沙流走，沃壤忽成丘墟。未经淤压者，遮蔽耕之，陆续现地者，节制耕之。一经沙过，土脉生冷，培粪数年方熟"。这里说明，处于腾格里沙漠与巴丹吉林沙漠包围之中的古老民勤绿洲，许多个世纪以来，远近樵采破坏天然植被极其严重，以致近 100 年来，这里"尔来狂风肆虐阴霾为灾，黑霾滔天，刮尽田间籽种，黄沙卷地，飞来塞外沙丘，鬻女卖儿，半是被灾之辈，倾家荡产，尽为沙压之民"。

中华人民共和国成立后，民勤绿洲四周长达 300km 的风沙线和内部，通过封育逐渐形成的沙生植被面积达 1300km²，其中直接毗连绿洲的沙生植被带近 200km²。同时，绿洲防护林体系较为完整。正因为如此，近 10～20 年来，风沙对绿洲的危害已减轻到最低限度。即使大范围致灾的 1993 年"5·5"黑风暴，民勤绿洲受灾较轻，也无人身、牲畜伤亡。

根据各地实践经验，我国西北新、老绿洲封沙育草的管理和利用可采用以下措施：

(1)关于规划封沙育草区(带)的宽度问题，各地应根据绿洲迎风侧沙源情况和残留的沙生植物多少加以确定。初期封育时，由于残留植物稀疏，风沙活动很强，在绿洲与沙漠、风蚀地、戈壁风沙流活动地段的接壤地带，规划封育宽度应为 500～1500m。规划区作为重点封育区，严禁放牧、打柴、刨根、拔苦豆子、割草、挖甘草等人为破坏活动。寸草遮丈风，保护一草一木；规划区外侧，乃为大沙漠与封育区的缓冲地带，应划为次重点封育区，应节制放牧，禁止樵采，使沙生植被得以生存繁衍。

(2)封育区由于过去屡遭破坏，沙生植被分布不均，间有块状流动沙丘、植被稀疏的缓平沙地和丘间低地，即使封育后植被有所恢复，在大风特别是沙尘暴、黑风暴的袭击下，风沙流仍然有可能扫向绿洲。例如，新疆吐鲁番绿洲艾丁湖地区在 1975 年 4 月 7日持续 30 多个小时 20m/s 以上的黑风暴中，由于封沙育草区植被不足以遏制近地面沙暴，在距离封沙育草区内沿 300～400m 的所有耕地上，虽建有护田林带，小麦因受沙埋、沙打和风蚀而枯萎，灾情仍很严重。为此，各地应适当利用农田余水灌沙，在封沙育草区的丘间低地和平沙地营造乔灌木丛林、片林、带状林，在绿洲边缘营造防风阻沙紧密林带，从而形成封育的天然植被与人工林相结合的绿洲防护屏障，以防御风沙和沙尘暴和黑风暴侵袭。

(3)封沙育草区如果地下水位很深，植被不能利用，封育初期应灌溉丘间低地和缓平沙地，以加速沙生植被的恢复。引水灌沙在封沙育草初期每年 1～2 次，随后每年或隔年灌水一次，不仅有利于残余稀疏天然植被下种、萌生、蔓延和复壮，而且还能防止或延缓灌丛衰老、退化和枯死。在民勤绿洲封沙育草区，灌水后丘间低地天然下种的柽柳，达 1050 丛/hm² 以上，8 龄高达 1.2～1.7m，冠幅 1～2m，可拦截近地面的过境风沙流。

(4)绿洲畜牧业不同于荒漠游牧业，历来在绿洲四周和内部就近放牧。封沙育草区原为荒漠，也是命名为"柴湾"的樵采基地。经过数年乃至多年之后，天然植被达到 50%～60%及以上，沙面趋于固结，这时可以进行适度利用。除紧贴绿洲边缘的地段以外，一般可进行适度放牧，否则封沙育草区植物资源特别是灌木会自生自灭，而雨季生长的一年生草本植物一年一枯荣，年复一年，造成浪费。国内外研究证明，荒漠沙生植物的营养价值高于半干旱草原，畜产品也优于半干旱区和湿润区。利用封沙育草区节制放牧，对于发展绿洲畜牧业是很重要的。

对于柽柳、柠条、白刺等一类萌生灌木，可隔年或间隔 2～3 年进行平茬，供作燃料，其中柽柳枝条还能作为编笆、编筐材料。人工平茬或放牧，可促进灌丛萌生，防止衰老枯死。实践证明，封育过久的沙生植被，一旦衰退就日趋严重，适度利用，更新复壮情况较好。当然，应当禁止刨根一类活动，适当挖掘甘草等药材，必须填坑，以利其根蘖萌生，同时防止流沙再起。

(5)关于封沙育草区的管理问题，各地多有实际经验，应加强或成立管理机构和管理站，由国营农、牧、林场和乡办、村办林场负责管护。在一个地区内，各管护组织要加强协作，实行分区、分段联防，保护封育区的一草一木，控制利用。

第四节　化学固沙

化学固沙是将化学材料喷洒在流沙表面，使其表面形成覆盖层或渗入表层沙中，形成黏结层，从而防止风力对沙粒的吹扬和搬运，达到防止沙害的目的。从防沙原理来说，它也属于固沙措施的一种。但是与植物和机械固沙措施的区别在于，化学固沙不是主要通过增大流沙表面粗糙度、降低地面风速来实现的，而是通过改变流沙的松散性，使沙表面黏结成以保护层，从而削弱或隔绝气流对松散沙粒的直接作用。也就是说，化学固沙主要是通过增加流沙表面的抗风蚀性能来达到治沙目的。化学固沙概念是从生产实践中产生的。20 世纪 30 年代，沙漠中的钻井和勘探人员为了防止风沙危害，采用原油喷洒周围的沙丘，以保护井架、设备和人员的安全与生产，从此原油固沙就成为人们控制流沙的一种有效手段。

化学固沙作用原理比较复杂，其中包括表层覆盖、黏结作用、水化作用、沉淀作用以及聚合作用等。它不仅与沙粒的性质(如化学成分、机械组成)有关，而且与化学治沙液本身的物理化学性质(如分子结构、分子大小、黏度、吸附力)有关。但是，一般来说，某一地区的流沙性质是一定的，所以化学固沙的关键就是固沙材料的选择。

可以作为化学治沙材料的物质很多，可以按其来源、性质等分为好多种类。例如，按原料来源可以分为天然化学治沙材料、人工配置化学治沙材料和合成化学治沙材料；按原料性质可以分为无机胶凝治沙材料和有机胶凝治沙材料两大类。早期的化学治沙物质主要是石油产品，如苏联的原油、沥青乳液、重油，美国的石油副产品乳液。用这些材料固沙在前苏联和美国延续了近 30 年时间，到 50 年代后期和 70 年代期间，治沙石油产品种类有了较大发展，而且效果也明显提高。与此同时，随着高分子化学工业和合成化学工业的发展，以及特殊治沙用途的需要，许多国家研制并生产了大量新型高分子和合成有机的治沙材料，引用现代膜技术，开拓了化学治沙另一个发展方向。这些产品有很强的治沙能力，然而大部分材料价格昂贵，大面积推广使用较为困难。为了降低价格，苏联采用棉子酚树脂和纸浆技工产废液作为治沙材料，取得了良好效果。

国内化学固沙研究起步较晚，规模也小，目前仍然处于小块试验和新材料研制阶段，但在研究方面也进行了一些有益的探索。20 世纪 60 年代初期中国科学院兰州沙漠研究所首次在国内研究了化学治沙技术，于 1966 年在兰新铁路大风地段和新疆觉罗克塔格北坡的干山等地，用乳化沥青、造纸废液和水玻璃为主要原料，进行了流沙固定试验。80年代初又在包兰铁路沙坡头实验站开展了多种乳化剂的沥青乳液及高分子聚合物、改性水玻璃的流沙固定试验，还对治沙工艺剂乳化设备进行了研制，与此同时，还进行了沙地隔水层和沙地改良，以及提高沙地作物产量的田间试验。试验证明，有的化学固沙配方经受了十年以上风沙流考验，在抗风蚀方面已达到一定水平。90 年代为了防止塔里木沙漠石油公路沙害，曾在试验段开展了化学固沙试验。

从防止沙害的效果来看，化学固沙有以下特点：① 保湿作用。沙面喷洒治沙液后形成固结封闭层，切断了毛管水的蒸发，对下部水分上升有明显的抑制作用，使得蒸发量大大减小，沙层水分含量有所增加。试验证明，经乳化沥青和乳化渣油喷洒后的沙面，蒸发量一般比裸露沙面降低 80%～90%。其他材料也会产生这种效应。② 保温作用。喷洒治沙材料后，沙面形成一封闭层，使得沙层热量损失减慢，尤其是石油类治沙液，它的黑色固结层还具有强烈的吸热作用，可是地表温度增加很多，在高温期较为明显，同时对下层也有保温作用。例如，在春季，乳化沥青使 20cm 内沙层增温 2.5～6.0℃，乳化油渣增温 0.8～1.5℃，聚乙烯醇增温 0.5～4.0℃。在夏季乳化沥青使该层增温 1.0～6.0℃，乳化油渣增温 1.0～2.5℃，聚乙烯醇使表层温度增加不大，同时还可使下层低温下降 3℃左右。③ 加固作用。固结层抗风蚀性能的强弱是衡量治沙液好坏的重要指标。经风洞试验证明，在相同的条件下，经化学材料固定的流沙风蚀量仅为原始流沙面的数千分之一。

化学固沙方法固然有效，但是与其他固沙措施并不是完全孤立，如果与植物固沙和工程固沙结合，其效果会更明显。

虽然化学固沙有着良好的效果，但是由于其成本昂贵，目前还不具备大面积推广的条件。现在使用原油及其副产品固沙只在中东一些石油丰富的国家推广。而我国受国情制约，化学固沙在近期内难以在大范围内推广。如果在未来能够研制出非常廉价的固沙材料，化学固沙应用前景将很好。所以，今后化学治沙的研究方向主要应着眼于以下几点：① 新型化学治沙材料及其特性研究。迄今为止，采用的化学治沙材料虽然很多，但是一般只注重效果，而忽视了其经济性，所以今后的化学治沙材料要考虑其综合效应，即既要注重效果，又要价格低廉。② 化学治沙机理的研究。化学治沙作用机理是一个比较复杂的问题，它既包括简单的物理、化学过程，也包含许多物质结构、胶体化学等方面的问题。对它的深入研究不仅为化学固沙材料使用提供理论依据，还可以为新材料的研制起到指导作用。③ 配套施工设备的研制。由于化学固沙是比较新的治沙措施，没有成熟的设备予以采用，考虑到沙漠环境的特殊性和严酷性，应研制适合当地施工的专用设备，以适应大规模施工的要求(朱震达，1998)。

第五节 其他措施

一、直立植物–砾石覆盖组合的防风蚀作用

在风沙环境的综合治理过程中，植物固沙防护措施作用最为突出，但是并非每个地区都能采用植物固沙措施。因此，除了采用飞机播种扩大天然植被盖度和封沙育草措施之外，在干旱、半干旱地区，直立植物–砾石覆盖组合措施常被用来防治地表风蚀和风沙危害。为了给此种措施提供设计方面的参考依据，应用直立植物和砾石模型及其不同组合，在风洞测定不同风力条件下的拖曳力，进而得出阻力系数，以评价其对地表风蚀的防治作用。结果表明，阻力系数取决于地表状况和风速，在各种地表状况下，阻力系数随风速的增大呈指数减小。在分别应用时，直立植物和砾石覆盖均可以有效地增大阻力系数。阻力系数的平方随直立植物侧影盖度平方根的增加呈现线性增大，随砾石盖度的增加呈幂函数增大。当二者组合应用时，阻力系数取决于直立植物，砾石覆盖对阻力系数的贡献有所削弱，其作用随植物侧影盖度的增大而减小，直至对阻力系数失去作用。

实验风速范围为 5.0～13.0m/s，基本上是干旱、半干旱地区形成风蚀和风沙危害的主要风速分布范围。阻力系数随植物侧影盖度和砾石盖度增加而增大过程中极限值的存在意味着，土壤风蚀的最佳防治效果可由部分覆盖地表来实现。根据本实验阻力系数的测定结果，理想而经济的选择应是 0.72 的植物侧影盖度或 0.2225 的砾石覆盖度。

当直立植物和砾石覆盖组合应用时，植物对阻力系数的贡献大于砾石，砾石对阻力系数的影响作用仅当植物侧影度较小($L_c \leqslant 0.045$)时才有比较明显的体现。而当植物侧影盖度较大($L_c > 0.045$)时，砾石对阻力系数的影响极其微弱，仅在风速较高时有所体现。这意味着，在应用直立植物–砾石组合措施防治地表风蚀时，当可利用的植物侧影盖度小于 0.045 时，其防护作用的不足可由砾石覆盖物来补充。当植物侧影盖度大于 0.045 时，一般情况下，砾石覆盖的增加对提高风蚀的防治效果不很明显，但为了防范偶发性的大风侵蚀，增加砾石覆盖是必要的(董治宝等，2000)。

砾石覆盖层具有保水保墒、增加地温和保护地力的效果，在雨养条件下一般能保证作物丰产。在其他工程建设中，砾石覆盖也得到广泛应用，它能有效地防止路基侵蚀，提高边坡稳定性，并是沙漠地区流沙固定的措施之一。人们普遍认识到砾石覆盖对防止侵蚀的积极作用，但是有关实验研究报道甚少。笔者利用风洞实验模拟测定了不同铺压密度和铺压方式的砾石覆盖层对土壤吹蚀强度的抑制作用(刘连友等，1999)。

在风洞实验室，模拟测定了不同砾石覆盖密度和覆盖方式的土壤吹蚀速率。结果表

明，砾石覆盖对吹蚀速率的抑制作用，可表达为砾石铺压的密度效应和空间排列效应。在一定的风力条件下，吹蚀速率随砾石覆盖密度的增加呈现指数递减趋势（表 8-10）；在一定的铺压密度下，不同铺压方式表现出不同的吹蚀抑制效应，从小到大依次是：平行条带铺压<簇状铺压<斜交条带铺压<垂直条带铺压<随机铺压（图 8-9）。

表 8-10　不同随机铺压密度的吹蚀量与吹蚀速率

实验风速 $T/$（m/s）	吹蚀时间 $T/$min	铺压密度 G_d/%									
		0		25		50		75		100	
		W_d(kg)	R_d	W_d(kg)	R_d	W_d(kg)	R_d	W_d(kg)	R_d	W_d(kg)	R_d
10	15	0.0067	0.00260	0.00615	0.00239	0.00348	0.00135	0.00244	0.00095	0.00152	0.00059
14	10	0.02102	0.01227	0.01405	0.00820	0.00749	0.00437	0.00449	0.00262	0.00226	0.00153
18	3	0.03989	0.07765	0.03779	0.07356	0.01890	0.03679	0.00870	0.01693	0.00316	0.00615
22	2	0.07012	0.20473	0.05301	0.15477	0.02531	0.07390	0.01375	0.04015	0.00567	0.01655
26	1	0.14404	0.84111	0.08750	0.50832	0.03970	0.23182	0.02288	0.13361	0.00957	0.05588

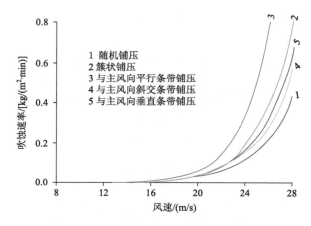

1　随机铺压
2　簇状铺压
3　与主风向平行条带铺压
4　与主风向斜交条带铺压
5　与主风向垂直条带铺压

图 8-9　不同铺压方式（G_d=50%）的 R_d-V 曲线

图 8-10 为当 G_d=50%时不同铺压和排列方式下 R_d 随风速 V 的变化。

根据图 8-8 中各曲线的变化可以看出，与主风向平行条带排列的 R_d-V 关系曲线上升速率明显大于其他曲线，说明与其他 4 种铺压排列方式相比其 R_d 最大。

不同铺压和排列方式下的 R_d-V 回归关系式如下：

随机铺压：

$$R_d=0.0006×10^{0.142v} \qquad R=0.98$$

簇状铺压：

$$R_d=0.0002×10^{0.161v} \qquad R=0.99$$

平行条带铺压：

$$R_d=0.0002×10^{0.173v} \qquad R=0.99$$

斜交条带铺压：

$$R_{\mathrm{d}}=0.0004\times10^{0.151v} \qquad\qquad R=0.99$$

垂直条带铺压：

$$R_{\mathrm{d}}=0.0001\times10^{0.169v} \qquad\qquad R=0.99$$

在以上关系式中，平行条带铺压下的指数参数值最大，在同等实验风速和时间内，其 R_{d} 最大，说明其对吹蚀的抑制效果最差。根据实测 W_{d} 和计算机得出的 R_{d} 值，5 种铺压和排列对吹蚀的抑制效果从小到大依次是：

平行条带铺压<簇状铺压<斜交条带铺压<垂直条带铺压<随机铺压。

实验结果表明，土壤表面 G_{d} 为 25%、50%、75% 和 100% 时产生的吹蚀抑制效应 R_{d} 分别是 34.36%、69.41%、82.94% 和 92.91%。即使在相同的 G_{d} 条件下，随机铺压和与主风向垂直条带铺压可能由于对地表风速的阻滞效应强而表现出较好的吹蚀抑制性。了解土壤表面砾石覆盖对 G_{d} 的抑制效应，对探索最佳工程防护设计具有实际意义。

二、不同密度与分布形式的植物秸秆、枝条的防风固沙作用

丹麦学者 Arens 等研究了人工设置的芦苇茎干密度对沙丘迎风坡发展的影响（Arens et al.，2001）。由此，我们得到提示和启发，利用芦苇、植物秸秆和树枝等在地漠地区，特别是植物不易生长的地段设置障碍，同样能够起到防风固沙、治理风沙环境的作用。

(a)　　　　　　　　　　　　　　　　　(b)

图 8-10　芦苇茎干对风沙流的作用

第六节　风沙环境综合治理的艰巨性

一、风沙环境综合治理是一个复杂的社会问题和系统工程

风沙环境的综合治理具有跨地域的特征。在市场经济的今天投资方和受益方的根本利益一致，不可偏废任何一方。因此，就必须有人出面组织、规划与协调和实施。而除国家投资外争取世界银行贷款等也是主要的资金来源。

二、合理开发利用与科学管理问题

风沙环境的综合治理是为了开发利用。只治理不开发利用势必造成资源的浪费。如果开发利用不当，又容易造成新的危害。因此，科学管理就显得特别重要。

<h2 style="text-align:center">参 考 文 献</h2>

董治宝, 高尚玉, Fryrear,等. 2000. 直立植物-砾石覆盖组合措施的防风蚀作用. 水土保持学报.

李滨生, 刘健华, 漆建中. 1984. 榆林沙区飞播试验中几个技术问题的探讨. 中国沙漠, 4(2): 21-28.

凌裕泉, 屈建军, 金炯. 2003. 稀疏天然植被对输沙量的影响. 中国沙漠, 23(1): 12-17.

刘连友, 刘玉璋, 李小雁,等. 1999. 砾石覆盖对土壤吹蚀的抑制效应. 中国沙漠, 19(1): 60-62.

聂光源, 李天琪, 宋生义. 1993. 阿拉善左旗飞机播种造林治沙试验. 中国沙漠, 13(2): 9.

吴精忠. 1985. 腾格里沙漠东缘流动沙地飞机播种的治沙效果. 中国沙漠, 5(1): 38-45.

朱震达. 1998. 中国土地荒漠化的概念,成因与防治. 第四纪研究, (2): 11.

Arens S M, Baas A C W, Boxel J H V, et al. 2001. Influence of reed stem density on foredune development. Earth Surface Processes and Landforms, 26(11): 1161-1176.

Buckley R C. 1987. Interactions involving plants, homoptera, and ants. Annual Review of Ecology & Systematics.

Wasson R J, Nanninga P M. 1986. Estimating wind transport of sand on vegetated surfaces. Earth Surface Processes and Landforms, 11(5): 505-514.

下篇　特殊风沙区风沙灾害

形成机理与防治研究

第九章 敦煌莫高窟崖顶风沙危害的工程防治

敦煌莫高窟崖顶风沙危害防治工程采用防沙新材料——具有防火性能的尼龙网栅栏防护体系(图 9-1 和图 9-2),其是防治多向风情景下沙砾质戈壁风沙流危害获得成功的实例。栅栏防护体系的设计依赖于该地区的风沙流场特征,并发展了栅栏的防护功能,其

图 9-1 敦煌莫高窟崖顶风沙防治工程

图 9-2 敦煌莫高窟崖顶尼龙网阻沙栅栏

既可阻拦主风向的流沙又能输导次主风向一定数量的积沙。通常"以阻为主，充分利用输导"是防治沙砾质戈壁风沙流的典型配置方案。当然，沙砾质戈壁风沙流也需要综合治理，为了控制远方沙源还要配置适当的固沙措施。另外，为了防止崖面被强烈风蚀，仍需对其采取喷洒固沙剂的防护措施。

第一节　莫高窟顶风沙运动

一、风场特征

莫高窟是一个多风又多风向的地区，年平均风速为 3.5m/s；全年偏南风（包括 N、NNE、NNW 三组风向）出现频率为 49.9%，其中又以正南风出现的频率最高，占 31.0%（图 9-3），但偏南风的风速并不是最大。以南风为例，小于沙起风者（2m 高度风速小于5.0m/s），占 39.3%，大于 8m/s 者，也只有 1.5%，而 5～8m/s 者却占 59.2%。风洞实验结果表明，这个风速范围所具有的搬运沙物质能力有限。即使作用于流沙表面，也只能使沙粒开始移动导致沙面形成沙纹，对于沙砾质戈壁而言，起作用就更小了。其次是偏西风，即把所有的偏西风（SW、WSW、W、WNW 和 NW）都加到一起，总频率为 28.1%，而输沙能力却占 31.9%。对于偏西风来说，小于起沙风者占了 70.8%，5.0～8.0m/s 者占23.4%，输沙能力仅占 28.9%，风速大于 8.0m/s 的风出现频率平均仅占 5.80%，其输沙能力却占 71.1%（图 9-4）。也就是说，该地区偏南风多而风力较弱，偏西风少而风力强劲，并且具有突发性的特点，与大型天气过程的关系极为密切。由此可见，偏西风应该是洞前积沙危害的主要原因。至于偏东风，频率只占 20.8%，其输沙能力约占 30.5%，其危害性质主要是对洞窟崖面的强烈风蚀与剥蚀。当然，对崖顶沙质的东移亦具有不可低估的抑制作用，并且具有明显的反向搬运能力。其主体环流仍然是偏东和偏西的两股气流，频率最高、强度较弱和持续而稳定的偏南风是莫高窟地区特有的局地环流——弱山风，并复合了青藏高原冬季风。

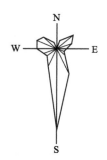

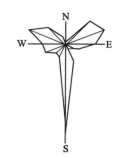

图 9-3　莫高窟风玫瑰（1990～1991 年）　　　图 9-4　莫高窟动力风玫瑰 Q（%）（1990～1991 年）

独特的风场格局有效地制约着风沙活动方式与活动强度，并塑造了鸣沙山及次一级的风沙地貌形态——相对稳定的横向沙垄与金字塔沙丘等，同时也导致风沙危害复杂多样，即沙砾质戈壁的不饱和风沙流，造成崖面和洞窟的严重积沙与偏东风对崖面的强烈风蚀。并且，积沙与风蚀过程交替进行，具有明显的季节变化特征。

　　现场调查研究，判定该地区的沙物质主要来源，仍属于"就地"起沙，在不同频率和不同强度的多向风作用下，沙物质的搬运过程具有往复摆动和回旋的特点。

二、风沙流的性质

　　戈壁地表由于砾石的覆盖，其输沙通量及结构特征发生了很大的变化（屈建军等，2005）。风洞实验结果表明，戈壁表面上风速与高度的对数值呈正相关，且地表粗糙度随风速的增大而增加（图9-5）。输沙量最大值及其出现的高度随风速的增加而增加（图9-6）。当风洞轴线风速 $v=8$m/s 时，垂直高度上的输沙率最大值[0.234g/(cm² · min)]出现在 1～2 cm 处；当风洞轴线风速 $v=12$m/s 时，垂直高度上的输沙率最大值[1.87 g/(cm² · min)]出现在 3～4 cm 处；当风洞轴线风速 $v=16$m/s 时，垂直高度上的输沙率最大值[9.9 g/(cm² · min)]出现在 4～5 cm 处；当风洞轴线风速 $v=20$m/s 时，垂直高度上的输沙率最大值[21.0 g/(cm² · min)]出现在 5～6 cm 处。砾质戈壁风沙流输沙率出现这种独特性质的根本原因是其地表主要由砾石及粗沙组成，地面紧实程度远高于流沙地表，跃移沙粒与戈壁地表之间的碰撞近似弹性碰撞，地表沙粒的起跳初速度和起跳角均较大，沙粒弹跳高，分散在较高的空间，利用高层气流能量多；相反，对于流沙地表，跃移沙粒与地表之间的碰撞近似非弹性碰撞，地表沙粒的起跳初速度和起跳角均较小，沙粒弹跳低，利用高层气流能量相对较少。这就是砾质戈壁过境风沙流与平坦沙地存在差异的根本原因，笔者将其命名为"象鼻子结构"。

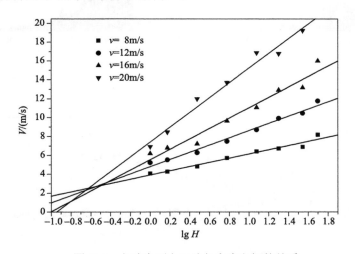

图 9-5　戈壁表面上风速与高度之间的关系

　　另外，对不同风速下含沙量随高度的分布作了曲线拟合，其分布形式如下：

$$m = \frac{a + cz + ez^2 + gz^3 + iz^4}{1 + bz + dz^2 + fz^3 + hz^4 + jz^5}$$

式中，m 为不同高度层中的输沙量（g）；z 为不同的高度层（cm）；a，b，c，$\cdots$，j 为不同的参数。

　　风沙流在输运过程中，粒度特征在垂直方向上发生空间分异。图9-7表明，当风速小于 12m/s 时，大于 0.1 mm 沙粒的百分数在跃移层内随高度的增加而增大，小于 0.1 mm 沙粒的百分数在跃移层内随高度的增加而减小；当风速大于 16 m/s 时，大于 0.1 mm 沙粒的百分数在跃移层内随高度的增加而减小，小于 0.1 mm 沙粒的百分数在跃移层内随高度的增加而增大。

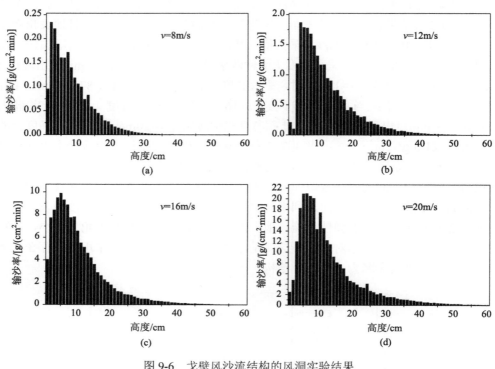

图 9-6　戈壁风沙流结构的风洞实验结果

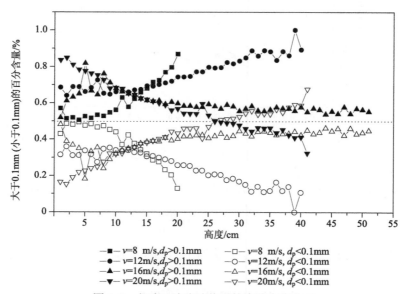

图 9-7　戈壁风沙流沙物质粒度的高度分布

描述风沙流输运过程的另一个重要变量是风沙流结构特征值 λ。当 $\lambda > 1$ 时，风沙流属于未饱和状态，气流具有较大的搬运能力，在沙源充分时有利于吹蚀，而对于无充分沙源的戈壁地面乃是形成非堆积搬运条件的重要标志。表 9-1 表明，当风洞轴线风速分别为 8 m/s、12 m/s、16 m/s、20m/s 时，λ 值分别为 15.74、58.63、18.74 和 59.67。显然，戈壁风沙流结构特征值 λ 远大于 1，不论风速多大，风沙流都处于未饱和的搬运状态。

表 9-1　戈壁风沙流结构特征值

	8 m/s	12 m/s	16 m/s	20 m/s
输沙量最大值/[g/(cm²·min)]	0.234	1.87	9.9	21.0
输沙量最大值出现的高度/cm	1～2	3～4	4～5	5～6
$\lambda = Q_{2\text{-}10}/Q_{0\text{-}1}$	15.74	58.63	18.74	59.67

宏观上看，该地区的风沙流应属于不饱和的戈壁风沙流，即沙粒的强度跃移导致风沙流的搬运高度较高，上下层输沙量较为均一，在一般情况下，有利于搬运而不利于堆积。可是，在该地区不同频率和不同强度的多向风的作用，使得风沙流的性质变得更加多样化或复杂化。例如，在一棵植株的不同方位，可以同时并存三种不同粒级、不同形态的积沙体，而且积沙体只有形态的变化与消失的过程，却无体积的继续增大，沙波纹与沙丘都不例外。以上分析充分表明，沙源与气流的搬运能力不仅有限，而且受到不断变化的多向风的严格制约。在强西风的作用下，植株的背风侧形成粗粒沙波纹 (图 9-8)，沙源来自沙砾地表，不仅积沙范围大，而且沙波纹的高度也比较大；南风形成的沙波纹，无论是积沙范围，或是沙波纹的高度和宽度均小得多，沙粒很细，沙源来自流动沙丘；东风对崖顶或崖面的积沙还具有反向搬运能力，在植株后形成的积沙体，在尺度上或在粒度组成方面均弱于西风强于南风，积沙形态具有明显的季节变化特征，其变化过程与平均流场的演变规律完全一致。

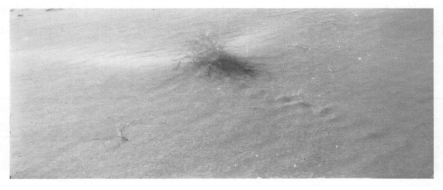

图 9-8　植株的积沙形态

三、风沙活动方式与活动强度

为了深入研究当地的风沙活动规律，更有效地防治风沙危害，根据下垫面性质和多向风的特点，选定了三个观测断面，对崖面风沙流的空间分布以及沙丘移动特征和洞前积沙进行了两年的综合观测。观测断面走向与所测定的风向一致(图9-9)。

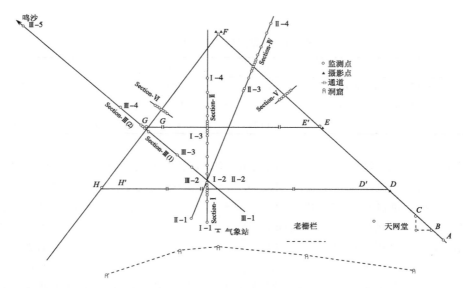

图 9-9　莫高窟崖顶防沙栅栏设置及其防护效益监测断面的平面配置(1∶2000)

(1)当吹西风或西北风时，流沙与崖顶的风沙流分布特征为图9-9的断面Ⅰ-4和断面Ⅱ-4，由表 9-2 可见，这时的流沙输沙量最大，沿线有增有减，随着平均风速的增大，输沙量也随之迅速增大。偏西风自流沙搬运的沙物质，到达崖顶或崖面附近，地形曲率的急剧变化，而产生气流的边界层分离，并在分离区形成积沙。这些崖顶或崖面积沙只有超过沙粒的天然休止角之后，或在较强的东风风蚀的情况下，才会下滑造成洞前积沙(图9-10)，积沙粗细差别较大。洞前积沙的年变化可有两个峰值，主峰出现于 4~6 月，此间东、西风占优势；次主峰出现 8~10 月。

表 9-2　西(或西北)风时，崖顶风沙流分布特征

项目	No.1 流沙	No.2 戈壁	No.3 戈壁	No.4 戈壁	No.5 戈壁
$V_{1.5}$/(m/s)	6.1	5.8	6.3	6.5	6.4
q/ [g/(cm·min)]	0.501	0.344	0.386	0.305	0.366
$V_{1.5}$/(m/s)	9.4	8.2	8.2	8.9	8.8
q/ [g/(cm·min)]	4.429	3.960	4.228	3.161	3.459

　　由图 9-10 可以明显地看到，1990 年 3～11 月莫高窟洞前夜间积沙的月总量最大可达 3.5g/cm²（出现在 5 月）。可是设置防沙栅栏之后，1991 年 5 月洞前夜最大月积沙量减至 2.2g/cm²，至 1992 年 5 月约为 0.3g/cm²,1993 年的积沙量已稳定减至 0.2g/cm² 以下,而且颗粒变粗，表明在防护体系保护之下，偏西风搬运的沙物质已难到达崖面，之所以洞前还有积沙，主要是多年积于崖面覆沙受偏东风作用下滑所致。防沙措施的设置与风沙流的搬运高度关系极为密切。在一般情况下，流沙表面风沙流搬运高度均小于 1m，90% 以上的输沙量集中小于 20cm 高层之内，其中的 80%～90% 沙量又是在 0～10cm 高层内通过的。也就是说，只要能够降低地表风速，或控制风沙流的运动条件，就可以稳定流沙表面。同时在固沙带的上风向采取阻沙措施，即可形成"以固为主，固阻结合"的防护体系。

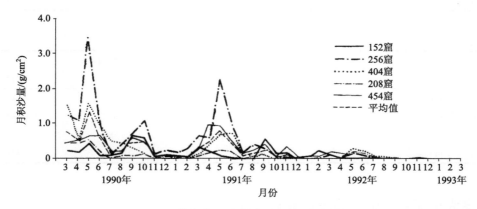

图 9-10　莫高窟洞前夜间积沙量的月际变化

　　在砾质戈壁上，由于地形比较开阔，风速较大，同时砾质地表增强了跃移沙粒的弹跳力，风沙流的搬运高度可超过 1m，1m 以上的输沙值可达 3.4%；20cm 高层内的输沙量平均小于 80%，砾质戈壁本身无沙源，过境风沙流处于极不饱和状态。一般情况下，并不容易形成积沙危害。对于可能形成风沙危害的地段，通常采取因势利导的防护措施，即输导措施。

　　对于沙砾质戈壁来说，其本身就具有一定的沙源，而且砾石细小，不具备对跃移沙粒较强的反弹作用。相对于砾质戈壁而言，沙砾地自身就能形成浓度较高的风沙流。因此，沙砾地的风沙流就兼备流沙表面和砾质戈壁两种特征。实测结果表明，当地面以上 1.5m 高度平均风速为 10.4m/s 时，20cm 高层内输沙率可超过 93.32%，已近于流沙表面；高于 1m 处输沙量约为 1%，在 2.10～2.30m 高度，仍保有 0.19%。而 0～20cm 高层内的输沙量上下分布还是比较均一的，风沙流的性质尚属高浓度不饱和的强输沙流。

　　(2)西南风时，由流沙至崖顶的风沙流特征(图 9-9 断面 III-5)：由表 9-3 可见，自鸣沙山至崖顶，风沙流强度远小于西风，尽管鸣沙山的沙源充足，但平均流场性质决定了南风和西南风对沙物质的搬运能力是有限的和缓慢的。另外，鸣沙山本身对于西南风起到一种屏障。因此，输沙率具有自鸣沙山向崖顶逐渐减弱的变化趋势。

　　(3)偏东风的风沙流强度变化(图 9-9 的断面 III-5)：从表 9-3 的风沙流强度看，在偏东风的作用下，风沙流强度明显地增大，就是说，偏东风对于长期堆积于崖顶和崖面的积沙具有一定的反向搬运能力，表 9-4 就反映了这种搬运过程。该地区的沙物质就地往复搬运，给防沙治沙措施的设置造成很大的困难。

表 9-3　西南风的风沙流强度变化

项目	No.1 流沙	No.2 戈壁	No.3 戈壁	No.4 戈壁	No.5 崖顶
$V_{1.5}/$(m/s)	5.8	5.4	5.5	6.0	6.1
$q/$[g/(cm·min)]	0.473	0.136	0.093	0.039	0.096
$V_{1.5}/$(m/s)	8.5	7.2	7.5	7.8	7.8
$q/$[g/(cm·min)]	1.960	1.589	1.132	0.717	0.509

表 9-4　偏东风的风沙流强度变化

项目	No.1 流沙	No.2 戈壁	No.3 戈壁	No.4 戈壁	No.5 崖顶
$V_{1.5}/$(m/s)	6.7	6.2	6.3	6.6	6.8
$q/$[g/(cm·min)]	0.824	0.613	0.565	0.573	1.480
$V_{1.5}/$(m/s)	8.3	7.7	7.8	8.0	8.8
$q/$[g/(cm·min)]	5.312	3.143	3.614	4.061	6.798

四、最大可能合成输沙强度计算与沙丘移动特征

输沙量或输沙率是一个非常重要的物理量和极其有用的工程参数。然而，直接测定实际输沙量，特别是测定长时间的输沙量是极其困难的。因为输沙量是一个向量，与风向、风速关系极为密切。我们把输沙量的理论极限值定义为最大可能输沙量或最大可能输沙强度。根据最新研究成果，利用风向风速自计记录（1990.01～1991.12）计算该地区月和年的最大可能输沙量，作为定量讨论风沙活动强度和防沙工程设计的重要科学依据。

1. 最大可能输沙量的计算

根据实验关系式 $q=8.95×0.1(V_L-V_t)^{1.9}$ 能够求得莫高窟地区最大可能合成输沙量的年变化及其年总值，该地区最大可能合成输沙强度具有明显的季节变化特征。每年 9 月至翌年 2 月为偏南风控制，从南向北输送沙量总和达 9.413m³/(m·a)，占年内输沙量的 65.49%。3～6 月盛行偏东风，其最大可能合成输沙强度总和为 3.883m³/(m·a)，占 27.01%；7～8 月合成输沙方向为 264.8°（W），合成输沙量之和为 1.078m³/(m·a)，占 7.50%。全年（1990～1991 年平均值）合成输沙量为 7.859m³/(m·a)，合成输沙方向为 183.4°，沙物质搬运合成方向是由南向北，不会直接使洞窟前形成严重积沙。由于地形的特殊作用，其积沙一旦形成就难以排除。这也是莫高窟风沙危害治理的困难所在。研究表明，一个地区的最大可能合成输沙强度与合成输沙方向，将分别和该地区的主体沙丘移动速度与移动方向相一致。虽然莫高窟地区风沙活动的合成方向是由南向北，但从其沙物质搬运过

程来看，偏南风的输沙总量较大是由于其出现频率较高的优势作用，但其输沙强度较弱，输沙过程较为缓慢。覆盖于鸣沙山横向沙垄的形成与此输沙过程关系极为密切。而合成输沙强度与合成输沙方向的年变化表现出风沙活动往复摆动的特征。偏东风和偏西风的合成输沙量总和相对小于偏南风，但其输沙过程具有突发性特征，输沙强度较大，往往伴随大型天气过程。

2. 沙丘移动特征

从最大可能输沙量、合成输沙强度与合成输沙方向的计算结果看，风沙活动具有明显的季节变化。其沙丘活动变化过程与风场变化相对应，无论是在方向上的变化，还是强度上的变化都不例外。沙丘的活动变化主要表现在形态变化方面，如沙丘脊线既有水平方向的往复摆动，也有垂直高度的增减，但却无明显的整体迁移。因此，对沙丘移动的监测和研究也必须按季节或月份进行，甚至每场大风之后也需及时测定。

图 9-11 为单个沙丘形态的动态变化过程。在东西方向上，西风和东风的作用都很明显，它们都在控制着沙丘的移动和扩展。与 1990 年 2 月相比，1991 年 4 月的沙丘边缘线均向内侧压缩就是很好的例证，而在南北方向上均有自西北向东南移动的趋势。

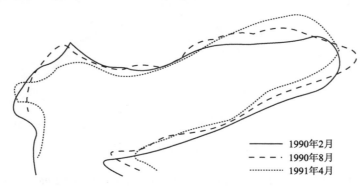

图 9-11　单个沙丘动态变化

图 9-12 显示了沙丘脊线摆动的过程，3#和 5#沙丘脊线具有完全一致的变化趋势。然而，脊线的摆动只能导致沙丘形态的变化而不能表示它的移动快慢。这种变化同样具有明显的季节特征。

图 9-13 表示沙丘形态的动态变化过程，既有水平方向的迁移又有高度的消长。这种变化过程将随着沙丘的高度增长而更加趋于稳定。从图 9-13 中还可以清楚地看到东西风的作用强度是不同的。

通过对不同地表形态动态变化的观测，结果表明（表 9-5），地表风蚀与堆积变幅自砾质戈壁至流动沙丘具有增大的趋势，砾质戈壁地表蚀积变幅小，基本表现为非堆积搬运区。沙砾质戈壁及平坦沙地蚀积变幅略有增大，基本表现为微风蚀区。流动沙丘区蚀积变幅最大，基本处于堆积状态，并表现为旋回摆动式。

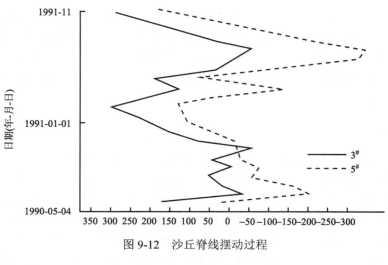

图 9-12　沙丘脊线摆动过程

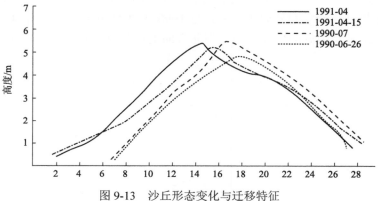

图 9-13　沙丘形态变化与迁移特征

表 9-5　窟顶戈壁至沙山各种类型的地表蚀积状况（1990-06～1992-06）　　　　（单位：cm）

类型	砾质戈壁	沙砾质戈壁	平坦沙地	沙山				
				落沙坡底	1/2 落沙坡底	丘顶	1/2 迎风坡	迎风坡底
变幅范围	(+2)～(−1)	(+2)～(−2.5)	(+3)～(−2)	(+15.5)～(−13)	(+61)～(−62)	(+94)～(−69)	(+100)～(−33)	(+64)～(−47)
标准差	0.7	1.0	1.0	5.1	18.6	31.6	29.8	23.3
平均值	0.0	-0.1	-0.1	0.8	-0.7	-2.3	1.7	1.5

(+)表示堆积，(−)表示风蚀

3. 沙丘移动的遥感动态监测

根据敦煌地区 1972 年 6 月和 1985 年 6 月两期航摄资料，在 OPTON-C130 解析测图仪上绘制窟顶鸣沙山 1∶10000 动态图及 1∶1000 典型沙丘动态图（图 9-14），发现鸣沙山及其小沙丘移动的总趋势为 SW→NE 向。其证据是，①沙山和沙丘作为沙源地因风蚀

20 世纪 80 年代等高线较 70 年代后移(远离窟区);②沙山纵断面 A-B 基本趋于亏损变薄状态,即 80 年代高程较 70 年代降低(表 9-6);③沙山上部风蚀坑也因风蚀而降低,其风蚀方向亦为 SW→NE,即 80 年代等高线较 70 年代向 SW 方向位移,但沙脊线在摆动状态中,有 SW→NE 位移的趋势。图 9-15 更清楚地反映了风蚀方向和沙丘自西南向东北方向的移动。

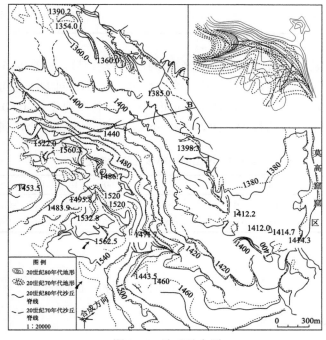

图 9-14 沙丘动态图

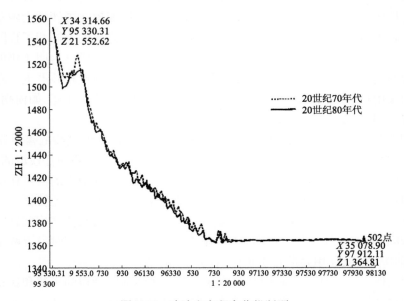

图 9-15 鸣沙山高程变化纵断面

表 9-6　鸣沙山纵断面高程变化

测点		1	2	3	4	5	6	7	8	9	10	11
						沙丘脊部						丘间地
断面高程/m	1972.06	1370.4	1372.4	1378.4	13.84.6	1393.6	1407.2	1416.8	1432.6	1466.8	1525.6	1506.8
	1985.06	1368.0	1372.0	1373.6	1383.2	1387.6	1402.0	1412.8	1432.4	1460.0	1512.4	1496.4
高程变化/m	升(+)	−2.40	−0.40	−0.48	−1.40	−6.00	−5.02	−4.00	−0.20	−6.80	−13.20	−10.40
	降(−)											

为了解对石窟群影响较大的沙山前缘小沙丘的移动速度，在图 9-15 上进行了加密测量，结果见表 9-7。从表 9-7 可见，沙山前缘小沙丘由 SW 向 NE 方向的年移动速度为 −0.77～1.08m/a，年平均速度为 0.34m，向窟区方向年移动速度为−0.60～0.84m/a。遥感监测表明，沙山和小沙丘的移动方向为 SW→NE，移动速度都很小，属慢速—稳定型。

表 9-7　沙山前缘小沙丘移动速度　　　　　　　　　　（单位：m/a）

测点号	1	2	3	4	5	6	7	8	9	10	11	12	13	14	ΣD/a
D/a	0.62	0.54	0.38	1.08	0.00	0.92	0.62	0.00	0.46	0.54	0.38	−0.77	0	0	0.34
D/a.sinθ	0.48	0.42	0.30	0.84	0.00	0.71	0.48	0.00	0.04	0.42	0.30	−0.60	0	0.0	0.26

第二节　莫高窟顶防沙工程

一、尼龙网栅栏防沙系统

多年防沙实践证明，工程防沙措施或称为机械防沙措施在自然条件较好、可以开展植物固沙的地区是植物固沙的先行措施；在极端干旱地区或植物固沙较为困难的地区，它又是一种较为持久的防沙措施。因风沙活动强度与活动方式的不同和工程防护材料性质的差异，其效益也有较大差别。利用尼龙网栅栏系统防沙，经过为期 4 年的试验，证明其防护效益是明显的，但也存在一些具体问题。诸如局部地段积沙严重，既有不利的环境因素的作用(如草籽和云母碎片的危害)，也有设计中存在的问题，如内拐角积沙(图 9-16)需要进一步改进。

尼龙网栅栏系统防沙的目的在于保护莫高窟(千佛洞)免受风沙危害或减轻危害程度。具体讲，就是控制偏西风所搬运的大量沙物质在崖顶、崖面和通行栈道的严重积沙，以及防止东风对崖体的严重风蚀。同时，要充分考虑出现频率最高的南风作用。因此，防沙方案的设计既要具备防止多向风的整体性和综合性危害的多功能特征，又要在经济上既节省又合理。按上述要求，经过方案筛选确定试验工程的最佳结构配置应该是锐角三角形(图 9-1)。原设计顶角 $\angle F$ 为 73°，施工一年后改为 83°，同时设置两条南北向的栅栏(GE 和 DH)，其作用是防止保护区内的风沙活动。

前期观测研究不仅加深了我们对该地区特有的风沙活动规律的了解和认识，而且为防沙方案的设计提供了极其有价值的科学依据。根据理论计算，该地区偏西风所具有的最大可能输沙量为 13.62 m³/(m·a)，也就是说，每年沿洞窟分布的大约 900m 长度的断面上将可能有 11935.8m³ 的积沙，其中相当部分沙物质积于崖面，一部分积于洞前栈道，还有约 12.683 m³/(m·a) 的沙物质被偏东风反向搬运，总计在 900m 长度上，每年将可能有 11414.700m³ 的沙物质自崖顶向流沙区搬运，散布于近 2km² 的沙砾质戈壁上。由西向东的最大可能输沙量与由东向西的最大可能输沙量之差值为 521.1m³。值得提及的是，南风所具有的最大可能输沙强度为 11.046 m³/(m·a)，东风和西风搬运提供新沙源，但不会直接危害洞窟。

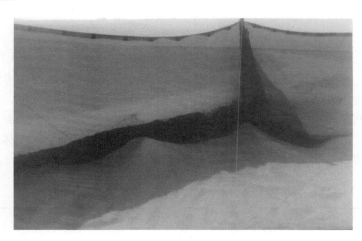

图 9-16　尼龙网阻沙栏内拐角积沙

目前，防沙试验研究主要是采用尼龙网栅栏防治洞前积沙，采用喷涂固沙剂加固崖面方法防止崖体风蚀。

栅栏多用于阻拦单一风向的沙流，阻沙效率一般为 80%～90%。如果风沙流强度很大，栅栏几年就会被积沙埋掉(图 9-16)，必须在原栅栏上再行设置。鉴于上述原因，充分考虑到地区的风沙活动特征，该防护体系的设计重点是如何防治偏西风风沙流危害和偏南风的缓慢积沙作用，以及怎样充分利用偏东风和偏西风的侧导作用。我们设计并实施了三角形结构的防沙栅栏体系(图 9-1)。三角形的三个边与三个对应的主风向有较大的交角，与对应的次主风向交角最小或近于平行。这样设计既可以在主风向上阻拦流沙，又可以在次主风向上使栅栏具有一定的导沙功能。这种能够防止多向风的多功能防沙方案实施后的防护效益已充分显示结构特征的优越性，栅栏迎风侧的沙波纹走向垂直于栅栏走向就是导沙功能最有说服力的例证。

图 9-17 提供了莫高窟三组风向输沙能力的季节变化过程与月平均风速的关系，即吹刮西北风和东风的季节，最大可能输沙量与相应风向的月平均风速变化一致，而偏南风则出现相反的变化位相，反映出局地环流特征。偏西风在 3～7 月出现相反的变化位相，与大型天气过程关系密切。

表 9-8 给出了一年之中各月的最大可能合成输沙量与合成输沙方向，其为栅栏防护体系的设置提供了重要的科学依据。

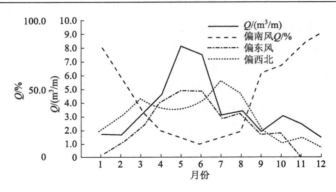

图 9-17　莫高窟三组风向输沙能力的年变化

栅栏参数：栅栏高 1.8m，孔隙度 20%，阻力系数为 1.5，当平均风速为 11.1m/s 时，栅栏承受风压为 17kgf/m² [①]。一般阻沙栅栏只要安置部位准确牢固即可，然而在莫高窟地区设置尼龙网防沙栅栏还必须考虑到环境景观的整体性与协调性。因此，工程施工的难度与造价比一般防沙工程要高得多，如果把具有防沙功能的栅栏防护体系作为莫高窟一大景观也是值得的。

表 9-8　莫高窟各月最大可能合成输沙量与合成输沙方向

项目	月份变化												全年
	1	2	3	4	5	6	7	8	9	10	11	12	
合成输沙量 /(m³/m)	1.428	0.938	0.960	0.095	1.218	1.620	0.761	0.317	1.003	2.256	2.151	1.637	7.859
合成输沙 方向/(°)	188.8	195.7	41.2	104	62.1	28.2	264.5	265.1	174.8	174.4	189.5	183.4	183.1

二、A 形阻沙栅栏工程的防沙效益

A 形尼龙网防沙栅栏体系于 1990 年 11 月底完工，其直接保护了洞窟免受风沙流的打磨和严重积沙的危害，洞前夜间积沙明显减少。对比 1990 年和 1991 年 3 月同期，洞前积沙减少了 75%左右。在崖面没有喷涂固沙剂加固之前，洞前积沙下滑，仍能造成洞前积沙。还有两点事实可以证实栅栏的防护效益：其一是洞前积沙盒中所捕集的沙量明显减少，沙粒变粗，砾石量显著增加；其二是崖顶和崖面的黄色片状覆沙减少或消失。

洞前夜间积沙的减少与变化过程，在图 9-9 中表现最为明显。其年变化过程曲线有两个峰值，主峰出现于 5 月，此间正值干旱多风季节，偏东风旺盛，多年堆积于崖面的覆沙被较强的偏东风吹蚀下滑至洞前栈道；次主峰出现于 10 月，同样是偏东风的作用。洞前夜间积沙危害的直接原因主要是偏东风而不是偏西风。偏西风所搬运的沙物质经崖顶转入崖面之前，地形曲率的急剧变化而产生气流或风沙流的边界层分离，造成分离区

---

① 1kgf/m²=98066.5Pa

积沙。只有当分离区积沙坡面大于沙粒自然休止角时(约 32°)，多余沙粒才有可能沿坡面下滑造成洞前积沙。散布于崖面的松散覆沙，在偏东风的作用下极易下滑。栅栏设置后的1991年5月，主峰和10月的次主峰都相应地减弱，特别是10月的次主峰已消失。1992年5月和10月两个峰值都已明显减弱，表明尼龙网栅栏系统试验工程正在使洞窟免受风沙的直接危害已经起到保护作用。因此，可以说防沙试验研究是成功的。如果能够及时采用喷涂固沙剂加固崖面，洞窟的安全将会更有保证。

　　概括起来，尼龙网栅栏的工程直接控制了偏西风向洞窟搬运沙量的95%左右，洞前夜间积沙减少了80%以上。外围栅栏对来自主风向的外侧积沙的侧导率平均为35%；防护效益具有明显的季节变化特征，对其内侧积沙的侧导分为两种情况：一是偏东风的侧导率为57.51%，二是偏西风的作用平均为15.89%(凌裕泉等, 1993, 1996)。

三、综合防护体系的构建与效益

　　根据莫高窟风沙运动规律和危害方式，借鉴条件类似的包兰铁路沙坡头段、兰新铁路玉门段已有的防沙成功经验，我们建议在莫高窟顶建立一个在空间上由阻沙区、固沙区和输沙区组成，以机械、生物、喷涂固沙剂三种措施构成的"六带一体"防护体系(图9-18、图9-19)。

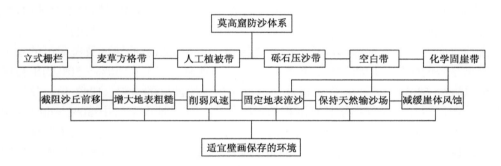

图 9-18　莫高窟防护体系功能图

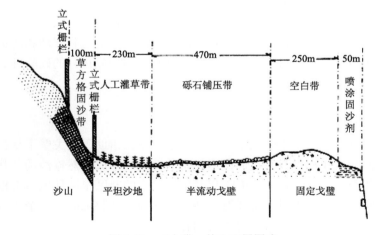

图 9-19　"六带一体"配置图式

1. 阻沙区

阻沙区应建立在鸣沙山流沙前缘，由立式栅栏构成，其作用是改变风沙流通过区的下垫面性质，使来自主害风方向的风沙流搬运能力发生变化，从而使风沙流中所挟带的沙粒沉降堆积，截阻减缓沙丘向洞窟方向移动，所以阻沙带的位置必须排列在防沙体系的最前缘。例如，沙坡头人工防沙林体系最前列的防沙栅栏，风沙减少了 78%，不仅阻止沙丘前移而且减少进入其毗邻的防护工程主体固沙区的流沙，保证了固沙区草方格沙障的稳固。

2. 固沙区

固沙区建立在阻沙区下风向的平沙地、沙砾质戈壁和洞窟崖面上。由半隐蔽式麦草方格（1m×1m）沙障带、无灌溉固沙植物带、砾石压沙带、碎石压沙带、化学材料固沙带构成，是防护体系的主体。在栅栏下风向设置半隐蔽式沙障，目的在于改变下垫面的粗糙度，达到继续削弱风速，减少输沙效应，使沙丘表面的吹蚀堆积活动趋于平息，从而为其下风向的人工植被创造适宜生长的环境。据实测，在流沙上设置距地表高 15～20cm 的 1m×1m 草方格沙障后，使流沙地表的粗糙度增大 400～600 倍，地面 0.5m 高度风速降低 20%，输沙量减少 99%，基本控制了地表的风沙流活动。在保证洞窟安全的前提下，在草方格下风侧采用滴灌技术栽植沙生植物，其作用在于通过不断生长的枝株，进一步稳定流沙表面，在沙山前缘形成长久的绿色屏障，随人工植被的建成及覆盖度的增大，人工生态系统的防护作用将逐渐占据主导地位。据观测，盖度在 30%～50% 的植被区，风速可以减少 51.6%～55%。人工植被粗糙度相当于流沙区的 457～1242 倍。使风沙活动大为减弱，而且对大气尘埃具有沉积和吸附作用，使近地面空气中 30%～60% 的尘埃被阻截在人工植被地带，成为地表结皮层细粒物质的来源。观测发现，由于窟区沙源主要来自沙砾质戈壁，而只有风速大于 11m/s 时，才出现鸣沙山沙源的长距离搬运，因此在沙砾质戈壁地带采用碎石压沙，一方面覆盖沙源，固定沙面，另一方面减小下垫面的粗糙度。砾石反弹作用，造成了一种不利于沙子堆积的条件，促进天然戈壁输沙场的形成，并为偏东风反向搬运创造出一个适宜的下垫面。随输沙量的减少，沿窟崖面由非堆积搬运区逐渐成为强风蚀区，因此只有喷涂固沙剂固结才能达到固沙和防护岩体风蚀，并且不破坏窟区自然景观的目的，风洞模拟实验表明，喷涂 10% 的硅酸钾等固沙剂的沙面或岩面具有相当强的抗风蚀能力。

3. 输沙区

输沙区是在砾质戈壁上不采取措施留出的空白带，借助砾质戈壁不易起沙，而且偏东风对窟顶崖面的多年积沙具有反向搬运能力的性质，形成自然输沙场。其无论在经济上还是在防沙效益上都是适宜的。2011 年经中国科学院寒区旱区环境与工程研究所沙漠与沙漠化重点实验室和敦煌研究院汪万福共同设计施工（图 9-20），一个"六带一体"综合的防护体系建成，莫高窟的风沙灾害得到有效的控制。

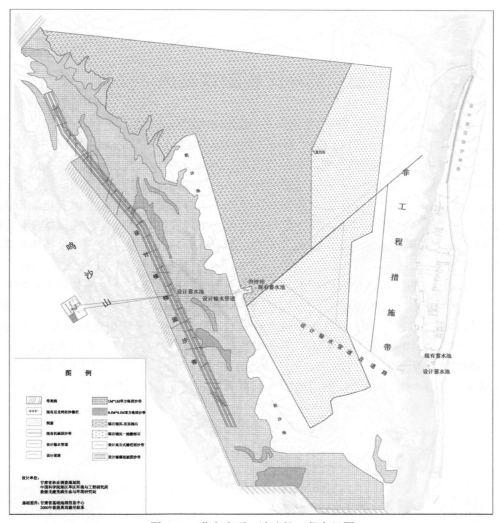

图 9-20 莫高窟顶风沙防护工程布局图

参 考 文 献

凌裕泉, 屈建军, 樊锦诗, 等. 1996. 莫高窟崖顶防沙工程的效益分析. 中国沙漠, 16(1): 13-18.

屈建军, 洪贤良, 李芳, 等. 2021. 聚乳酸(PLA)网格沙障耐老化性能及防沙效果. 中国沙漠, 41(2): 51-58.

屈建军, 黄宁, 拓万全, 等. 2005. 戈壁风沙流结构特性及其意义. 地球科学进展, (1): 19-23.

屈建军, 凌裕泉, 刘宝军, 等. 2019. 我国风沙防治工程研究现状及发展趋势. 地球科学进展, 34(3): 225-231.

屈建军, 凌裕泉, 张伟民, 等. 1992. 敦煌莫高窟大气降尘的初步研究. 文物保护与考古科学, 4(2): 19-24.

屈建军, 张伟民, 彭期龙, 等. 1996. 论敦煌莫高窟的若干风沙问题. 地理学报, (5): 418, 420-425.

汪万福, 王涛, 樊锦诗, 等. 2005. 敦煌莫高窟顶尼龙网栅栏防护效应研究. 中国沙漠, 25(5): 640-648.

朱震达, 王涛. 1998. 治沙工程学. 北京: 中国环境科学出版社.

第十章　高寒区青藏铁路风沙防治

青藏铁路格尔木—拉萨段(简称格拉段)由北向南跨越著名的"世界屋脊"——青藏高原腹地(图10-1),全长1142 km,其中,海拔超过4000 m路段960 km(图10-2),多年冻土路段550 km。沿线的戈壁、季节性河床、湖滨及退化草场为风沙活动提供了丰富的沙物质来源,强大的风力和稀疏低矮的植被也为风沙活动提供了充足的动力和地表条件(Liu and Zhao, 2001)。由于青藏高原对环境演变十分敏感,进而对全球变化响应也极为明显,20世纪50年代以来,其变暖趋势超过北半球及同纬度地区,在气候变化和工程影响下(Wang et al., 2004; Wu et al., 2003),多年冻土热状态发生改变,使得多年冻土退化加剧(Nan et al., 2005),因此,青藏高原沙漠化土地分布广泛(Yang et al., 2004)、类型众多,加之该地区铁路建设的严重干扰,改变了风沙的临界起动速度与原有的输移路径,致使风沙危害具有突发性强、速度快、破坏性大等特点(冯连昌等, 1994)。由于地表强烈的风沙活动及铁路修建后对输沙通道的影响,铁路沙害正呈现出迅速增长趋势(李生宇等, 2020)。据中国铁路青藏集团有限公司统计,青藏铁路格拉段严重沙害地段从开通运营初期的24处(累计长度13.97 km)发展到目前的57处(累计长度达78.8 km)。风沙危害成为继冻土问题后青藏铁路面临的又一重大难题,而且比预想的要严重(Xie et al., 2020)。

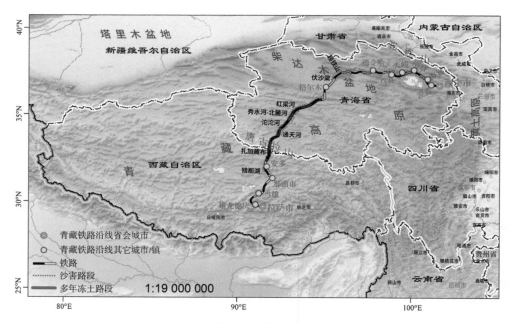

图 10-1　青藏铁路及其沙害分布示意图

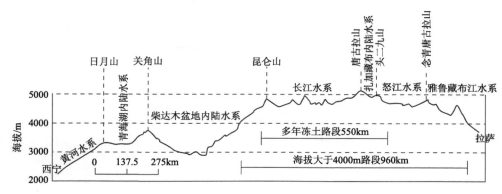

图 10-2　青藏铁路纵断面示意图

　　为了防治沙害，在青藏铁路格拉段建设初期，工程人员借鉴低海拔地区防沙经验，在沙害明显路段布设了阻沙及固沙措施，但这些措施防沙效果都不理想，大部分都遭积沙危害，部分已经完全失去防沙功能。这不得不迫使我们重新考虑青藏铁路的沙害问题：为什么在低海拔干旱、半干旱地区已经相当成功的防沙措施在青藏铁路会效果不佳？高寒环境下风沙活动究竟有什么特殊规律？对青藏铁路沙害防治应该采取什么思路和防治模式？目前，国内海拔 4000m 以上高寒环境下铁路风沙危害及防治没有现成的理论研究成果，国外也未见相关报道，更没有可借鉴的技术和经验。为此，近年来，本研究团队对青藏铁路格拉段风沙环境及防沙工程进行了全面考察和系统观测研究，填补了高寒区风沙危害防治理论研究的盲区，更为青藏铁路及地区铁路风沙灾害的有效防治提供了科学依据和技术支撑。

第一节　青藏铁路格拉段风沙危害

　　根据 2012 年调查，在全长 1142 km 的青藏铁路格拉段，受到风沙灾害威胁的路段有 269.7 km，占全路段的 23.62%，其中严重沙害路段 78.8 km，主要集中在红梁河、秀水河-北麓河、沱沱河、扎加藏布、措那湖等路段；轻度沙害路段主要集中在格尔木-西大滩、五道梁、通天河等路段。风沙对铁路线路的危害特征表现为：① 风沙流在路基迎风侧和背风侧遇阻堆积；② 道床积沙尤其在冬季会板结；③ 桥涵积沙严重，直接危及行车安全。低海拔区气压高、干旱、对降水敏感，而高海拔区气压低、冻融交替、对温度敏感，二者环境要素差异较大(图 10-3)(张克存等，2019)，因此其风沙运动规律差异较大。由于对高寒区风沙运动规律认识不清楚，青藏铁路修通之初借鉴了低海拔地区铁路防沙措施，结果发现，防沙效果欠佳，严重影响了路基安全，导致列车停运时有发生(图 10-4)。风沙活动特征主要表现为如下 4 个方面。

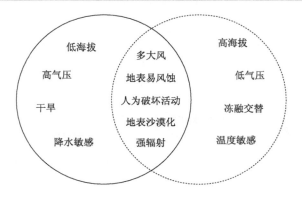

图 10-3　高寒环境风沙运动的特殊性

图 10-4　青藏铁路格拉段沙害照片

(a) 2005 年沱沱河路段道床积沙；(b) 2005 年扎加藏布路段路基坡脚积沙；(c) 2006 年扎加藏布路段路基边坡积沙；(d) 2006 年措那湖路段桥梁西侧积沙

（1）干旱少雨、旱风同季、海拔高、风速大

青藏高原旱风同季，年降水量在 250～300 mm（图 10-5），集中在 6～9 月，冬半年为旱季，且河流处于枯水期，大部分河床和湖岸变干、地表裸露，疏松的广袤沙质地表及退化的荒漠草原都成为铁路沙害的沙源地（谢胜波和屈建军，2014）。尤其是青藏高原铁路线路大部分风沙路段海拔在 4000 m 以上，处于西风带，多偏西风。沱沱河路段年大风日数约 167.8 天，最大定时风速 30.0 m/s，瞬时风速达 40.0 m/s；措那湖路段最大风速 38.0 m/s，年大风日数 148.8 天；五道梁路段年大风日数 135.5 天，最大定时风速 31 m/s，最大瞬时风速达 40 m/s。青藏高原大风集中在冬春季（12 月至次年 5 月）的占全年大风日

数的 63%，3 月有 2/3 以上日数为大风天。青藏高原年平均风速 3～4 m/s，超过临界起沙风（≥5 m/s）的日数 180 天以上（图 10-6），远大于低海拔（如宁夏沙坡头）地区，从而为地表风蚀、风沙活动提供了动力条件（图 10-7）。从输沙势玫瑰图可以看出，青藏铁路格拉段沿线合成输沙风向以西风为主（图 10-8）。

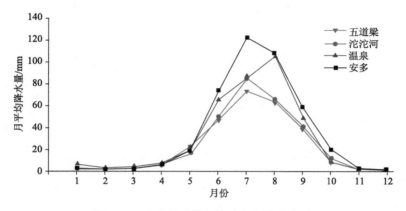

图 10-5　青藏铁路格拉段多年平均降水量

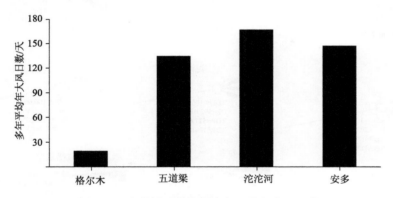

图 10-6　青藏铁路格拉段多年平均年大风日数

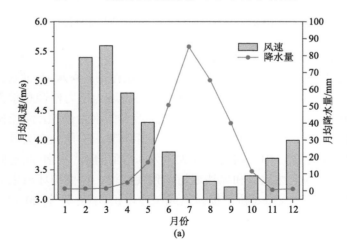

(a)

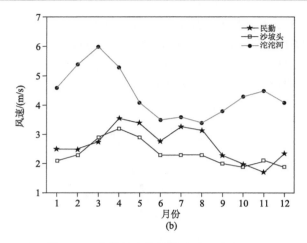

图 10-7　青藏铁路格拉段沱沱河路段风况

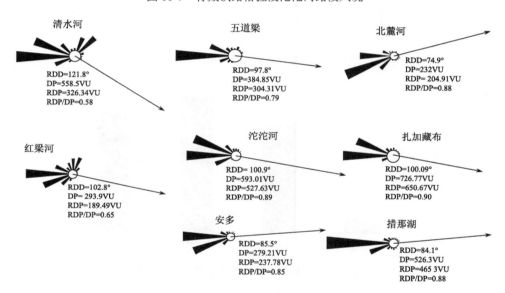

图 10-8　青藏铁路格拉段沿线输沙势玫瑰图

（2）风水两相侵蚀营力时空交错叠加

青藏铁路沙害极严重区段主要集中在红梁河、沱沱河、秀水河-北麓河、与措那湖等路段。调查发现，该区域现代地表侵蚀外营力主要表现为风力侵蚀和水力侵蚀时空交错（董瑞琨等，2000）。夏秋季节，降雨集中，易产生严重的水力侵蚀，河流搬运大量的泥沙沉积在湖岸与河道边滩、阶地及冲洪积扇上；冬春季节，干旱且多大风天气，峡谷及干河谷成为风沙的天然通道，由于河流峡谷大多为东-西走向，与南-北走向的铁路近于垂直，河谷穿越铁路成为天然风口和风沙通道，致使路堤、桥梁破坏原来流场而成为阻挡风沙流的障碍物，从而在线路及桥下极易造成风沙堆积(李良英等，2016)，形成严重沙害（图 10-4）。

（3）地表冻融交替、抗风蚀能力差

青藏高原气候严酷，生态脆弱，地表沙物质丰富，微小的扰动也会促使其生态系统产生强烈变化（Shen et al., 2004）。而且，在目前全球变暖的背景下，青藏高原多年冻土融化趋势增强（王绍令，1997），导致地表土壤结构离散分解，进一步加剧地表风蚀沙漠化过程（Xie et al., 2016）。对地表风沙活动监测，结果表明，由于冻融交替作用（Yang et al., 2007），趋于稳定的戈壁地表每年风蚀量仍可达 1.5×10^5 kg/(km²·a)。

（4）路基对风沙的扰动作用

由于青藏铁路（格拉段）大致呈南-北走向，沙源主要源于铁路西侧，主风向与铁路走向近似垂直，路基的出现扰动了风沙的输移（Xie et al., 2015）。根据风洞模拟实验结果，路基明显改变近地表风沙流的流场，在路基表面及两侧依次形成明显的遇阻抬升区、集流加速区、减速沉降区和消散恢复区（张克存等，2010）。同时，路基高度、坡度和走向对风沙也有明显影响，高度越高、坡角越大，路基两侧的风沙堆积范围越大（鱼燕萍等，2018，2019），线路走向与合成风向的夹角越大，所受风沙危害的程度越严重（王训明和陈广庭，1997；李生宇等，2005）。

本节研究基于移动风洞的不同海拔风沙运动特征开展了野外实验。观测实验使用中国科学院西北生态环境资源研究院敦煌戈壁荒漠研究站的野外移动风洞（图10-9）。该风洞为直流吹气式，风洞全长 11.7 m，试验段长 6 m，截面积为 63 cm× 63 cm，风速在 0～20 m/s 连续可调，边界层厚度约为 10 cm。为满足不同气压下的实验环境和对比效果，运用风洞从我国海拔最低的艾丁湖（海拔–155 m）至青藏铁路唐古拉火车站（海拔 5076 m）选择 9 个不同海拔开展风沙运动现场实验（图10-9），实验点海拔整体落差 5231 m，气压差 498 hPa，空气密度最大相差一倍左右，不同海拔位置的观测温差最大为 7℃。实验中均使用青藏铁路西大滩段干燥沙丘沙，以确保所有实验中下垫面一致。实验沙平均粒径 0.19 mm，沙粒起动使用高速摄影机配合激光片状光源，在电脑屏幕上来确定床面沙粒的起动。风速用毕托管测定，沙床下风向边缘不同高度的跃移输沙用直立式集沙仪测定，实验结果如下。

图 10-9　野外移动风洞在新疆艾丁湖（左）和青藏铁路唐古拉火车站（右）观测

（1）高海拔低气压环境沙粒具有较高的起动摩阻风速。无论是流体起动还是冲击起动过程，流体密度降低会衰减流体本身的能量以及冲击沙粒从气流中获取的能量，要使同等沙粒克服阻力起跳就必须增加流速，以补偿流体密度降低导致的整体能量下降的部分，因而其起动摩阻风速较之低海拔地区大（图 10-10）。

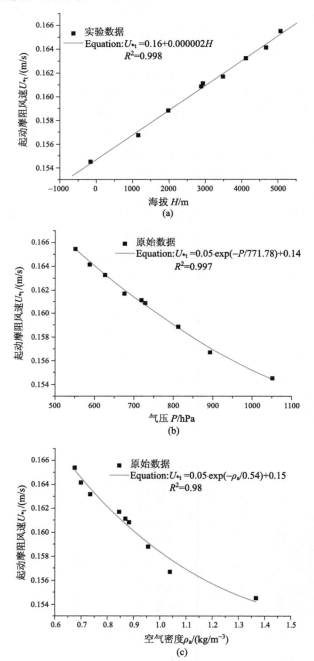

图 10-10　起动摩阻风速分别与海拔（a）、气压（b）和空气密度（c）间的数量关系

U_{*t} 为起动摩阻风速；H 为海拔；P 为气压；ρ_a 为空气密度

(2) 高海拔低气压环境沙粒具有较高跃移高度。海拔每增加 1000 m，沙粒平均跃移高度增加 0.6 cm，当风速超过 10 m/s 时，高海拔地区大部分 (90%) 的沙粒均在 10～14 cm 高度层内运动，而低海拔仅为 6～8 cm 高度层，沙粒跃移高度整体高出 4～6 cm，因此，流体密度降低会导致沙粒跳跃高度增加 (图 10-11)。实验得到空气密度和沙粒平均跳跃高度 (50%跃移高度) 间大致呈如下关系：

$$Z_{50\%}=0.002\frac{\rho_{s}}{\rho}-1.6 \quad (R^2>0.8)$$

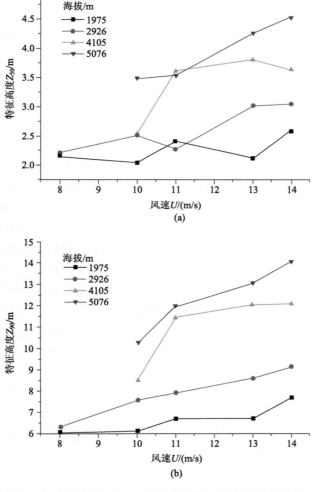

图 10-11　50%(a) 和 90%(b) 输沙特征高度与海拔的关系

当海拔和风速增高，相对衰减率 k 和蠕移比例 P_c 均降低，更多的沙粒会在更高处传输。k 和 P_c 具有极好的线性关系 (图 10-12)。因而，借鉴低海拔地区的传统防沙措施高度偏低，难以适用于青藏铁路。

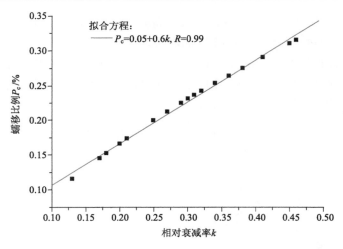

图 10-12　相对衰减率与蠕移比例间的关系

第二节　防护体系配置与效益分析

青藏铁路格拉段建设初期由于缺乏风沙观测资料,加之缺乏对青藏高原特有的高海拔低气压风动力所形成的风沙流机理的研究,对风沙运动规律和风沙流结构的判断仅凭低海拔地区的经验(凌裕泉等,1984),传统的防沙措施难以满足高寒环境防沙的要求(屈建军等,2001;吴正,2003),路堤阻碍原有的风沙流场(孙兴林等,2018),造成风蚀和新的积沙,设置的防沙措施防沙效果欠佳(图 10-13)。根据青藏铁路沿线风沙危害特征(Xie et al.,2017),与低海拔沙区相比,青藏高原低气压环境下沙粒起动风速增高、跃移高度增加,根据青藏高原这一风沙运动规律及风沙流结构的特征性的新发现提出,高海拔路段防护总的思路是增加铁路沿线工程防沙措施的布设高度,进而达到降低风速、抑制流沙的目的。为此,工程师和学者专门研发了高立式大方格沙障等防沙关键技术。根据沙害类型,青藏铁路沿线沙害包括流动沙丘型、河谷型和干湖盆型三种典型类型,工程师和学者分别提出了相应的防治模式和工程应用。

针对流动沙丘型沙害的红梁河路段(谢胜波等,2018),采用以阻(沙)、固(沙)为主、远阻近固、输导为辅的防治思路(图 10-14)。大面积流沙上设置 PE(Polythene)网高立式大方格沙障;铁路两侧外缘保留原有的高立式混凝土阻沙栅栏和新设置的 PE 网阻沙栅栏,内缘设置固沙带,前期采用半隐蔽式 PE 网方格状沙障,后期培育植被固沙;外缘和内缘之间的区域设置阻固结合带,前期采用高立式沙障工程措施进行阻沙,后期培育植被固沙,河床两岸设置夹角小于 30°的纵向导沙墙,从而形成综合防护体系。

针对河谷型沙害采用岸坡阻沙、岸面固沙的思路,以沱沱河路段为例,坡缘设置"T"形阻沙墙,岸坡坡面采用 PE 网大方格固沙,坡顶采用固沙障+植物措施阻截河谷沙源,固定坡顶,形成以工程措施为先导、生物措施为最终目的的综合防护体系(图 10-15)。

图 10-13 青藏铁路格拉段已基本失效的防沙措施

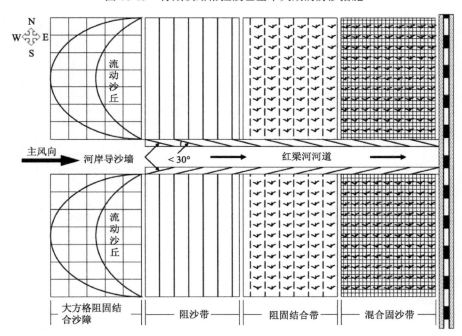

图 10-14 红梁河路段防沙体系示意图

针对以季节性干湖盆型沙害为主的措那湖路段，铁路两侧外缘设置阻沙带，采用高立式混凝土阻沙栅栏和 PE 网阻沙栅栏(或阻沙堤)；内缘设置固沙带，采用半隐蔽式方格状沙障和砾石、PE 网覆盖压沙(隐蔽沙障)；铁路西侧防护带宽度大于东侧；季节性干湖盆平沙地修建"U"形拦水防沙堤工程以水压沙；湖岸周边退化草地进行禁牧封育，辅助人工植被修复技术，加速植被恢复，形成一个集阻沙、固沙、压沙、封育为一体的综合防护体系(图 10-16)。

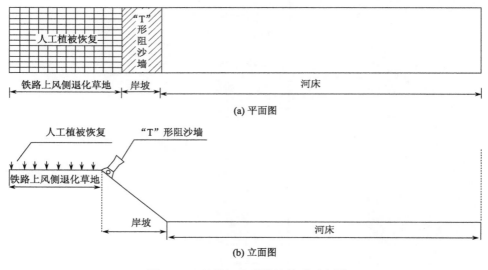

(a) 平面图

(b) 立面图

图 10-15　沱沱河路段防沙体系示意图

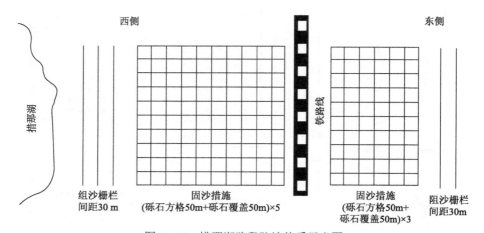

图 10-16　措那湖路段防沙体系示意图

1. 高立式大方格沙障防护效益

通过对孔隙度为 50%、材质为植物纤维网的高立式大方格沙障(高 1m,长×宽＝8m×8m)野外防风效益的观测(图 10-17)(2013 年在青藏铁路伏沙梁风沙路段实施,持续至今,稳定性好),结果表明:① 高立式大方格沙障显著削弱了地表风速,越接近地表,风速削弱效果越明显;沙障内 2 m 高处风速平均减弱了 33.0%,而 0.2m 高处风速平均减弱了 81.5%。② 高立式大方格沙障顶部以下的风速廓线偏离对数曲线;沙障顶部以上风速廓线保持对数曲线,其风速梯度明显大于对照组(图 10-18)。③ 高立式大方格沙障地表粗糙度比对照组增大了 44 倍(庞营军等,2014)。

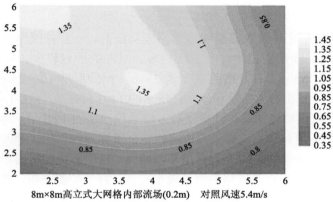

8m×8m高立式大网格内部流场(0.2m)　对照风速5.4m/s

图 10-17　高立式大方格状沙障防风观测

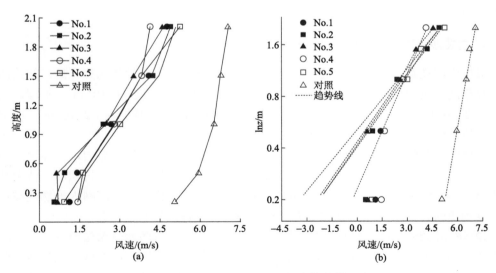

图 10-18　高立式大方格沙障风速廓线

(a)风速实测值与高度关系；(b)风速实测值与自然对数高度线性拟合关系

2. 阻沙栅栏防护效益

阻沙栅栏是 2005 年在青藏铁路全线沙害路段实施的,一直持续至今。通过野外调查发现,阻沙栅栏防沙效益明显。在红梁河路段,四道栅栏的总积沙量为 26.5 m³/m,除了第一道栅栏基本失效外,其他三道栅栏积沙量尚未达到第一道栅栏的 1/2,还可以继续使用。四道栅栏的积沙量呈指数递减,从这个规律可以计算出一道阻沙栅栏的阻沙效率约为 50%。若四道栅栏的积沙量全都达到第一道栅栏的量,则总积沙量可达到 52.0 m³/m。在措那湖路段,铁路西侧的四道栅栏总的积沙量为 150.9 m³/m,其中,靠近湖边的三道栅栏积沙厚度接近或达到 2 m,这三道栅栏总积沙量达到 149 m³/m,显示出栅栏巨大的拦截、阻滞沙物质的作用,其防沙效益得到充分发挥。

3. 石方格防护效益

石方格是 2005 年在青藏铁路全线沙害路段实施的,一直持续至今,方格内已形成稳定的凹曲面。与阻沙栅栏相比,石方格拦截、阻滞的沙量较少。在红梁河路段,靠近红梁河大桥南侧 185 m,石方格的宽度为 75 m,积沙厚度 10～25 cm,平均积沙厚度 14.97 cm,由此计算出石方格总积沙量:75 m×0.1497 m×1.26(系数)=14.1 m³/m。从积沙状况可以看出,四道栅栏的总积沙量是石方格总积沙量的 1.88 倍,考虑到还有三道栅栏的阻沙作用尚未发挥到最大,如果四道栅栏完全发挥阻沙作用,则四道栅栏的可能总积沙量是石方格总积沙量的 3.68 倍。在措那湖路段,铁路西侧四道栅栏的总积沙量是石方格总积沙量的 4.25 倍。但石方格的阻沙效率较高,野外监测表明,在阻沙栅栏配合作用下,石方格可以削减风沙活动强度到原来的 1/30,即输移出石方格的沙量仅为原来的 1/30,表明石方格有较高的阻沙效率。因此,青藏铁路的半隐蔽式方格状沙障,石方格使用最多、应用最广。

4. 主要沙害路段防沙体系的防护效益

根据中国铁路青藏集团有限公司统计,青藏铁路格拉段防沙体系建立后,线路清沙次数及年清沙量明显减少,2007～2009 年,每年累计清沙超过 $11×10^4$ m³。治理以来,尤其从 2010 年冬季以来,清沙次数显著减少,年累计清沙量减少到 $1.2×10^4$ m³。严重沙害地段风沙得到控制,重点路段沙害防治取得了良好效果。

(1)红梁河路段距离线路 50 m 范围内的石方格和低立式防沙网格内,天然植被覆盖度已恢复到 30%～40%,挡沙墙前后积沙区植被也全面恢复,桥头不再积沙。特别是自 2010 年沙源治理后(图 10-19),迎风向路基坡脚 30 m 范围低立式防沙网内天然植被目前已恢复到 40%,该段往年路基边坡大量积沙的情况已得到控制。

(2)沱沱河路段的主要风沙区占地面积 1.4 km²,在综合防沙体系作用下,该区域风力逐渐减小,因而线路附近积沙区不再积沙,原来积沙趋于固定;在低立式防沙网营造的小环境下,积沙区天然植被开始恢复,以前沱沱河桥头上沙掩埋道床和岔区的情况得到控制。通过人工种草,目前沱沱河路段主要风沙区植被覆盖度已恢复到 40%～45%(图 10-20)。

图 10-19 红梁河沙源治理(左图：2008 年治理前情况；右图：2010 年治理后情况)

图 10-20 沱沱河桥头及岔区治理后防沙网内植被恢复情况

(3)措那湖路段，采用以水压沙思路。通过低立式固沙障对沟沿坡面进行锁边；在其适当位置利用已有风积沙建造"U"形拦水防沙堤＋砾石压沙，通过水漫沙面方法固定干季湖面沙源，防止湖内淤积和就地起沙；对湖岸流动、半固定沙丘采用覆网法和化学

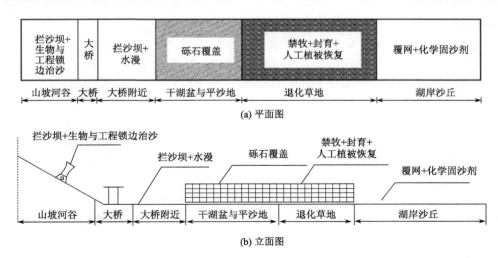

图 10-21 措那湖路段防沙体系设计示意图

材料等固沙措施进行固定；在湖周边设立禁牧网围栏，针对退化草地进行封育，辅助人工植被修复技术，加速植被恢复，构建了一个集防治坡面细沟侵蚀、阻沙、固沙与压沙为一体的综合防护体系(图 10-21)。工程实施后，由于人工水面以水压沙作用，该路段940#桥下人工围堰形成小水面，不再起沙。在原先设置的阻沙栅栏、石方格及 PE 网状方格内，天然植被也开始恢复(图 10-22)。

图 10-22　措那湖路段阻沙栅栏和防沙网格内植被恢复情况(2013 年)

参 考 资 料

董瑞琨, 许兆义, 杨成永. 2000. 青藏高原冻融侵蚀动力特征研究. 水土保持学报, 14(4): 12-16, 42.

冯连昌, 卢继清, 邸耀全. 1994. 中国沙区铁路沙害防治综述. 中国沙漠, 14(3): 47-53.

李良英, 石龙, 蒋富强, 等. 2016. 青藏铁路巴索曲特大桥沙害形成原因分析. 铁道学报, 38(12): 111-117.

李生宇, 雷加强, 徐新文, 等. 2020. 中国交通干线风沙危害防治模式及应用. 中国科学院院刊, 35(6): 665-674.

李生宇, 王德, 雷加强. 2005. 塔克拉玛干沙漠腹地路面沙害的空间分布研究. 干旱区地理, 28(1): 93-97.

凌裕泉, 金炯, 邹本功, 等. 1984. 栅栏在防止前沿积沙中的作用——以沙坡头地区为例. 中国沙漠, 4(3): 20-29, 59.

庞营军, 屈建军, 谢胜波, 等. 2014. 高立式格状沙障防风效益. 水土保持通报, 34(5): 11-14.

屈建军, 刘贤万, 雷加强, 等. 2001. 尼龙网栅栏防沙效应的风洞模拟实验. 中国沙漠, 21(3): 62-66.

孙兴林, 张宇清, 张举涛, 等. 2018. 青藏铁路路基对风沙运动规律影响的数值模拟. 林业科学, 54(7): 73-83.

王绍令. 1997. 青藏高原冻土退化的研究. 地球科学进展, 12(2): 55-58.

王训明, 陈广庭. 1997. 塔里木沙漠公路沿线机械防沙体系效益评价及防沙带合理宽度的初步探讨. 干旱区资源与环境, 11(4): 29-36.

吴正. 2003. 风沙地貌与治沙工程学. 北京: 科学出版社.

谢胜波, 屈建军. 2014. 青藏铁路沿线地形、气候、水文特征及其对沙害的影响. 干旱区资源与环境,

28(10): 157-163.

谢胜波, 喻文波, 屈建军, 等. 2018. 青藏高原红梁河风沙动力环境特征. 中国沙漠, 38(2): 219-224.

鱼燕萍, 肖建华, 屈建军, 等. 2018. 不同坡角公路路基流场的风洞实验. 中国沙漠, 38(3): 464-472.

鱼燕萍, 肖建华, 屈建军, 等. 2019. 两种典型高等级公路路基断面风沙过程的风洞模拟. 中国沙漠, 39(1): 68-79.

张克存, 牛清河, 屈建军, 等. 2010. 青藏铁路沱沱河路段流场特征及沙害形成机理. 干旱区研究, 27(2): 303-308.

张克存, 屈建军, 鱼燕萍, 等. 2019. 中国铁路风沙防治的研究进展. 地球科学进展, 34(6): 573-583.

Liu Z, Zhao W. 2001. Shifting-sand control in central Tibet. Ambio, 30(6): 376-380.

Nan Z, Li S, Cheng G. 2005. Prediction of permafrost distribution on the Qinghai-Tibet Plateau in the next 50 and 100 years. Science in China Series D: Earth Sciences, 48(6): 797-804.

Shen W, Zhang H, Zou C, et al. 2004. Approaches to prediction of impact of Qinghai-Tibet Railway construction on alpine ecosystems alongside and its recovery. Chinese Science Bulletin, 49(8): 834-841.

Sjursen H, Michelsen A, Holmstrup M. 2005. Effects of freeze-thaw cycles on microarthropods and nutrient availability in a sub-Arctic soil. Applied Soil Ecology, 28(1): 79-93.

Wang G, Yao J, Guo Z, et al. 2004. Changes in permafrost ecosystem under the influences of human engineering activities and its enlightenment to railway construction. Chinese Science Bulletin, 49(16): 1741-1750.

Wu Q, Shi B, Fang H Y. 2003. Engineering geological characteristics and processes of permafrost along the Qinghai-Xizang (Tibet) Highway. Engineering Geology, 68(3-4): 387-396.

Xie S B, Qu J J, Han Q J, et al. 2020. Experimental definition and its significance on the minimum safe distance of blown sand between the proposed Qinghai-Tibet Expressway and the existing Qinghai-Tibet Railway. Science China Technological Sciences, 63(12): 2664-2676.

Xie S B, Qu J J, Wang T. 2018. Wind tunnel simulation of the effects of freeze-thaw cycles on soil erosion in the Qinghai-Tibet Plateau. Sciences in Cold and Arid Regions, 8(3): 187-195.

Xie S, Qu J, Lai Y, et al. 2015. Formation mechanism and suitable controlling pattern of sand hazards at Honglianghe River section of Qinghai-Tibet Railway. Natural Hazards, 76(2): 855-871.

Xie S, Qu J, Pang Y. 2017. Dynamic wind differences in the formation of sand hazards at high-and low-altitude railway sections. Journal of Wind Engineering and Industrial Aerodynamics, 169: 39-46.

Xue-Yong Z, Sen L, Chun-Lai Z, et al. 2002. Desertification and control plan in the Tibet Autonomous Region of China. Journal of Arid Environments, 51(2): 183-198.

Yang M X, Yao T D, Gou X H, et al. 2007. Diurnal freeze/thaw cycles of the ground surface on the Tibetan Plateau. Chinese Science Bulletin, 52(1): 136-139.

Yang M, Wang S, Yao T, et al. 2004. Desertification and its relationship with permafrost degradation in Qinghai-Xizang (Tibet) plateau. Cold Regions Science and Technology, 39(1): 47-53.

第十一章　兰新高铁戈壁特大风区风沙灾害形成机理及防沙技术研究

　　兰新高速铁路东起甘肃省兰州市，西至新疆乌鲁木齐市，横跨甘肃、青海和新疆三省(区)，全长 1776 km，是我国《中长期铁路网规划》的重点项目之一，也是"一带一路"倡议实施的重要交通保障。2014 年 12 月 26 日全线正式开通运营。兰新高铁的开通极大地改善了西北地区交通运输条件，完善了全国高速铁路运输网络，对促进西北地区经济和社会可持续发展与东部发达地区同步全面建成小康社会起到重要作用。兰新高铁是我国首条穿越戈壁特大风区的高速铁路，自东向西途经安西风区、烟墩风区、百里风区、三十里风区和达坂城风区等五大风区风区总长度占全线总长的 32.8%。在新疆段内，该比例高达 64.8%，大风区路段长达 462.41 km，风沙路基主要集中于烟墩风区和百里风区，长达 195.1 km（图 11-1），大风区风沙灾害是高铁安全运营所面临的首要问题(蒋富强等，2010；Cheng et al.，2015；李晓军和马学宁，2017；谭立海等，2018；王涛，2018；Huang et al.，2019)。

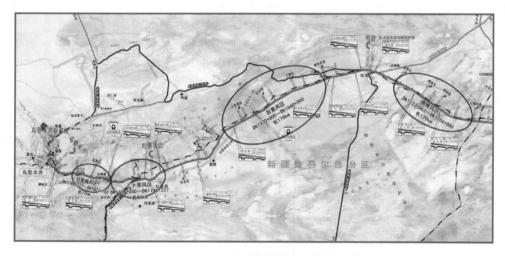

图 11-1　兰新高铁新疆段大风区位置图

第一节　沿线戈壁大风区风沙危害

一、风沙活动特征与危害

　　大风地区是指极大风速小于 40 m/s，又可能出现大于等于 32.6 m/s 的 12 级大风，地表有风蚀、风积地貌发育，砾浪零星分布的地区。而特大风区指极大风速大于 40 m/s，地表风蚀风积地貌明显发育，砾浪呈大片分布的地区（杨根生等，1976；杨根生和丛自立，1984）。兰新高铁途经的五大风区均属于大风频发区（多年平均大风日数大于 100 天）和多发区（多年平均大风日数 50～100 天）（李耀辉等，2004；张新军等，2019），具有风速高、风期长、季节性强、风向稳定和起风速度快等特点（葛盛昌和蒋富强，2009；拉有玉等，2010），其中百里风区多年平均大风日数达 206 天，极大风速达 64 m/s，三十里风区和达坂城风区多年平均大风日数达 148 天，极大风速也在 60 m/s 以上，均属于特大风区（李耀辉等，2004；高婧，2010）。特大风区多分布在山前谷口及其下风侧，地表类型以戈壁为主，在大风作用下，极易形成戈壁风沙/砾流，给道路交通设施产生极大的破坏作用。

（一）兰新高铁沿线风沙危害

风沙对兰新高铁线路及其旧有防护设施的危害表现为：一是风沙流在挡风墙迎风侧遇阻堆积[图 11-2(a)]；二是积沙越过挡风墙造成道床积沙严重[图 11-2(b)]；三是路堑积沙严重，清沙难度大[图 11-2(c)]；四是防沙措施效果不理想[图 11-2(d)]。

图 11-2　兰新高铁线路积沙情况

(a) 挡风墙外侧积沙; (b) 挡风墙后轨道积沙; (c) 路堑道床板边缘积沙; (d) 防沙体系内积沙

一般沙漠地区沙丘广布、地形起伏大，不利于气流加速，风力较小，地表以流沙为主，反映在地表微形态上也多为沙波纹[图 11-3(a)]。而戈壁特大风区，多分布在山前冲、洪积倾斜平原区，其上风向多有山脉垭口、沟谷等地形，气流受"狭管效应"和"下坡效应"作用，风力强劲，地表以砾石为主，反映在地表微形态上多为砾浪[图 11-3(b)]；二者环境要素差异极大（图 11-4）。由于原有防护体系设置时缺乏对戈壁特大风区风沙/砾起动、释放和传输过程与规律的认识，现有的防沙措施已很难满足高速铁路，特别是途经特大风区的高速铁路的风沙防护要求，从而造成防护效果不佳，导致铁路道床板边缘及铁轨板出现严重积沙现象[图 11-2(b)]，直接威胁线路运营安全。2015 年中国铁路总公司科技部会同运输局工务部制定了"兰新铁路新疆段挡风墙下部开口疏导线路积沙试验方案"，拆除挡风墙下部水泥板，试图加大风力吹净道床积沙。试验结果表明该方法不仅未能清除道床积沙，反而风沙流受道床阻挡，导致积沙更加严重(图 11-5)。

经长期野外调查和观测，总结出兰新高铁戈壁特大风区风沙环境与风沙活动特征主要表现为以下四个方面。

1. 干旱少雨、地表裸露、多寒潮大风

戈壁特大风区属典型的温带大陆性干旱气候，干旱少雨，年平均降水量不足 50 mm，年蒸发量在 4000 mm 以上，地表荒芜，大部分地段基岩裸露，呈砾漠、岩漠地貌景观，沿线大风天气主要发生在春、夏两季(3~8 月) (图 11-6)，多伴随寒潮出现。春季，冷空气在北疆集结南下，这时南、北疆温度和气压差大，加之地表缺少覆盖、粗糙度低、阻力小等因素影响，容易形成大风天气。烟墩风区多年平均大风日数 72 天，年平均风速 4.6~5.2 m/s，最大定时风速 28 m/s，瞬时最大风速 35 m/s，年输沙势 264.21 VU[图 11-7(a)]，属于中风能环境；百里风区多年平均大风日数 208 天，年平均风速 6.4~6.9 m/s，最大定时风速 46.6 m/s，瞬时最大风速 64 m/s，年输沙势 1129.41 VU[图 11-7(b)]，属高风能环境。

图 11-3　兰新高铁沙漠地表沙波纹(a) 和戈壁地表砾浪(b)

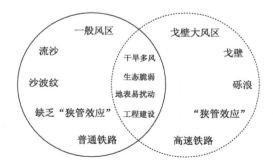

图 11-4　兰新高铁戈壁特大风区风沙环境的特殊性

(a) 下部未开口　　　　　　　　　　　　　(b) 下部开口

图 11-5　挡风墙下部开口疏导线路积沙对比试验图

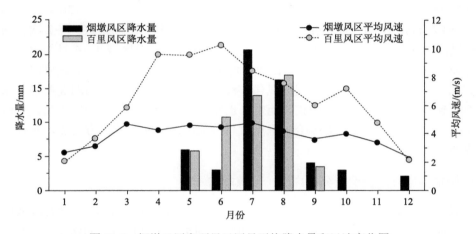

图 11-6　烟墩风区和百里风区月平均降水量和风速变化图

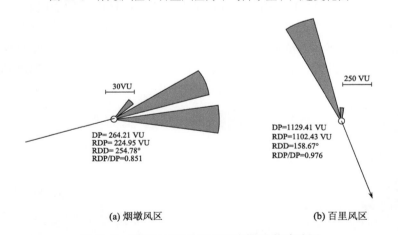

(a) 烟墩风区　　　　　　　　　　　　　(b) 百里风区

图 11-7　烟墩风区和百里风区年输沙势玫瑰图

2. 复杂地形广布、"狭管效应"显著、风力强劲

兰新高铁沿线烟墩风区、百里风区地处哈密盆地戈壁，地理位置接近欧亚大陆中心，

又由于地势低下，处于天山的雨影区及欧亚"旱极"，尤其是冬半年的天气受西伯利亚–蒙古高压控制，空气极端干燥，夏季多干热风，春季大风频繁，是中国的干旱中心和全国著名的大风灾害区。兰新高铁沿线烟墩风区全年盛行北风、西北风和东北风，春季大风最为频繁，风蚀风积现代地貌过程强烈(陈曦，2010)。本区大风的形成与寒潮过程境和复杂地形密切相关，山地隘口对风速影响极大，常常形成"狭管效应"，当气流通过隘口、峡谷时流线加密，风速增强，风力增大1~2倍。吐鲁番盆地处在东天山南侧山前，东天山的多个大风口在盆地形成有三大风区。"百里风区"有两支通往哈密盆地的山口：一支由天山北坡母家地沟、齐城子南上，越奥塔尔拉山，沿天山南坡西盐池、碱泉子，到达红旗坎车站；另一支沿天山色泌口、岌岌太子，越山达七角井，到达十三间房车站，以及"南湖戈壁风区"。"百里风区"年8级以上大风日和风速为全国之冠，七角井年均大风日88天，平均风速为4.8~5.0 m/s，十三间房一带年均大风日136天，平均风速达9.3~13.2 m/s，瞬间风速达40.0 m/s以上，在4~5月，每年都发生1~2次；南湖戈湖戈壁风区，年均大风日100天左右，平均风速5.0 m/s。该区域4~6月的大风常常带来沙暴和浮尘天气，哈密盆地沙尘暴日数平均13.4天，浮尘日20.0天；红柳河年平均沙暴1.8天，6~7月常有干热风过程出现(陈曦，2010)。东北风通过南湖戈壁进入库如克果勒谷地到沙尔湖东西向延伸的狭长地带，也发生"狭管效应"的加速作用，形成另一个大风区。第三支是经天山支脉哈尔里克山与马鬃山之间隘口的北方气流，东灌到达烟墩形成烟墩大风区。

3. 山前平原红层假戈壁分布广泛、沙源丰富

红层假戈壁主要分布在沙害最为严重的 K2810~K2820 路段，占附近区域面积的65.48%，地表大部分为砾石覆盖，下伏土质疏松的第三纪红层[图 11-8(a)]，其次为地面直接裸露的红层残丘[图 11-8(b)]，这种地面占附近区域面积的29.24%。该区域的新构造运动具有明显的上升趋势，红层长期出露地表，在强烈的风蚀作用下，形成残丘和红层假戈壁。地表裸露、无植被生长，颗粒极细，分选性差，细沙和极细沙占35.42%，非常容易起沙，导致此路段积沙最为严重。在阻沙栅栏两侧平均积沙厚度超过 1 m[图 11-2(d)]。

图 11-8　兰新高铁沿线分布的第三纪红层(a) 和红层残丘(b)

4. 风水两相营力作用、干河床发育、局部风沙严重

哈密盆地气候干旱，降水稀少，但受天山冰雪融水和突发性阵水的影响，时有洪水发生，广泛发育的南北向干河床[图11-9(a)]也常常成为山谷风的重要通道，由于其方向近于垂直铁路线，干河床沙物质被风二次搬运至岸边[图11-9(b)]，在挡风墙处形成积沙堆积，甚至越过挡风墙造成路轨积沙，威胁行车安全[图11-2(a)]。挡风墙积沙严重处厚度达1 m，积沙主要为极细沙、细沙和中沙，所占百分含量为78.94%，平均粒径为2.58 Φ。

图11-9　兰新高铁沿线分布的干河床(a)和被二次搬运至防风墙处的沙物质堆积(b)

(二) 戈壁特大风形成机理

为了更好地揭示气流的"下坡效应"和"狭管效应"，2017年4月在百里风区天山山脉七角井垭口下风向，开展了近地表三维风速流场断面观测。七角井洪积扇位于91°34′50″E，43°32′03″N，扇顶海拔1099 m，扇缘海拔875 m，相对高差224 m，扇顶至扇缘最大距离为11.8 km，扇面纵比降约为23/1000。如图11-10(a)所示，分东、中、西三条断面对扇面不同位置的风速进行移动观测。十三间房沟谷位于七角井洪积扇下风向，近南北走向(349.69°)，地理坐标91°42′25″E，43°14′16″N，兰新高铁从该沟谷下风向穿过，沟口与高铁穿越点之间相距21 km，沟口处海拔918 m，高铁穿越处海拔589 m，相对高差329 m。如图11-10(b)所示，自沟口至高铁穿越点对不同位置气流速度进行了断面观测。

结果发现，沿七角井垭口翻越天山山脉的北方冷空气，在"下坡效应"作用下沿洪积扇俯冲加速，自扇顶至扇缘中下部水平风速最大可增加2.4倍(图11-11)。下风向沟谷地形的"狭管效应"使气流速度再次增加1.46倍(图11-12)。以上观测结果说明，冷空气在翻越天山后，不仅受垭口、沟谷等地形的"狭管效应"作用，同时，气流在沿坡面俯冲下沉过程中，随海拔的降低，受"下坡效应"影响，势能转变为动能，风速再次增大。因此，当冷空气到达铁路沿线时，风力特别强劲。同时，盆地对空气有明显的加热作用，它的温度高于四周，当冷空气入侵时形成巨大温差，也加大了原来的气压梯度，使之形成持久的大风。因此，戈壁大风区复杂地形对气流的加速作用是铁路沿线大风频发的重要原因。在这种独特的地貌格局和气候条件的控制作用下，往往对铁路造成特大风沙灾害。

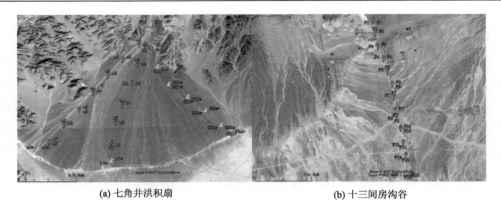

(a) 七角井洪积扇　　　　　　　　　　　　　　(b) 十三间房沟谷

图 11-10　三维风速野外观测断面布设图

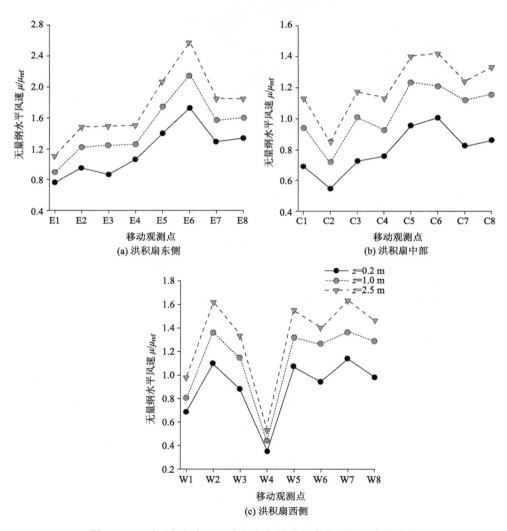

(a) 洪积扇东侧　　　　　　　　　　　　　　(b) 洪积扇中部

(c) 洪积扇西侧

图 11-11　不同高度水平风速沿七角井洪积扇观测断面变化曲线

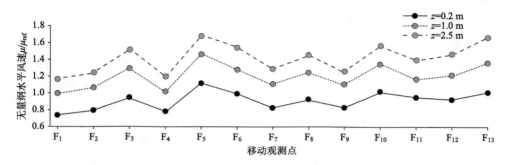

图 11-12　不同高度水平风速沿十三间房沟谷观测断面变化曲线

二、戈壁特大风区沙/砾传输过程与规律

(一) 风沙/砾流垂直分布特征野外观测

挟沙气流中沙粒在搬运层内随高度的变化称为风沙流结构(Ni et al., 2003; Shao, 2005; Dong et al., 2012; Lv and Dong, 2014; Lv et al., 2016),它反映了不同高度气流的输沙强度,是选取防沙工程措施的重要依据(吴正, 2010)。为观测戈壁特大风地区风沙/砾流中输沙/砾通量随高度增加的分布规律,在兰新高铁烟墩风区烟墩段和百里风区红层段设置了全方位梯度集沙塔。2018 年 1~12 月输沙通量观测结果表明,在戈壁特大风地区输沙高度高达 9 m,虽然百里风区较烟墩风区风力更为强劲,但百里风区为砾质戈壁、地表砾石覆盖度高、沙源相对不足,而烟墩风区为沙砾质戈壁、地表砾石覆盖度低、沙源丰富,因此,百里风区不同高度输沙/砾通量均小于烟墩风区。对两个观测点输沙率随高度变化进行线性拟合,发现输沙率随高度的增加呈指数递减,其拟合方程如下:

$$Q_z = a + be^{-cz} \tag{11-1}$$

式中,Q_z 为高度 z 处的年输沙率[g/(cm·a)];z 为高度(m);a、b 和 c 为拟合系数。烟墩风区拟合曲线拟合度 R^2= 0.976,显著性水平 P< 0.01;百里风区拟合曲线拟合度 R^2= 0.997,显著性水平 P< 0.0001(图 11-13)。

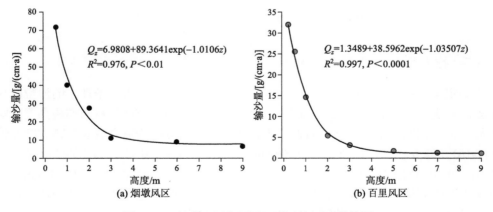

图 11-13　烟墩风区和百里风区风沙/砾流结构图

通过对烟墩风区和百里风区不同高度沙砾颗粒级配（图 11-14）及平均粒径 M_z（图 11-15）分析认为，烟墩风区风沙流跃移层高度为 2 m，百里风区风沙/砾流跃移层高度为 3 m，来自跃移层的沙/砾是戈壁特大风区铁路沙害的主要来源。另外，百里风区沙/砾粒径粗于烟墩风区，跃移层内含有细砾（粒径> 2 mm）和极粗沙（粒径 1～2 mm）。

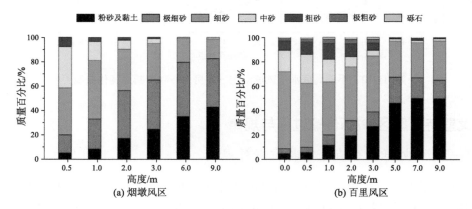

图 11-14　烟墩风区和百里风区不同高度沙/砾颗粒级配图

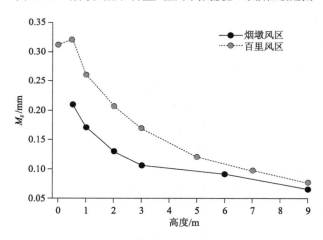

图 11-15　烟墩风区和百里风区不同高度沙/砾平均粒径

（二）特大风条件下的沙粒弹跳高度模拟实验

为确定戈壁特大风区防沙措施的设置高度，我们开展了特大风条件下的沙粒跃移模拟试验，测定了不同粒径沙粒在不同风速以及与不同仰角砾石碰撞后的弹跳高度。实验结果显示，在相同风速和相同砾石仰角下，沙粒越粗与砾石碰撞之后的弹跳高度 h 越大（图 11-16），即 $h_{粗沙} > h_{中沙} > h_{细沙}$。在 50 m/s 风速下，粗沙、中沙、细沙的弹跳高度均超过 3 m；30 m/s 风速下，粗沙和中沙弹跳高超过于 2 m，细沙弹跳高度超过 1.5 m。在相同风速下，砾石仰角对各粒级沙粒弹跳高度均有一定影响，但无明显变化规律，说明在戈壁大风区，沙粒与不同形状砾石碰撞后弹跳高度差别较大。

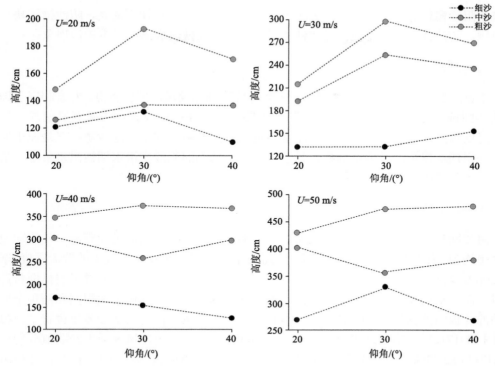

图 11-16　不同实验风速(U)下的沙粒弹跳高度曲线图

同一粒级沙粒相同风速时，对不同砾石仰角下的弹跳高度 h 取平均值，然后对不同粒级沙粒弹跳高度平均值与风速之间进行线性拟合(图 11-17)，得到细沙、中沙和粗沙在不同风速下的弹跳高度计算经验公式，具体如下：

$$h_{细沙} = -5.8667 + 5.1700u \tag{11-2}$$

$$h_{中沙} = -19.3490 + 7.2516u \tag{11-3}$$

$$h_{粗沙} = -19.2500 + 9.4417u \tag{11-4}$$

式中，$h_{细沙}$、$h_{中沙}$、$h_{粗沙}$ 分别为细沙、中沙、粗沙的弹跳高度(m)；u 代表风速(m/s)；式 (11-2)～式(11-4)拟合系数 R^2 分别为 0.745、0.728 和 0.991。

结合野外观测和室内模拟试验结果认为，百里风区沙粒跃移层高度大于 3 m，烟墩风区沙粒跃移层高度大于 2 m。据此，在兰新高铁工程防沙设计时，百里风区阻沙措施高度应不低于 3 m，烟墩风区应不低于 2 m。

第二节　特大风区线路防护体系

一、防护技术原理

兰新高铁建设初期根据以往普通铁路的防沙经验设置了挡风墙、石方格和"Z"形高立式阻沙栅栏等。但因特大风区地形复杂，风沙/砾运动规律不清楚，防沙措施缺乏统筹兼顾，防沙体系效果不佳，导致铁路道床板边缘及铁轨板出现严重积沙现象。

(一)防治思路

根据兰新高铁沿线大风分布特征和沙/砾传输规律及风沙危害特点，专家制定了抑制风速—固截沙源—疏导沙/砾的综合防治思路。一是在前沿设置逐级减弱风速的防护工程，降低风速，阻截沙源；二是在路基附近设置固沙障，固定就地沙源；三是在干河床附近采用通达岸坡的直线形栅栏，导沙入河，使风季的积沙在洪水期被洪水带走，最终形成"远降风阻沙导沙，近固沙"的综合防护体系。

(二)材料选择

阻尼网是风洞稳定段的重要设备，其能够对稳定段中的气流进行整流，使流动速度剖面更均匀，而且可进一步捣碎蜂窝器后面的漩涡，以减少稳定段气流的湍流强度(李强等，2009；刘宗政等，2010)。基于风洞内阻尼网的整流设计原理，即通过多层格栅将湍流整成平流，从而减弱其动力源，为此我们设计了两排栅栏，筛选了编织网和两种金属材料的冲孔板阻沙栅栏[图11-17(a)和11-17(b)]，并在风洞内对其防沙效果进行了模拟实验[图11-17(c)]。实验结果表明，编织网和冲孔板栅栏下风向风速最大减弱值分别达到70.81%和82.53%，其中编织网栅栏下风向气流湍流强度降低50%以上；两种冲孔板阻沙栅栏的阻沙效率分别高达86.68%和86.61%(Wang et al.，2018)。同时，为清除现有防护体系内部积沙，我们还研发了一种以风积沙为填料、以镁质胶凝剂为黏结剂压制而成的固沙板，固沙板经组合成为可升降式固沙障[图11-18(b)]，兼具固沙和阻沙的双重功能。风洞实验结果表明，在0、10%和20%疏透度时，镁质胶凝剂基固沙障的固沙效率分别为67.79%、87.62%和94.56%(王涛，2018)。

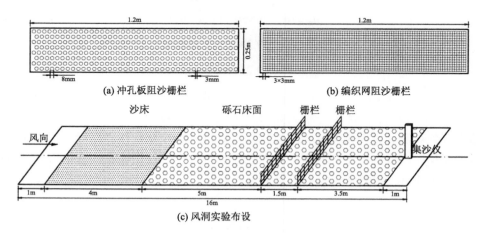

图 11-17　双排阻沙栅栏风洞模拟实验布设图

图 11-18　兰新高铁沿线现有砾石方格固沙障沙埋严重而失效(a)和改进后的
可提升式镁质胶凝剂基固沙障(b)

二、防护体系构建

兰新高铁沙害最严重区段主要分布在烟墩风区，通过野外调查和观测发现，烟墩风区受沙害影响的路段包括 K2860-K2870、K2820-K2840、K2810-K2817，这三个积沙路段占烟墩风区路段全长的 57%（高扬等, 2018）。其中，K2810-K2817 段积沙尤为严重（图11-19）。

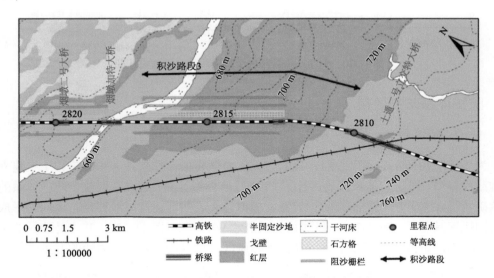

图 11-19　兰新高铁烟墩风区积沙严重路段风沙地貌图

根据 K2810-K2817 路段风况及地形特征，我们在此建立了多排前沿阻沙带加高立式大网格固沙带的综合工程防沙体系（图 11-20）。阻沙带包括 3 排阻沙栅栏，第一排阻沙栅栏位于铁路上风向 220 m 处，为有效降低风速，则使用钢制冲孔板栅栏，根据戈壁特大风区沙/砾跃移高度，栅栏高度设置为 3 m，孔隙度为 45%；第二排和第三排栅栏分别位于铁路上风向 160 m 处和 100 m 处，为有效降低气流湍流强度和拦截沙量，使用铁制编织网栅栏，栅栏高 2 m，孔隙度同样为 45%。在阻沙带下风向 15 m 处，即铁路上风向 85 m 处，设置高立式大网格固沙障固沙带。因为铁路附近戈壁地表就地起沙量小，因此固沙带应兼具阻沙和固沙的双重功能，高立式大网格固沙障既可拦截上风向来流所挟沙/砾，使过境沙/砾沉降在沙障内，又能固定就地沙源。利用现有防护体系内部风积沙，制成镁水泥基固沙障，达到了以沙治沙的目的。沙障高度设置为 0.8 m，高于烟墩风区沙粒的平均跃移高度（王涛，2018），沙障规格为 3 m×3 m，固沙带宽度根据地形条件为 50～70 m，沙障疏透度为 20%。

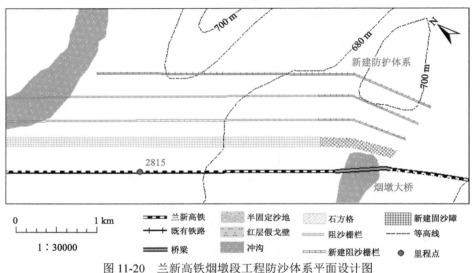

图 11-20　兰新高铁烟墩段工程防沙体系平面设计图

三、防护体系防护效益

（一）数值模拟

为了解防护体系的防风效益，我们在流体力学模拟计算软件 ANSYE 12.1 中建立了二维线性模型，对防护体系流场进行了 CFD 数值模拟计算，通过获取整个防护体系的流场精确特征，来分析和判断其防护效益。模拟结果表明，三排阻沙栅栏下风向均形成了大范围风速减弱区（图 11-21），风速最大减弱达 90% 以上（图 11-22），其也是沙粒的主要沉降区；固沙带沙障高度以下区域几乎为静风区，可以起到阻沙和固沙的双重作用。

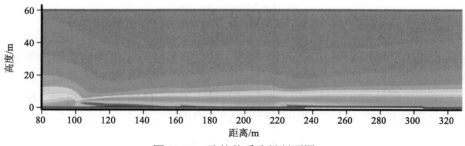

图 11-21　防护体系流场断面图

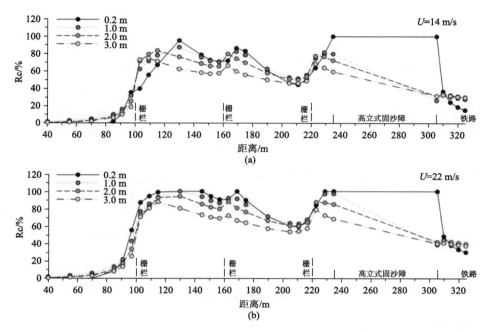

图 11-22　栅栏高度以下各层气流流速沿防护体系减弱率曲线

(二) 野外观测

为验证防护体系的防沙效益，我们在已建成的前沿阻沙带上风向和下风向开展了输沙量短期观测，观测时间为 2018 年 1 月 19 日～3 月 18 日，共两个月。观测期内共出现 6 次强风天气过程，平均风速均大于当地起沙风速，且每次大风持续时间较长（表 11-1）。观测结果显示，阻沙带下风向输沙量降低 87.87%（图 11-23）。

表 11-1　观测期内 6 次强风天气过程概况

起始时间	持续时长	平均风速/(m/s)	10 分钟平均最大风速/(m/s)	最大阵风风速/(m/s)	风向
1.03 08:30～1.04 05:40	21 小时 40 分	12.66	16.25	21.17	ENE-E
1.23 22:20～1.24 18:40	20 小时 20 分	10.42	13.68	17.66	ENE-E
1.25 03:50～1.25 22:20	18 小时 30 分	9.13	11.26	15.17	ENE-E
1.26 23:20～1.29 01:10	50 小时 50 分	11.99	18.79	24.54	ENE-E
2.18 07:30～2.18 16:30	09 小时 00 分	9.66	12.20	15.34	ENE-E
3.14 09:10～3.16 13:50	53 小时 40 分	12.90	17.96	26.53	ENE

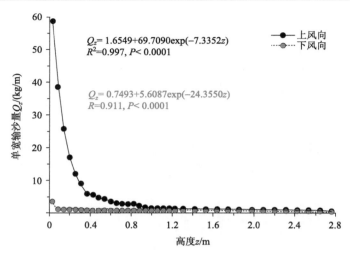

图 11-23　阻沙带上风向和下风向单宽输沙量随高度变化曲线

参 考 文 献

陈曦. 2010. 中国干旱区自然地理. 北京: 科学出版社.

高婧. 2010. 新疆大风时空变化特征及环流背景研究. 兰州: 兰州大学.

高扬, 张伟民, 谭立海, 等. 2018. 兰新高铁烟墩大风区风沙地貌制图与风沙灾害成因. 中国沙漠, 38(3): 500-507.

葛盛昌, 蒋富强. 2009. 兰新铁路强风地区风沙成因及挡风墙防风效果分析. 铁道工程学报, 26(5): 1-4.

蒋富强, 李荧, 李凯崇, 等. 2010. 兰新铁路百里风区风沙流结构特性研究. 铁道学报, 32(3): 105-110.

拉有玉, 李永乐, 何向东. 2010. 兰新铁路第二双线防风技术及工程设计. 石家庄铁道大学学报(自然科学版), 23(4): 104-108.

李强, 李周复, 陈永魁. 2009. 风洞阻尼网周边拉力分析与计算. 航空计算技术, 39(6): 30-32, 36.

李晓军, 马学宁. 2017. 戈壁铁路挡风墙背风侧流场特征与积沙形态研究. 高速铁路技术, 8(1): 38-43.

李耀辉, 张存杰, 高学杰. 2004. 西北地区大风日数的时空分布特征. 中国沙漠, 24(6): 55-63.

刘宗政, 陈振华, 彭强, 等. 2010. 基于平面丝网气动载荷的风洞阻尼网设计. 机械制造, 48(5): 25-27.

谭立海, 张伟民, 边凯, 等. 2018. 兰新高铁烟墩风区戈壁近地表风沙流跃移质垂直分布特性. 中国沙漠, 38(5): 919-927.

王涛. 2018. 兰新高铁戈壁大风区风沙灾害形成机理及防治研究. 北京: 中国科学院大学.

吴正. 2010. 风沙地貌与治沙工程学. 北京: 科学出版社.

杨根生, 丛自立. 1984. 鉴别风力的一种地貌标志——砾浪. 新疆环境保护, 7(4): 35-39.

杨根生, 贺大良, 丛自立. 1976. 铁路工程师地质手册. 北京: 人民交通出版社.

张新军, 潘新民, 刚赫, 等. 2019. 兰新铁路第二双线大风规律及影响分析. 陕西气象, (2): 21-27.

Cheng J, Jiang F, Xue C, et al. 2015. Characteristics of the disastrous wind-sand environment along railways in the Gobi area of Xinjiang, China. Atmospheric Environment, 102: 344-354.

Dong Z, Lv P, Zhang Z, et al. 2012. Aeolian transport in the field: A comparison of the effects of different surface treatments. Journal of Geophysical Research: Atmospheres, 117(D9): 210.

Huang N, Gong K, Xu B, et al. 2019. Investigations into the law of sand particle accumulation over railway subgrade with wind-break wall. The European Physical Journal E, 42(11): 1-10.

Lv P, Dong Z, Ma X. 2016. Aeolian sand transport above three desert surfaces in northern China with different characteristics (shifting sand, straw checkerboard, and gravel): field observations. Environmental Earth Sciences, 75(7): 1-9.

Lv P, Dong Z. 2014. The status of research on the development and characteristics of mass-flux-density profiles above wind-eroded sediments: a literature review. Environmental Earth Sciences, 71(12): 5183-5194.

Ni J R, Li Z S, Mendoza C. 2003. Vertical profiles of aeolian sand mass flux. Geomorphology, 49(3-4): 205-218.

Shao Y. 2005. A similarity theory for saltation and application to aeolian mass flux. Boundary-layer Meteorology, 115(2): 319-338.

Wang T, Qu J, Ling Y, et al. 2018. Shelter effect efficacy of sand fences: a comparison of systems in a wind tunnel. Aeolian Research, 30: 32-40.

第十二章　沙质海岸与岛屿风沙危害防治

沿海是我国三大风速高、大风多的区域之一。我国海岸线总长度 18000 多千米，其中沙质海岸近 3000 km。风沙灾害频繁，出现沙丘的沙质海岸长度约 585 km，风沙区面积约 1755 km²。除江苏省以泥质海岸为主外，其余沿海各省(自治区、直辖市)的海岸均有风沙问题，其成因与海滨海成阶地或海成沙堤(沙洲)的沙质沉积物受风力吹扬有关。

我国海岸风沙的特点是：① 从北方温带半湿润地区的海滨，直到南方亚热带及热带湿润地区海滨都有分布，特别是海南岛西南热带稀树草原表现最为显著，其分布位置大部分是在河流入海口旁侧，与河流泥沙搬运到河口，再由波浪和海流作用推回到海岸有关，这些海岸沉积沙即成为海滨风沙的物质基础。② 海岸沙堆积和海岸风成沙丘与当地的风况、沙源及形成沙丘所需的地形空间有关。一是海岸带有丰富的沙质沉积物；二是有强劲、恒定的海风作用；三是平坦的海岸坡度、中等潮差，形成宽广的海滩。③ 从气候条件说，沿海土地较为湿润，海岸风沙的形成固然与上述自然因素有关，也与人为活动对生态环境的破坏有密切联系。④ 海岸沙丘砂的粒级是中细砂(平均粒径 0.4~2.2ϕ)，平均值为 1.5ϕ，相当于 0.35 mm(朱震达等，1995)，比西北沙漠沙大一个量级；其成分除陆源碎屑外，还有一定量的海相贝壳碎屑。

在中国漫长的海岸线上，新的海港建设、旅游景点开发以及相关工程设施施工过程中或建成后，都不同程度地存在风沙危害。海岸风沙危害除具有一般风沙运动的共性外，还具有其独特的环境特征，加之潮汐作用、海浪的冲刷和台风的严重威胁，以及海水对防沙材料的浸蚀，其防治更加复杂和困难。因此，对海岸风沙危害特点及其防治措施的试验研究，不仅具有重要的理论意义，而且对于当地经济发展和加强海防建设都具有十分重要的现实意义。我们以华南热带海岸地区为研究平台，在前人工作的基础上，对该地区的海岸风沙危害防治进行了研究，内容包括风沙危害的特点、成因、防护体系的组成、配置以及效益观测等。

第一节　海岸风沙运动规律研究

国外海岸带防风沙早在 100 多年前就已开始，我国海岸带防风沙始于 20 世纪 50 年代，且主要限于风暴潮位线以上 500~1000m 的滨海陆地进行植树造林，长期以来对潮上带和潮间带的风沙活动和应采取的技术措施一直无人问津，沙丘海岸的风沙危害问题未能得到很好的解决(图 12-1)。该研究根据华南海滩湿润沙面风沙运动规律、沙丘海岸带风沙活动的形成条件、特征及致害类型和方式，按照因害设防、因地制宜的防治原则，提出以阻为主，阻固结合，以工程措施为先导，最终以生物措施替代工程措施的防沙思路，采用在潮间带设置防浪拦沙堤，堤后高潮线以上、风暴潮线以下的缓坡流沙区设置尼龙网和栽植禾本狗牙根，流沙和设施区交接的陡坡喷洒固沙剂、两侧设置阻沙栅栏，设施区地面覆网、黏土掺和、喷洒固沙剂和两侧设置防沙栅栏等一系列技术措施，构成了一个集防浪拦沙、阻沙、固沙与输沙为一体的综合防护体系。这样不仅保护了设施区，而且使周边区域的环境得到改善，取得良好的生态效益，其中，海滩区红树林幼苗的出现，高潮位附近禾本狗牙根的成功引种，更为未来防止海水和大风向海岸输沙与抗海浪和风暴潮袭击展示了新的前景。本项研究填补了我国沙丘海岸风沙危害防治研究的空白，对我国不同气候带沙丘海岸风沙危害的防治具有重要的示范、借鉴和推广意义。

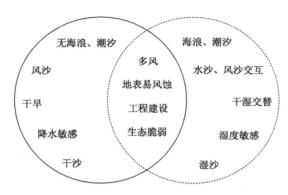

图 12-1　海岸带与内陆沙漠地区风沙环境对比

一、材料与方法

起动实验用沙取自广东省南部的海滩和前丘交互带。为了除去可溶性盐和有机质，沙被清水洗净并经烘烤，筛分后获得 6 个粒径范围：0.1～0.125mm、0.125～0.15mm、0.15～0.2mm、0.2～0.3mm、0.3～0.4mm、0.4～0.5mm。实验在中国科学院沙漠与沙漠化重点实验室的直流吹气式风洞中进行，风洞总长 37.8m，16.2m 长的工作段横截面为 1.0m×0.6m。风速在 2～40m/s 连续可调。在湿沙起动实验中，长 0.56m、宽 0.37m、深 0.02m 的沙盘被放置在风洞测试段下风向 12.0m 处。沙盘上风向的风洞底用和沉积物相似粗糙度的砂纸覆盖。沙盘被喷雾弄湿，覆盖有机玻璃片，并放置 24h 以达到平衡状态。湿沙样被风干不同长度的时间，直到它们的起动摩阻风速在风洞中被测量。为了粘住起动的沙粒，双面胶被粘在沙盘下风向边缘，每个沙样三次重复得到平均。风洞关闭，使用表面沉积物取样器，在表层取 1mm 厚的两个 200mm×200mm 小样本，重量含水量通过烘干被决定。风速在 10 个高度(0.4mm、0.8mm、1.2mm、2.4mm、4mm、8mm、12mm、16mm、20mm、25mm)用皮托管测定，使用最小二乘法计算摩阻风速。

输沙实验用沙是广东省南部海滩和前丘交互带的天然海滩沙。海岸本身是半日潮海岸，沉积物由富含贝壳与石英的沙粒组成，粒径约为 0.20mm，分选性很好。实验在中国科学院沙漠与沙漠化重点实验室沙坡头沙漠实验研究站的风洞中进行，该风洞为直流非循环吹气式，全长 37m，其中实验段长 21m，截面积 1.2m×1.2m，风速 1～30m/s 连续可调，边界层厚度为 0.4～0.5m。实验前，我们测定了自然风干沙的重量含水量(水重/干沙重)。沙和已知量的水通过喷雾的方式混合为 8 个湿度：0.143%(自然风干湿度)、0.351%、0.437%、1.094%、1.291%、1.983%、2.947%、4.077%。为了使沙中水分保持均匀分布，将预湿样本封闭在塑料袋中 24h，然后放置在实验段下风向 16m 处的沙盘中（8.00m×0.80m×2.5cm）。实验中，积沙仪布设在距实验段下风向 20.05m 处，距离沙盘 5cm。风速在风洞工作段起点高度 60cm 处用皮托管测量，风速选择 10 m/s、12 m/s、14 m/s、16 m/s、18 m/s、20 m/s。每次实验中，相对湿度、蒸发率和温度基本保持不变。为了减少吸收并风干到最低程度，每个样本被暴露在风中的时间限制在 90s 以内。每次实验结束后，采集 5 个不同床面位置的沙层（200mm×200mm×1mm），样本被立刻称重，精度为0.001g，之后在 105℃烘干 24h，并再次称重计算出平均湿度。为了对结果进行合理对比，每次测试前，清空沙盘，然后重新铺设相同湿度和规格的床面，使不同风速下沙床最初的湿度保持相同，因此基本保证了同一湿度，实验中风速的变化是决定输沙的唯一因素，图 12-2 为实验布设的风向。

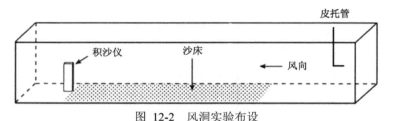

图 12-2　风洞实验布设

二、结果与讨论

（一）表面湿度对起动摩阻风速的影响

图 12-3 表明不同湿度和粒径下沙粒的流体起动摩阻风速。所有粒径的数据都显示湿度越大，起动摩阻风速越高，以前的研究也报道了相似的结果。而且，在所有湿度下，比起相同湿度的细沙，湿度对粗沙的起动有更强的抑制效应。图 12-3 还揭示了表面湿度对低湿度沙起动摩阻风速的影响大于对高湿度沙的影响，所以在沙质海滩，有效控制风蚀的方法就是增加表面湿度，即使是一点水分。

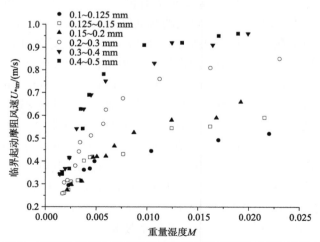

图 12-3　不同湿度和粒径下沙粒的流体起动摩阻风速风洞实验结果

海滩湿沙临界起动特征依赖于表面湿度条件、粒径分布和近表面气流的波动。我们得出了一个新的预测湿润海滩湿沙起动摩阻风速的方程，方程指明，给定粒径下，湿沙的起动摩阻风速随 $\ln 100M$ 呈线性增加。

$$U_{*\mathrm{tm}}= A\ [(\rho_s/\rho_a)\ g\ d]^{1/2}[B+C\ \ln\ (100M)]$$

当我们评价一些广泛使用的模型时，预测结果间存在巨大差异。对于低湿度 0.0062（0.5 $M_{1.5}$，$M_{1.5}$ 是−1.5MPa 的重量湿度），湿沙起动摩阻风速的预测值和测量值间存在很大差异，比烘干沙的观测值增加了 17%～99%，对于高湿度 0.0124（$M_{1.5}$），比烘干沙的观测值增加了 34%～195%。最终，在湿度低于 0.0062（0.5 $M_{1.5}$）时，Chepil 和 Saleh 的理论模型和实验数据有较好的一致性。在湿度高于 0.0062（0.5 $M_{1.5}$）时，Belly 的经验模型和实验数据更具可比性（图 12-4）。在所有实验湿度下，目前的模型比其他模型与实验数据更趋一致。从以上的分析中可以得出：随着湿度的增加，起动摩阻风速的增加依赖于沙面湿度和水分存在形式。模型中被广泛使用的参数 $M_{1.5}$ 可能是沙粒中水分存在形式由吸附水向毛细水的过渡点，而且随着湿度的增加，$M_{1.5}$ 也是起动摩阻风速的变化开始趋于稳定的转折点。

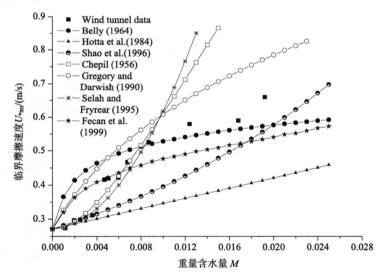

图 12-4　湿润表面的起动摩阻风速（$U_{*\mathrm{tm}}$）
曲线代表了每个模型的预测值；"风洞数据"是目前研究中使用的 0.15～0.20mm 沙子的数据

（二）表面湿度对风沙流垂向分布的影响

湿沙表面的风沙流垂向分布遵从指数规律，这同以往许多研究者在风蚀沉积物传输中报道的指数递减规律一致（图 12-5）。一般，湿度增大，整体输沙率降低，高湿度床面的沙粒有相对更大的比例被传输到更高处。比起低湿度（$M<0.587\%$）沙粒，高湿度（$0.587\%<M<1.448\%$）沙粒的垂直运动对湿度变化的影响更加敏感，尤其是在跃移层的底部。但 $M>1.448\%$ 时，输沙量已经很少，输沙随高度的衰减速度只是发生缓慢降低，整体上基本保持一个稳定状态。湿润表面风沙流垂向分布随湿度的变化归因于颗粒与床面交互作用的差异。在一个湿润表面，颗粒和床面的交互作用主要由冲击和反弹过程主导，以至于更多的颗粒运动到更高处。

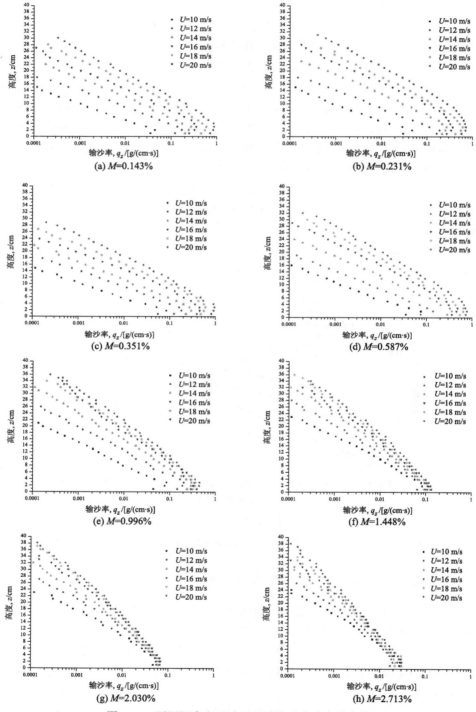

图 12-5　不同湿度和风速下风沙流垂向分布的变化

第二节　研究区风沙活动与风沙危害

一、风况

风沙流场性质是制定防沙方案的重要科学依据，而一个地区的风沙流场性质又依赖于该地区风向、风速的时空分布和变化。研究区位于闽南沿海，海岸线走向为NE-SW。该地区为多风地区，秋末和冬季，蒙古高压的冷空气和寒潮不断南下，时常伴有大风，故月平均风速最大值大都出现在此段时期；夏季虽然平均风速较小，但由于台风活动，各地的年最大风速和极大风速一般出现在这段时间里。南下冷空气和台风是导致华南沿海出现大风的重要天气因素，西南季风也能形成大风（吴正等，1995）。此外，西南季风与台湾海峡地形的影响也不可忽视。

从风向频率的风玫瑰图（图12-6）可以清楚地看到，研究区全年主风向为NE和ENE，次主风向为E和SE，再者为WSW和SSW。从风向的季节变化看，冬半年为偏东风，夏半年为偏西风，4月和10月为风向转变季节。历年平均风速为5.3m/s，极端最大风速可达34m/s（E，1968年8月）。此风速范围比沙漠地区常见平均风速大一倍以上，如此大的风速即使在沙漠地区其防护措施也需要加倍的投入。全年静风频率仅占3%，也就是说，全年中无风日只有11天左右。月平均风速分布相对均一，其正负距平约为13%，可以说该地区是月月有风、天天有风。从表12-1可以看到，该地区小于3级风的天数约占全年的1/4，大于8级风的天数占1/9左右，大于3级和小于8级的风是该地区风况的主要特征。此风速范围正是风沙活动最为频繁"适宜风速"，占1/2左右，为强烈的风沙活动提供了动力条件，可见风沙危害相当严重。

表 12-1　研究区各月风况

项目	1月	2月	3月	4月	5月	6月	7月	8月	9月	10月	11月	12月	全年
历年平均风速/(m/s)	5.6	5.9	5.4	5.0	5.0	5.0	4.7	4.7	5.7	5.8	6.0	5.5	5.3
最大风速≤3级（≤5m/s）日数	7.5	6.3	9.1	13.5	11.9	10.3	12.7	10.6	8.6	6.0	5.7	8.3	110.5
最大风速=4级（6~7m/s）日数	9.6	8.1	7.7	7.8	10.3	8.7	10.2	10.4	8.4	11.6	9.7	9.8	112.3
最大风速=5级（8~10m/s）日数	8.6	8.6	8.9	4.2	5.5	7.8	5.1	7.3	8.3	10.1	9.3	8.7	92.4
最大风速≥6级（≥11m/s）日数	5.6	5.4	5.5	4.7	3.4	3.4	3.2	2.8	4.8	3.6	5.5	4.3	52.2
最大风速≥8级（≥17m/s）日数	5.2	4.7	4.7	3.7	3.3	3.2	2.8	2.8	4.1	2.8	4.7	3.9	45.9

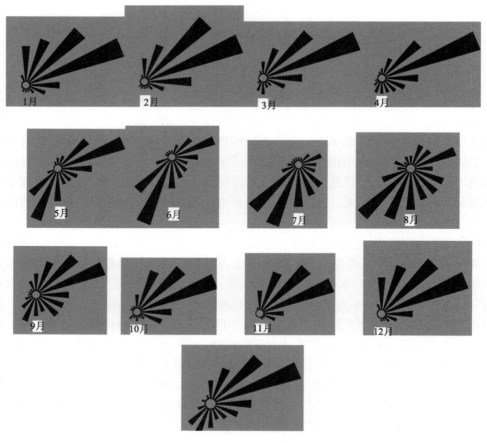

图 12-6　研究区 1～12 月风玫瑰

二、风沙危害特征

风沙活动是风与下垫面沙质地表相互作用形成的风蚀、风沙流传输、风沙沉积和沙丘前移的全过程。在定常的向岸风-东北风作用条件下,它主要受下垫面地表性质(包括形态、岩性和植被等因素)控制。

研究区所在的沙丘海岸虽然在平面上总体是北西西-南东东走向,但在横向上各个区位的地表性质不是均一的,差异较大。其自下而上可分为潮下水下岸坡、潮间带海滩、潮上带海岸前丘和防护林带[图 12-7(a)]。其中,潮间带海滩平缓开阔,坡度 5°～15°,宽度 100～400m,无植被与明显地形起伏,地表组成以直径 0.2mm 左右的湿润石英砂为主。平均高潮位线到风暴潮位线为一陡坡,坡度 15°～45°,宽度 20～70m,沙面干燥松散,有少量厚藤和鬣刺分布,平均高度 30cm,平均盖度 10%。海岸前丘比风暴潮位线高出 2～8m,宽度 20～60m,植物种类组成丰富,平均盖度 28%,为半流动或半固定灌丛沙堆,高度 0.3～3m。再往内陆则为低洼平坦的沙地,植被是由湿地松与木麻黄组成的混交防护林带,高度 12m,宽度 500～3000m,其向海面部分已遭流沙埋压。

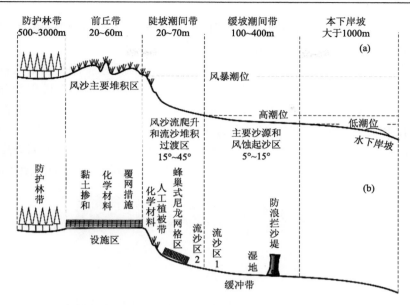

图 12-7　研究区沙丘海岸地貌带或自然区(a)和防护体系配置(b)

受以上不同区位下垫面性质差异的影响，在定常的向岸风长期作用下，研究区风沙活动具有与内陆沙区和其他海岸明显不同的区位分异特征[图 12-7(a)]。

处于高低潮位线之间的海滩是海水和风力交替作用区。非周期性和周期性的海浪与潮汐等海水，每次进入海滩时主要通过风力作用带来无限的初始沙源。当每次海水退却之后，在下一次海水进入之前，其表面湿沙层经日晒、风干变为很薄的干沙层，在向岸风作用下海滩地表开始风蚀起沙，形成风沙流。这种风沙流较之内陆干燥沙地上的风沙流具有含沙量少、弹跳高度高的特征。因为地表平缓，一般不易积沙形成沙波、沙片乃至皴型小沙丘等形态，即使一时出现也很快被接踵而至的海水荡涤一平。因此，这里也是风蚀起沙和风沙流的主要发源区。

在高潮线以上、风暴潮以下的陡坡地段为风沙流遇阻堆积区。源自海滩的地表风沙流由于地表坡度明显变陡，在爬坡过程中因能量损失由非饱和逐步变为过饱和风沙流，在高潮线附近开始出现厚度不等的积沙(流沙区 1)，至坡度最陡的陡岸处，因受反向回流影响，近地表大部分跃移风沙流于陡壁前形成大量的风沙堆积(流沙区 2)。但在特大高潮位的风暴潮位以下会受到海浪不同程度的侵蚀、破坏。因为常遭海水击打、浸泡，沙中含盐量高(可见盐斑)，沙粒松散干燥，仅见少量耐盐植物。

在风暴潮以上的滨海陆地是风成沙主要堆积区。当向岸风驱动的含沙气流越过陡壁顶之后，同样受反向回流作用出现减速和过饱和沉积过程，从而在滨海陆地前方形成前丘，前丘之后和林带之间由于向岸风继续与沙质地表作用形成平缓沙地。滨海陆地气温高、降水多，是脱离海水影响的陆地环境，植被种类和盖度相对增多，真正的流沙面积较少，多数为固定、半固定沙丘。

研究区风沙危害主要表现三个方面，一是对设施的埋压。风沙流沉积后以舌状或片状积沙前移，造成对建构筑物和设施的淹埋。每年平均埋压深度 60～100 cm，积沙量达

1.6 万 m³ 左右。二是对设施的磨蚀，即高强度的风沙流对构建筑物和设施的风蚀、打磨。三是风沙(尘)流影响当地生态环境和群众的生产生活活动。

　　潮汐和波浪输送沙物质为沙害提供了沙物质基础，风是沙害形成的第二驱动力，即涨潮时大量的沙物质在潮汐和波浪的作用下，堆积在潮间带；退潮后堆积的海滩沙经太阳照晒和风干后，在向岸风的作用下形成风沙流，以舌状和片状积沙的形式直接威胁沿岸设施(图 12-8)。下一次涨潮时，海水中的沙粒在波浪和海流的作用下被挟带到潮间带，低潮时堆积在潮间带的海滩沙再次受向岸风的作用，以风沙流的形式不断向岸上伸进，并对沿岸设施产生风蚀和沙埋危害。这样，每次潮涨潮落都会产生新的沙源和风沙危害，

图 12-8　海岸舌状风沙运动形式

(a) 红土覆盖　　　　　　　　　　(b) 渔网挂网

(c) 喷淋　　　　　　　　　　(d) 尼龙网方格固沙

图 12-9　初期风沙防治措施

周而复始。简单地说，就是风搬运海滩沙，并以风沙流的形式产生风沙危害，海浪和潮汐又不断地补充沙源，为风力搬运提供物质基础。所以，海岸风沙危害较内陆沙漠地区更为复杂和严重。研究区位于潮间带外侧，面对大海，处于主风向下侧。所以，堆积在潮间带外围的海滩沙，在东北风和东南风的作用下，直接吹向观测区，区内积沙危害非常严重。为了防治研究区风沙堆积，当地政府曾采取多种方法治理，先是采取红土覆盖，但很快红土被风沙流掩埋；而后采用渔网阻沙，近地表部分却被海浪冲破；然后采用尼龙网格固沙障，也被海浪冲毁；最后只好采用喷淋法把沙面喷湿，以达到抑制风沙流的目的，又因需要长时间喷淋，成本太高不得不放弃(图 12-9)。

三、海滩湿沙的起动与传输特征

湿度影响沙面对风蚀的敏感性，并且对沙粒起动风速有直接影响，要精确地预测沙粒起动和侵蚀就必须考虑表层湿度的影响，尤其在海岸带。由于海滩和沙丘的交互作用，沉积物中的水分将增加表面颗粒对起动和风蚀的抑制力(吴正等, 1995; Dong et al., 2002; 董玉祥和马骏, 2009; Wiggs et al., 2004; Ravi et al., 2004)。因此，我们基于研究区的沙粒和沙层湿度特征(表 12-2)开展了系统的风洞实验，建立了不同粒径下湿沙起动摩阻风速的一般预测方程：

$$U_{*tm}= A\,[\,(\rho_s/\rho_a)\,g\,d\,]^{1/2}[B+C\ln(100M)\,], \quad A=0.2593-0.0286Re_{*t}^{0.5}$$

式中，U_{*tm} 为湿润状态下的起动摩阻速度(m/s)；A 为与颗粒摩阻雷诺数相关的比例系数；ρ_s 和 ρ_a 分别为沙和空气的密度(kg/m^3)；g 为重力加速度(m/s^2)；d 为沙粒粒径(m)；B 和 C 为与粒径相关的因子；M 为重量湿度；Re_{*t} 为颗粒的摩阻雷诺数，表征临界状态近地表紊流，方程中的相关参数值见表 12-3。

表 12-2 海滩沙粒径分布和物化特征

含沙量/%	CaCO$_3$含量/(mg/kg)	有机质/(g/kg)	重量湿度($M_{1.5A}$)*	重量湿度($M_{1.5B}$)**	体积密度/(g/cm^3)	平均粒径/mm	标准偏差(ϕ)	偏度(ϕ)	分选系数(ϕ)	ECe/(ds/m)***
100	10	0.59	1.24	0.83	1.39	0.19	0.29	0.03	0.93	0.76

*粒径为 0.15～0.20mm 沙在−1.5MPa 的重量湿度(M1.5A, 应用于起动实验)；

**自然海滩沙在−1.5 MPa 的重量湿度(M1.5B, 应用于输沙实验)；

***ECe 是 25℃下的电导率。

表 12-3 不同粒径湿沙起动摩阻风速方程中的相关参数值

平均粒径	A	B	C	R^2
0.113/mm	0.222	1.853	0.473	0.952
0.138/mm	0.215	1.926	0.523	0.962
0.175/mm	0.202	1.938	0.633	0.977
0.250/mm	0.189	2.298	0.764	0.974
0.350/mm	0.179	2.466	0.790	0.957
0.450/mm	0.162	2.567	0.812	0.948

研究结果表明，对于给定粒径，湿沙的起动摩阻风速随 ln100M 线性增加。该研究揭示了表面湿度对低湿度沙起动摩阻风速的影响大于对高湿度沙的影响（图 12-10），所以在沙质海滩，有效控制风蚀的方法就是增加地表湿度，即使是少量水分也能有效抑制大部分风蚀的发生。

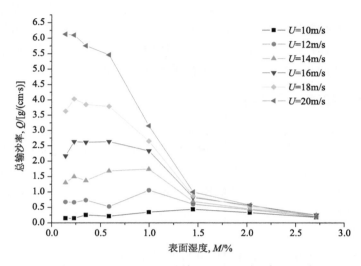

图 12-10　不同风速下总输沙率和表面湿度的关系

湿润海岸风沙流输沙率随风速与表层湿度的变化规律表明，对于跃移沙粒，高湿润表面（$M > 1.448\%$）仅起到了一个传输平台的作用；当表面变干到某种程度（$M = 0.587\%$）之前，表面湿度是跃移运动的主要控制因子，然后风速才重新开始影响输沙。

基于以上实验结果，结合研究区实地状况，我们提出了海岸风沙危害的防治思路，并研发了针对性的防治措施与防护体系。

第三节　防护思路与防护体系配置

一、防治思路

根据海岸带结构特征（图 12-11），结合风沙活动规律及潮汐作用特点，借鉴内陆包兰铁路沙坡头段风沙危害防治体系的经验（朱震达等,1998；胡孟春等，2002,2004；屈建军等, 2005, 2007；凌裕泉等, 1984；张春来等, 2006），提出了以阻为主，阻固结合，以工程措施为先导，最终以生物措施替代工程措施为目的的综合防治思路（图 12-12）。一是在潮间带设置防浪拦沙堤，拦截沙源和防止海浪对场地固沙设施的冲击破坏，并利用退潮将堤外积沙带回大海；二是在高潮位以上的流沙带设置蜂巢式固沙网，固定地表流沙；三是在设施区两侧布设阻沙栅栏，阻隔侧向沙源；四是在设施区辅以化学固沙措施和覆网措施，固定就地起沙并对过境风沙流加以输导，最终形成稳定的海岸风沙危害防护体系。

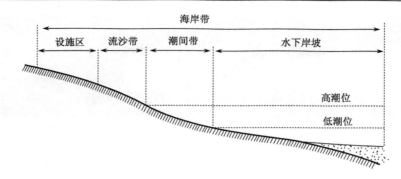

图 12-11　海岸带结构示意图

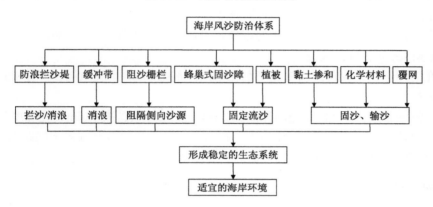

图 12-12　海岸风沙防治思路

二、防护体系的组成与配置

（1）根据潮汐和波浪作用特点，在距离最低潮位线约 30 m 的位置设置防浪拦沙堤，目的是既能防浪拦沙，又能利用退潮把堤前积沙带回大海。堤底标高为 1.0 m，堤高 1.5m，堤顶宽 50 cm，堤底宽 1.5 m。整个防浪拦沙堤由混凝土块体拼接而成，每个块体长度为 1.8 m。可用起重机吊起，具有可移动性（图 12-13）。水工实验显示，防浪拦沙堤前应有一定的防浪、拦沙和冲沙作用（图 12-14），实验是在天津大学水工实验进行。从图 12-14 可见，3min 后堤前积沙，退潮 60min 后出现冲沙作用，达到利用自然之力治自然之灾的目的。整个堤体平行岸线长度 670 m。堤后设立 50m 宽的消浪带的目的是消减越过防浪拦沙堤的海浪对防沙设施的冲刷，对越堤海浪起到缓冲作用（图 12-14）。

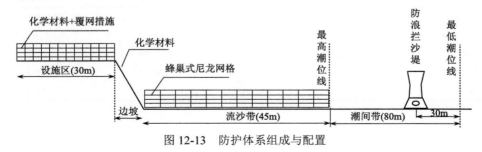

图 12-13　防护体系组成与配置

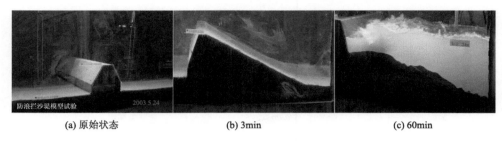

| (a) 原始状态 | (b) 3min | (c) 60min |

图 12-14　水工实验

（2）在堤前最高潮位线以上的流沙带设置自主研发的蜂巢式尼龙网格，沙障平面布设为 1m×1 m，高度为 15 cm，固定大面积流沙。

（3）在流沙带和防沙试验区交接的缓坡，沿坡面喷洒固沙剂 DST 加以固定，以防止边坡风蚀起沙并向设施区蔓延。

（4）在防沙区，采取覆网措施和喷洒化学固沙剂 DST 防止就地起沙，并对过境风沙流加以输导。

（5）在流沙带两侧约 50 m 处，各设置 2～3 道长 200 m、高 1.0 m、孔隙度为 40%的 HDPE 阻沙栅栏，以阻隔侧向沙源；阻沙栅栏间距 25 m，阻沙网固定于间距为 3.0 m 立柱上，立柱埋深 50～100 cm。

三、防护效益

（一）防风固沙效益

1. 防护体系对风速的影响

研究防护体系对风速的影响，主要选定典型断面观测不同防护带内的风况。观测项目包括 20 cm、40 cm、80 cm、160 cm 四个高度的风速和不同防护带同步风速，风为向岸风，风向基本与工程走向垂直。

通过设置工程措施，地表粗糙度和摩阻速度明显增加，网格和设施位置处的粗糙度分别为 0.724 cm 和 0.853 cm，较流沙地表（0.002 cm）呈百倍增大，而且摩阻速度也较流沙地表大，这些指标间接地反映出防护体系的效益非常显著（表 12-4、图 12-15）。

表 12-4　不同防护带动力学粗糙度（Z_0）和摩阻速度（U_*）

防护带	a	b	Z_0/cm	U_*/ (cm/s)
湿地	1.742	1.154	0.220	0.462
流沙区 1	3.076	0.512	0.002	0.205
流沙区 2	2.824	0.497	0.004	0.199
网格区	0.321	0.985	0.724	0.394
设施区	0.125	0.817	0.853	0.327

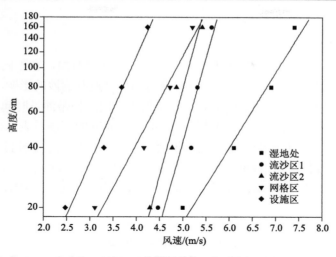

图 12-15　防护体系中各防护带的风速廓线

　　为了研究风速沿防护体系的水平梯度变化，我们在堤后、流沙、网格和平台 4 个不同的测点测定 20 cm、40 cm 和 80 cm 的同步风速，每一测点观测四次，每次观测 20 个风速数值，间隔时间为 5s，然后将其平均，观测结果见表 12-5。从风速水平梯度变化可以看出，网格和平台位置相同高度处的风速都较流沙和堤后小。堤后处风速较流沙地表小，主要是由于向岸风受到防浪拦沙堤的影响，在堤后处风速降低。随后，气流又恢复增加。所以，流沙处风速较湿地处大。另外，当高度增加为 80 cm 时，设施区风速增大，是设施区位于缓坡上面，位置相对较高所致。

表 12-5　不同防护带风速水平梯度　　　　　　　　（单位：m/s）

高度	观测次数	湿地	流沙	网格	设施区
20cm	1	5.4	6.0	3.3	2.9
	2	4.0	5.4	3.6	2.8
	3	5.4	5.3	4.4	3.7
	4	4.5	4.9	3.6	3.3
	平均	4.8	5.4	3.7	3.2
40cm	1	5.3	6.9	5.9	5.1
	2	5.8	6.8	3.6	6.4
	3	6.3	6.1	4.6	4.1
	4	7.1	6.6	4.2	5.7
	平均	6.1	6.6	4.6	5.3
80cm	1	5.2	6.3	5.7	4.9
	2	5.7	6.1	5.5	5.6
	3	7.5	7.7	5.5	6.1
	4	6.3	6.1	5.6	5.9
	平均	6.2	6.5	5.6	5.6

2. 输沙率变化

在对输沙率进行观测时，先在防护体系中选择一典型断面，在不同的防护带设置集沙仪，同步收集积沙量。为了考虑不同防护带内局部风速对输沙的影响，分别记录 20cm 和 80cm 高处的同步风速。为了便于对比，在收集不同防护带沙量时起止时间相同，积沙时间统一为 30min。在进行输沙率计算时，可用 30min 的积沙量表示。从表 12-6 可以看出，网格区和设施区的输沙率都远远小于流沙表面。网格区单宽输沙量为 0.46 g/cm，而流沙区输沙量达到 75.38 g/cm，说明蜂巢式尼龙网的固沙效益是非常显著的、而采用覆网措施的设施区单宽输沙率也远远小于流沙地表。由此可见，防护体系效果还是非常明显的。

表 12-6　不同防护带单宽输沙量

观测内容	流沙区 1	流沙区 2	网格区	设施区	高度/cm
	33.99	33.37	0.22	5.33	2
	16.50	19.84	0.16	2.26	4
	7.19	10.32	0.08	0.96	6
	3.44	5.62	0	0.50	8
输沙量/(g/cm)	1.61	3.07	0	0.37	10
	0.79	1.53	0	0.13	12
	0.44	0.76	0	0.08	14
	0.20	0.40	0	0.06	16
	0.14	0.22	0	0.02	18
	0.10	0.22	0	0	20
同步风速	4.4	4.4	3.9	4.1	20
/(m/s)	5.9	5.6	5.5	5.3	80
总输沙量/g	64.43	75.38	0.46	9.74	

（二）防浪拦沙效益

工程实施后，经过长时间现场观察表明：①防浪拦沙堤有效拦阻了海上来沙（图 12-16），但在大潮期间被潮水带走。堤前处于冲刷状态，原来的堤前积沙被退潮带回大海(图 12-16)，防浪拦沙堤有显著的消浪作用(图 12-16)，保护了堤后固沙网格免受波浪破坏。② 一般潮位下，海平面不高于堤顶，堤前波浪不能直接传入堤后。大潮情况下，堤前波浪经过堤的消浪作用，堤后波浪显著减小。③ 堤后形成了湿地。退潮通过过水孔、墙体之间的安装缝，将堤后缓冲带地表泥沙也一起带回大海，使得堤后地面标高降低，从而在堤后形成 30~50m 的湿地。（图 12-17），湿地有效保护了表层沙不受风的侵蚀作用，有利于岸滩稳定。总体上，工程达到了预期效果。

图 12-16　防浪拦沙堤防浪和阻沙效果

图 12-17　防浪拦沙堤后形成的湿地

(三) 对生态环境的影响

1. 对土壤养分的影响

海岸防沙体系的设置不仅对减少来沙量起到了显著作用，也对研究区土壤养分和盐分等特征产生了很大影响，而土壤养分和盐分变化则对植被生长起到关键作用。为了对防沙体系设置前后土壤养分特征变化进行分析，我们分别选择自然和工程防沙措施下两个断面进行了对比研究。

有机质含量是体现土壤肥力最重要的指标。在防沙体系建成以后，被固定的流沙内有机质势必会得到累积。从图 12-18(a)可以看出，自然样带 0～10cm 土层内有机质含量为 0.235～1.46g/kg，而工程样带有机质含量总体较前者都高，尤其在试验区，有机质含量最高值达到 3.935g/kg［图 12-18(b)］，比自然状态下相应位置高出 10 倍。

氮是土壤中供植物生长必需的基本营养元素，全氮含量是评价土壤氮素肥力的一个重要指标，它受土壤类型、水热条件、有机质含量、质地、耕作措施和化学氮肥的施用等多种因素的影响。工程防沙措施的设置对氮素的转移和重新分配起到重要作用。如图 12-19(a)所示，在自然状态下，全氮含量高潮位处最低，仅为 0.005 g/kg，自然样带最高为 0.09 g/kg，而在工程样带全氮含量分布规律尽管与前者相似，但数量上有较大差异，高潮位处最小值为 0.02 g/kg，而设施平台处最高值达到 0.15 g/kg［图 12-19(b)］。

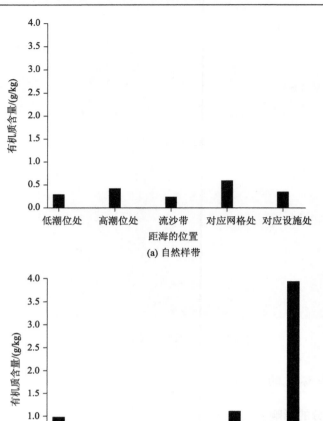

图 12-18　土壤有机质含量变化

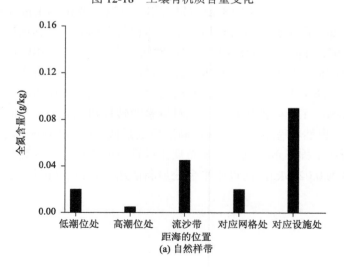

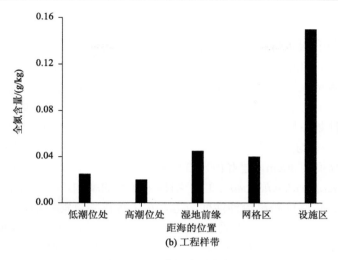

图 12-19　全氮含量变化

2. 对植被的影响

防护体系的建立，为植被的恢复和生长提供了稳定的环境，先后有大量的物种定居（图 12-20）。分流沙带和设施区分别说明物种的入侵和生长状况。

图 12-20　蜂巢式尼龙网格布设前后效益对比

(a) 自然滩涂; (b) 一年网格，物种数 1，盖度 10%，高 7cm，建群种组成：厚藤; (c) 两年网格，物种数 4，盖度 35%，高 15cm，建群种组成：厚藤＋蜡刺; (d) 三年网格，物种数 11，盖度 60%，高度 30cm，建群种组成：蜡刺＋海边月见草＋海滨蟛蜞菊

1）物种和盖度

流沙带：在没有设置蜂巢式尼龙网格和阻沙栅栏之前，沙面始终为大面积裸露的干沙覆盖，很不稳定，几乎寸草不生。当设置网格后并对侧向沙源进行拦截，沙面得以稳定，滨海沙滩的本地先锋草本厚藤（*Ipomoea pes-caprae*）开始定居。网格建成一年内，流沙带的植物物种只有厚藤，盖度可达 10%，平均高度为 7cm；两年后，厚藤以外又有新的物种入侵，物种数由原来的 1 种增加到 4 种，新进物种以鬣刺（*Spinifex littoreus*）为主，总盖度达到 35%，平均高度为 15cm；建成三年后的网格内，物种数增加到 11 种，盖度达到 60%，平均高度为 30cm，建群种为蜡刺＋海边月见草（*Oenothera drummondii*）＋海滨蟛蜞菊（*Sphagneticola calendulacea*）。由于物种多样性的增加，竞争激烈，厚藤开始退出。

防护试验区：试验区距离流沙沙面较远，在工程措施设置初期，分布一些零星的草本，主要为厚藤、海边月见草。当采用覆网和化学固沙措施一年后，物种数增加到 5 种，建群种组成为绢毛飘拂草（*Fimbristylis sericea*）＋海边月见草＋厚藤，盖度大于 25%，平均高度为 11 cm；三年后，物种数为 12 种，建群种为丁葵草（*Zornia gibbosa*）＋厚腾＋海滨蟛蜞菊，总体盖度达 85%，平均高度 25 cm。

2）群落种类组成与生活型

流沙带在蜂巢式尼龙网格的保护下，下垫面稳定性逐渐增强，近地表风速与输沙量也随之减小。群落在较好的局域环境中经历了长期的恢复过程后开始向自然前丘草地的植被群落状态演替，目前已形成以厚藤、鬣刺和海滨蟛蜞菊为建群种的稳定平衡态势；试验区无论在固沙剂结皮下形成的较好的水分条件下，还是在黏土与滨海石英砂混合所形成的适宜土壤条件下，都已形成以丁葵草、厚藤和海滨蟛蜞菊为建群种的群落，而且群落分布较流沙带更均匀。

从植被的生活型来看，以适应气候干旱、土壤贫瘠、高盐分滨海生境的匍匐草本和草质藤本为主要生活型的建群种成为流沙带的主要占据者；以豆科固氮的丛生草本以及草质藤本为主要生活型的建群种成为设施区的主要占据者。具有致密根系的禾本科草类以及具有固氮作用的丛生草本，诱导了土壤有机质的形成与积累。在流沙带和设施区植被生活型的转变反映了植被恢复过程中生境的改善（表 12-7）。

表 12-7　海岸带植被群落的种类组成、重要值及生活型（6 月 15 日）

种类	网格草地恢复			平台草地恢复			生活型
	2 年网格	4 年网格	前丘草地	2 年化学材料平台	4 年黏土混和平台	防护林内草地	
厚藤 *Ipomoea pes-caprae*	0.59	0.09	0.28	0.16	0.14		草质藤本
海滨蟛蜞菊 *Sphagneticola calendulacea*	0.18	0.11	0.23	0.15	0.11		匍匐草本
鬣刺 *Spinifex littoreus*	0.11	0.16	0.22			0.08	匍匐草本
海边月见草 *Oenothera drummondii*		0.13		0.24	0.05	0.07	疏丛草本
绢毛飘拂草 *Fimbristylis sericea*			0.09	0.20	0.09	0.17	根茎草本
丁葵草 *Zornia gibbosa*					0.13		丛生草本
矮生苔草 *Carex pumila*						0.14	根茎草本
马缨丹 *Lantana camara*						0.12	刺状灌丛

续表

种类	网格草地恢复			平台草地恢复			生活型
	2年网格	4年网格	前丘草地	2年化学材料平台	4年黏土混和平台	防护林内草地	
盐地鼠尾栗 Sporobolus virginicus		0.04			0.04	0.08	根茎草本
短穗画眉草 Eragrostis cylindrica		0.04			0.06	0.06	多年生草本
小獐茅 Aeluropus littoralis		0.08			0.05	0.07	多年生草本
海马齿 Sesuvium portulacastrum					0.05		匍匐草本
太阳花 Portulaca grandiflora		0.03			0.05		单生草本
狭叶尖头藜 Chenopodium acuminatum		0.03			0.07		一年生草本
匍枝栓果菊 Launaea sarmentosa	0.13	0.10	0.14	0.05	0.05		匍匐草本
白茅 Imperata cylinadrica		0.08				0.10	疏丛草本
沙苦荬菜 Ixeris repens		0.01	0.05				根茎草本
苍耳 Xanthium sibiricum		0.03					单生草本
青蒿 Artemisia carvifolia				0.08			一年生草本
细叶天芥菜 Heliotropium strigosum				0.11	0.03	0.04	一年生草本
止血马唐 Digitaria ischaemum		0.07			0.08	0.09	一年生草本
宿根画眉草 Eragrostis prennans						0.05	簇生草本

3)群落生物量

流沙带的 2 年网格与 4 年网格中的生物量分别达到 30.8 g、473.3 g，试验区的化学材料平台和黏土混合平台生物量分别达到 146.5 g、583.9 g（图 12-21）。各群落的生物量变化反映出滨海植被恢复过程中生物量的快速发展，同时也说明采用工程方式恢复滨海植被，对于滨海退化生态系统的生物量恢复有着重要意义。

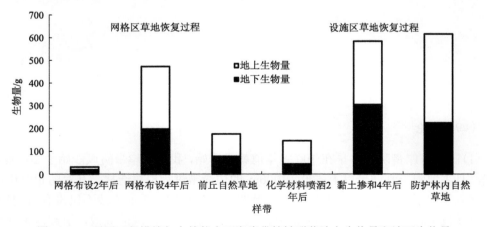

图 12-21 不同工程措施与自然状态下海岸带植被群落地上生物量和地下生物量

防护体系建成后，流沙得以控制，植物物种多样性增加，生态环境得到很大改善（图 12-22）。据调查，防治区物种总数有 22 种（表 12-7）。特别是在防浪拦沙堤前后，涨潮时大量的泥沙被拦截，退潮时，防浪拦沙堤延长了堤后退潮的时间，在堤后形成大片的湿地。生态系统稳定性增大，抗干扰能力增强，为恢复自然植被和防护国防设施起到了巨大作用。令人意想不到的是，在缓冲带飘来 50 株红树幼苗并开始定居生长(图 12-23)。这一发现，为红树林在沙质海岸带的人工恢复提供了很好的借鉴。

图 12-22　自然植被恢复情况

图 12-23　红树幼苗(秋茄)

（四）结论

(1)国外海岸带防风沙早在 100 多年前就已开始，我国海岸带防风沙始于 20 世纪 50 年代，且主要限于潮间带以上 500～1000m 的边缘带进行植树造林,其对防止海岸流沙向内陆入侵起了重要作用,但海岸交界区域即潮上带和潮间带的流沙不仅没有得到治理,反而风沙危害越来越加重,从而威胁到海潮以上内陆沙害治理的成效,引起沙害回头。我国有 3000km 沙质海岸带，开展潮上带和潮间带沙害调查和防治刻不容缓,这对保护潮间带乃至近海内陆的生态环境都有重大意义。

(2)研究区的年起沙风速比内陆沙漠地区大且持续作用时间长,加之定常性的海洋潮汐和波浪向潮间带输送的沙源，特别是在风力作用下产生的周而复始的风沙运动是研究区海岸风沙危害的主要方式。海岸带处于海洋、陆地、大气之间相互作用的液、固、气三相界面，海岸风沙危害防治的复杂性较大，因此，不认真调查研究，盲目防治容易遭到失败。

（3）为防止研究区的沙害，专家提出了"以阻为主，阻固结合""以工程措施为先导，最终以生物措施替代工程措施"等防沙思路：正面采用防浪拦沙堤拦截海上来沙；设施区两侧采用阻沙栅栏阻止侧向来沙；工程设施区前沿设置蜂巢式固沙沙障来固定就地起沙；设施区采用固沙剂和覆网措施输导残余流沙，构建一个集"防浪拦沙、阻沙、固沙与输沙"于一体的综合防护体系，这样不仅保护了防沙试验区，而且使周边区域的生态环境得到改善，取得良好的生态效益。其具体表现为：防护体系建立后，与天然流沙区相比，地表粗糙度增加，摩阻速度增大，近地表风速、输沙率减小，流沙得以控制；土壤有机质、全氮等养分物质含量增高；形成大片湿地，植物物种多样性增加，植被盖度、群落生物量增大，生态系统稳定性增加，抗干扰能力增强，生态环境得到很大改善。特别是红树林在防护内的出现，为未来采用人工恢复红树林带以防止潮汐和海浪对海岸的冲击提供了新的可能途径与方法，东海海岸带防沙试验研究区风沙危害防治研究，不仅填补了我国海岸风沙危害防治研究的空白，而且对我国不同气候带海岸风沙的治理有借鉴和推广的重要意义。

参 考 文 献

董玉祥, 马骏. 2009. 风速对海岸沙丘表面风沙流结构影响的实证研究. 干旱区资源与环境, 23(9): 179-183.

韩庆杰, 倪成君, 屈建军, 等. 2009. 不同防沙工程措施对海岸带沙地植被恢复和土壤养分的影响. 干旱区资源与环境, 23(2): 155-163.

胡孟春, 屈建军, 赵爱国, 等. 2004. 沙坡头铁路防护体系防护效益系统仿真研究. 应用基础与工程科学学报, (2): 140-147.

胡孟春, 赵爱国, 李农. 2002. 沙坡头铁路防护体系阻沙效益风洞实验研究. 中国沙漠, 21(6): 76-79.

雷怀彦, 林炳煌, 刘建辉, 等. 2008. 福建东部海岸风沙流结构特征及沙害防治对策. 华侨大学学报(自然科学版), (1): 143-147.

凌裕泉, 金炯, 邹本功, 等. 1984. 栅栏在防止前沿积沙中的作用——以沙坡头地区为例. 中国沙漠, 3(3): 20-29, 59.

倪成君, 何海琦, 张克存, 等. 2011. 华南沿海风沙危害防护体系及其效益分析. 中国沙漠, 31(5): 1098-1104.

屈建军, 凌裕泉, 井哲帆, 等. 2007. 包兰铁路沙坡头段风沙运动规律及其与防护体系的相互作用. 中国沙漠, 27(4): 529-533.

屈建军, 凌裕泉, 俎瑞平, 等. 2005. 半隐蔽格状沙障的综合防护效益观测研究. 中国沙漠, 25(3): 329-335.

吴正, 黄山, 胡守真, 等. 1995. 华南海岸风沙地貌研究. 北京: 科学出版社.

张春来, 邹学勇, 程宏, 等. 2006. 包兰铁路沙坡头段防护体系近地面流场特征. 应用基础与工程科学学报, 14(3): 353-360.

朱震达, 崔书红. 1995. 荒漠化研究的理论实践与发展. 环境保护, (4): 3.

朱震达, 赵兴梁, 凌裕泉, 等. 1998. 治沙工程学. 北京: 中国环境科学出版社.

Dong Z, Liu X, Wang X. 2002. Wind initiation thresholds of the moistened sands. Geophysical Research Letters, 29(12): 251-254.

Ravi S, d'Odorico P, Over T M, et al. 2004. On the effect of air humidity on soil susceptibility to wind erosion: the case of air-dry soils. Geophysical Research Letters, 31(9): 501.

Wiggs G F S, Baird A J, Atherton R J. 2004. The dynamic effects of moisture on the entrainment and transport of sand by wind. Geomorphology, 59(1-4): 13-30.

后　记

　　1978 年 9 月,我从一名公路段临时工考入西北大学地理系自然地理专业学习。正值改革开放之初,邓小平提出科学技术是第一生产力,随之国家全面启动各行各业的大型科研项目。1985 年夏天,适逢中国科学院著名水土保持专家唐克丽教授领导的黄土高原科学考察,在陕西省水利学校当老师的我,有幸利用暑假随队学习。第一站到达陕西榆林,生平第一次走进沙漠。眼前的景象深深地吸引了我,特别是夕阳下毛乌素沙地神奇的风沙地貌景色。我掩饰不住的激动,记忆最深的是,把水壶像扔铁饼一样往沙丘上扔出,来回不停地奔跑。

　　毛乌素沙地晚霞点燃了我心中的科研梦,考察结束一回到杨凌,我立刻试着给当时中国科学院兰州沙漠研究所朱震达所长写了一封自荐信,请求到所里从事沙漠科学研究。幸运的是,朱先生答应了我的请求,我顺利进入慕名已久的中国科学院兰州沙漠研究所工作。

　　自 1988 年来到中国科学院兰州沙漠研究所(后来合并到中国科学院寒区旱区环境与工程研究所,现又整合为中国科学院西北生态环境资源研究院)至今已 30 多年。30 多年里,我有幸参加了东南沿海国防设施建设、青藏铁路建设、兰新高铁建设、格库铁路建设等国家重大工程的防沙治沙项目。

　　前辈们孜孜不倦地工作,不但给我们留下了详尽的基础资料,也传承给我们"与风沙做斗争,其乐无穷"的亮剑精神。最为幸运的是,我们这一代人,很荣幸赶上了中国复兴,西部大开发、大建设的新时期和这么多的重大项目。我们组建了老中青结合的精锐团队,学习和借鉴前辈们的学术思想和成就,并取得了一些成绩,这一切都得益于国家改革开放的大政方针和社会发展的需求。

　　1989 年 10 月,我到中国科学院兰州沙漠研究所一年多,跟随凌裕泉老师到敦煌治沙(1987 年敦煌莫高窟已被联合国教育、科学及文化组织评为世界文化遗产)。当时的敦煌研究院副院长樊锦诗邀请中国科学院兰州沙漠研究所和敦煌研究院合作治理莫高窟的沙害。当年的场景历历在目,天一刮风,沙子就从窟顶往下溜,多得像瀑布一样,严重威胁着洞窟以及窟内的珍贵壁画和彩塑的安全。防沙墙、防沙沟、防沙栅栏、草方格、碎石压沙等传统治理方式试了个遍,沙子还是哗哗地往下掉。我想,历经 1600 多年漫漫岁月的莫高窟一直未被沙丘掩埋,难道如今要消失在我们这一代吗?

　　1989~1992 年我在莫高窟住了 3 年,先是在凌老师悉心教导下,主要利用 5 个积沙仪进行莫高窟顶风沙流断面积沙观测。1990 年春天,我留意到一簇枯草旁出现的三个小沙脊,这说明当地有三个方向来风,而并非远在敦煌盆地的气象站所记录的东与西两组风向。受此启发,又注意到附近金字塔形沙丘也有三个棱脊和三个坡面,地面植被周围堆积体的三个凹面恰好对应了沙丘的三个面。紧接着,又做了实验室风洞验证,在风洞里模拟东风、南风和西北风交替吹塑,形成了同样的金字塔形沙丘纹(这个实验结果发表于《科学通报》）。1990 年凌裕泉老师根据我们监测到的莫高窟顶三组风向的风况，提出在莫高窟东部约 1km 处建立"A"形阻沙栅栏，我负责施工测量。项目建成后，莫高窟的沙量就少了 60%～70%，但阻沙栅栏下的积沙，需要定期清除。1991 年初，凌老师调到新疆负责"塔里木沙漠石油公路防沙治沙"的前期项目，我在莫高窟顶继续风沙观测。莫高窟顶距洞窟 800～1000m，地表为戈壁，远处是鸣沙山。在莫高窟顶的戈壁风沙流观测中，我发现，沙子落到戈壁面上，弹起的高度比较大，风一吹，沙子簌簌地跑，像"龙抬头"一样。统计观测资料后惊奇地发现，戈壁上风沙流浓度最大的地方不在地表，而是在地表以上 4～8cm 位置。也就是说，在戈壁地表输沙量随高度的分布，不再简单地服从指数或对数关系递减的规律，其极值出现的高度会随风速的增加而上移。我把这种形象地称为"象鼻子效应"，我想也正是这种象鼻子效应，莫高窟顶戈壁风沙流只能以非饱和风沙流的形式吹过，而难以在窟顶戈壁形成沙丘，这才是 1600 年莫高窟没被沙山淹埋的缘由！根据莫高窟风沙危害规律，我提出"六带一体"的综合防护体系。空间上，综合体系由阻沙区、固沙区和输沙区组成，包含机械、生物和喷涂固沙剂三种措施，后来被《敦煌莫高窟风沙危害综合防护体系规划》（2003 年)采用。2011 年经过敦煌研究院汪万福研究员和中国科学院兰州沙漠研究所张伟民研究员悉心设计实施的"六带一体"防护体系竣工，有效地阻止了流沙对洞窟的威胁。据敦煌研究院观测，吹向莫高窟的沙已减少 90%，"基本上把莫高窟的沙子防住了"。后来，美国《科学》杂志前来采访我，经美国几位院士审核后，该杂志刊登了我们的敦煌治沙成果，很荣幸该项目先后获得甘肃省科技进步奖一等奖、中国科学院科技促进发展奖和国家科技进步奖二等奖。

2000 年海军某部基地被流沙所困。部队找到中国科学院，科学院推荐寒区旱区环境与工程研究所去人解决，寒区旱区环境与工程研究所派我去考察部队阵地沙害情况。情况十分严重！华南沿海历来是我国台风多发区，每年台风多达 15 次，强风、海浪、潮流活动频繁，受风、浪、潮耦合影响，风沙活动强烈，严重地侵蚀着部队阵地，构筑物时时遭受到风沙打磨和流沙掩埋的威胁，官兵的工作生活环境十分恶劣。部队尝试了多种措施，每年用 3～5 个月的时间人工清沙，但始终无法从根源上消除沙害。我带队应邀开展该项目研究，观测后发现了海岸风沙运动规律，阵地沙源是海浪带过来的，应对办法是首先筑防浪拦沙堤，这样既能拦住沙子，也能减轻台风的威胁，退潮的时候又尽可能地让海浪把沙子带回大海，"以大自然之力缓解大自然之灾"。通过建立一个自海边到陆地，由防浪拦沙带(堤)、缓冲带、阻沙带、固沙带、输沙带组成的海岸风沙危害综合防治体系，突破了国内外采用的措施零散、功能单一的传统治理模式，确保了防治效果，有效地解决了海岸风沙危害，阵地环境得到极大改善、风沙得以根治，原来茫茫流沙已被绿色植被覆盖。很荣幸，该项目在 2012 年获得了全军科技进步奖二等奖，国家林业局建议在沿海推广该成果。

青藏高原"天路"青藏铁路建成后，一直饱受风沙问题的困扰。沙子每隔一段时间，就会大量沉积在铁轨上，而铁路对轨道平整度的要求很高，沙子进去后，严重影响行车安全。我给时任铁道部副部长青藏铁路总指挥写信，提出"受全球气候变化影响，青藏高原沙害会越来越严重，应重视青藏铁路的风沙灾害防治"，我也有幸地先后成功申请到铁道部重大基金、中国科学院方向性项目和国家自然科学基金重点项目,通过移动式风洞沿青藏铁路沿线实验,我们发现,高海拔地区空气稀薄,沙子弹起更高,原来铁路两边采用的防风固沙砾碎石方格是按照低海拔的平原地区标准做的,非常低矮,起不到阻挡风沙的效果。我们根据高海拔地区风沙的特点,改用"大网格,高立式"的防风固沙措施,解决了这一难题,先后获得青海省科技进步奖一等奖和国家技术发明奖二等奖。

中国第一个治沙研究团队——中国科学院治沙队 1959 年诞生,我正是在这年出生。在我即将退休之际,在凌裕泉老师、陈广庭老师和团队成员的协助下,我总结在上述地区治理风沙所获得的认识和治理经验,完成《应用风沙工程学》这本书,想给从事风沙防治工程的同事们一些借鉴,书中不足之处,请同仁们赐教。

书稿出版之际,我要感谢给我们提供研究平台的敦煌研究院、铁道部、部队和中国科学院西北生态环境资源研究院沙漠研究室的同事,感谢朱震达先生、吴正教授和杨根生研究员的指导!感谢董光荣研究员、王苏民研究员、王涛院长、董治宝教授的长期帮助和指导,感谢我的导师程国栋院士在青藏铁路风沙防治研究中的悉心教导,感谢秦大河院士热情的鼓励并欣然作序!感谢所有帮助过我们的同仁!

党的十八大之后,党中央把生态文明建设写进党章和《中华人民共和国宪法》,习近平主席强调"保护生态环境就是保护生产力""要像爱护生命一样爱护生态环境",这是我们从事生态环境治理科技工作者遇到的最好时机。为了风沙防治研究后继有人,也为了我的敦煌梦,在中国科学院兰州沙漠研究所领导的支持下,我们在敦煌建成国际第一个戈壁研究站"中国科学院西北生态环境资源研究院敦煌戈壁荒漠环境研究站"。我给团队提出,要在风沙治理方面研发环境友好型防沙材料、装配式和装备化施工的机械,为我国对风沙环境治理和风沙灾害防治贡献微薄之力。要按照敦煌戈壁荒漠环境研究站首任学术委员会主任秦大河院士的要求,将敦煌站建成世界一流戈壁荒漠研究站。

"我望不见山顶,只知道有山顶,然而,我还是要攀登!"与同仁们共勉。